红豆草

紫花苜蓿

串叶松香草

鲁梅克斯

籽粒苋

白三叶

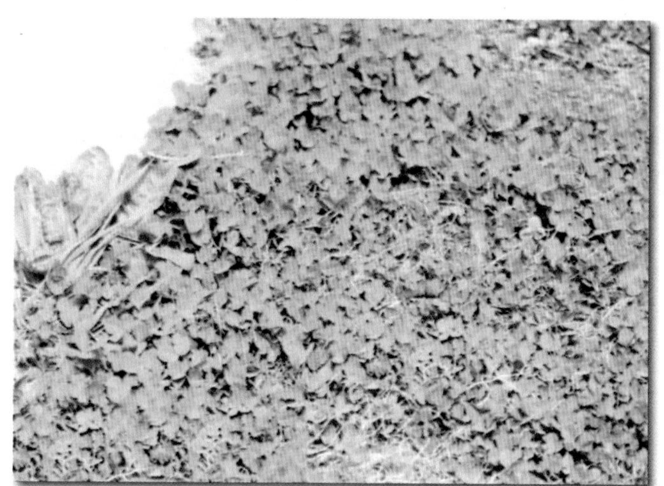

普那菊苣
(幼苗期)

普那菊苣
(开花期)

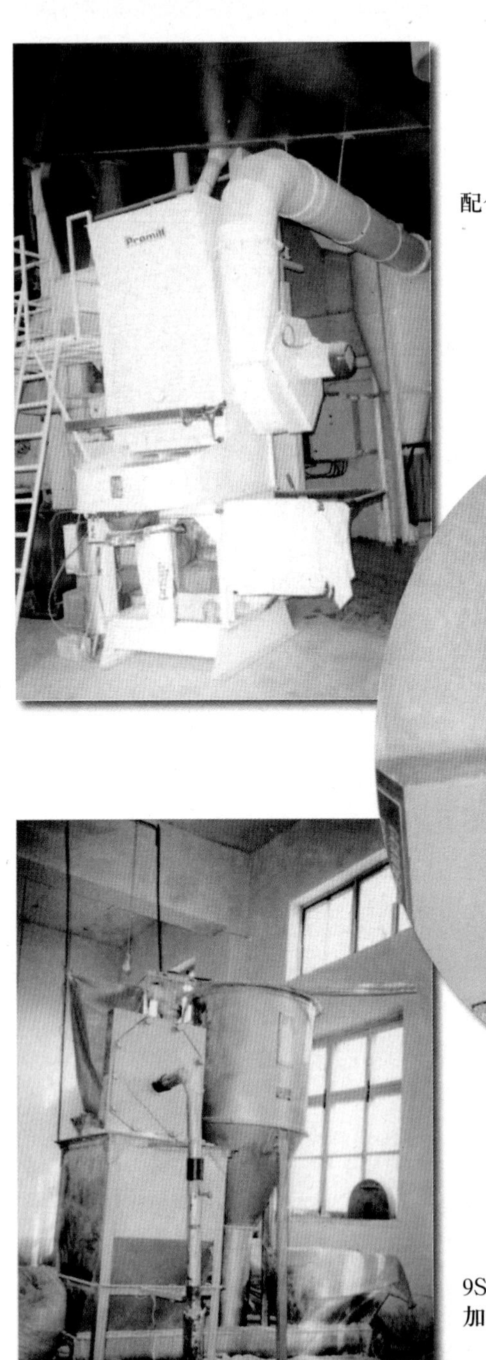


配合饲料加工车间

平磨制粒机

9SZ-750 型饲料
加工机组

双轴桨叶式
高效混合机

家兔颗粒饲料

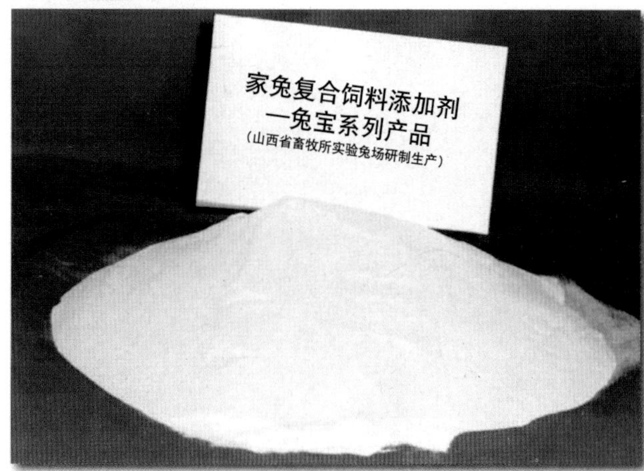


家兔复合饲料
添加剂

卧式双螺旋饲料搅拌机

9FQ 锤片式
粉碎机

草粉加工

现代化单层兔舍

三层重叠式兔舍

农户塑料大棚兔舍

室外养兔

本书受国家兔产业技术体系资助

# 家兔配合饲料生产技术

## （第2版）

主　编
任克良
编著者
任克良　李清宏　黄淑芳
王　芳　梁全忠

金盾出版社

**内 容 提 要**

本书是山西省农业科学院畜牧兽医研究所养兔专家任克良主编。内容从家兔的消化特点入手，介绍了家兔的采食性，家兔的常用饲料和添加剂，家兔的营养需要和饲养标准，家兔的饲料配方设计，家兔配合饲料的加工和质量控制，特别是介绍了较多的国内外典型的家兔饲料配方，同时介绍了家兔饲喂技术。文字通俗简练，内容科学实用，适于养兔场、养兔专业户、饲料加工厂和农牧业技术人员及农业院校师生参考。

**图书在版编目(CIP)数据**

家兔配合饲料生产技术/任克良主编. -- 2 版. -- 北京 : 金盾出版社，2010.9

ISBN 978-7-5082-6510-0

Ⅰ.①家… Ⅱ.①任… Ⅲ.①兔—配合饲料—饲料生产 Ⅳ.①S829.15

中国版本图书馆 CIP 数据核字(2010)第 133809 号

**金盾出版社出版、总发行**

北京太平路 5 号(地铁万寿路站往南)

邮政编码：100036 电话：68214039 83219215

传真：68276683 网址：www.jdcbs.cn

封面印刷:北京精美彩色印刷有限公司

彩页正文印刷:北京金盾印刷厂

装订:兴浩装订厂

各地新华书店经销

开本:850×1168 1/32 印张:10 彩页:8 字数:234 千字

2010 年 9 月第 2 版第 7 次印刷

印数：45001～55000 册 定价：18.00 元

# 再版前言

《家兔配合饲料生产技术》一书自2002年出版以来已印刷6次，印数5.5万册，得到养兔界同仁和广大养兔生产者的厚爱，在此表示感谢。

近年来国内外养兔科学研究迅猛发展，取得了重大进展，尤其在家兔营养方面研究更是引人注目，在此期间作者也收到养兔界同行来信、来电，给本书提出许多宝贵意见。为了及时将国内外养兔最新科研成果应用到养兔生产第一线，为兔业发展提供技术支撑，应金盾出版社之邀，对该书进行了修订。修订时，除基本保留原有的内容，对个别地方进行了修改外，还增加了一些新的家兔科研成果。例如，目前家兔纤维需要量不用粗纤维这一概念，而是用酸性洗涤纤维、中性洗涤纤维和木质素等来表示。同时把笔者带领的家兔研究团队获得的獭兔营养需要量成果介绍给读者供参考。为了提高养兔生产者操作的可行性，本书增加了家兔饲喂技术一章。特别指出的是本书在修订过程中，国家兔产业技术体系依托的山西省农业科学院畜牧兽医研究所养兔研究室提供了许多宝贵的养兔经验和阶段性成果。

在修订过程中，得到了养兔同仁秦应和、谷子林、刘汉中、李福昌、赵辉玲、朱满兴等专家的大力帮助，引用了一些书籍和文献资料中的有关内容，在此一并表示感谢。

特别注明，因有些联络地址不详，笔者对引用了图表而没有取得联系的国内外作者表示深切的歉意，如有机会请与笔者联系（中国山西省农业科学院畜牧兽医研究所 邮编：030032；E-mail：keliangren@sohu.com）。

限于笔者水平，尽管做出了很大的努力，修订本中仍难免有欠妥或错误之处，还请读者、同行批评指正。

任克良

2010 年 6 月

# 目 录

**第一章 家兔的消化特点和采食习性**……………………………（1）
一、家兔的消化特点 ……………………………………………（1）
（一）消化器官的解剖特点…………………………………（1）
（二）能够有效利用低质高纤维饲料………………………（2）
（三）能充分利用粗饲料中的蛋白质………………………（3）
（四）饲料中粗纤维对家兔必不可少………………………（3）
（五）食粪性……………………………………………………（3）
（六）能忍耐饲料中的高钙…………………………………（6）
（七）可以有效利用饲料中的植酸磷………………………（6）
（八）对无机硫的利用………………………………………（7）
（九）消化道疾病发生率高…………………………………（7）
二、家兔的采食习性……………………………………………（10）
（一）草食性 …………………………………………………（10）
（二）择食性 …………………………………………………（10）
（三）夜食性 …………………………………………………（10）
（四）啃咬性 …………………………………………………（11）
（五）异食癖 …………………………………………………（11）
**第二章 家兔的常用饲料和添加剂** …………………………（13）
一、粗饲料………………………………………………………（13）
（一）青干草 …………………………………………………（13）
（二）秸秆 ……………………………………………………（15）
（三）秕壳类 …………………………………………………（18）
二、能量饲料……………………………………………………（19）

(一)谷类子实 …………………………………………………… (20)
(二)糠麸类 …………………………………………………… (22)
三、蛋白质饲料…………………………………………………… (26)
(一)植物性蛋白质饲料 …………………………………… (26)
(二)动物性蛋白质饲料 …………………………………… (36)
(三)微生物蛋白质饲料 …………………………………… (40)
四、青绿多汁饲料………………………………………………… (41)
(一)天然牧草 ………………………………………………… (41)
(二)人工牧草 ………………………………………………… (41)
(三)青刈作物 ………………………………………………… (58)
(四)蔬菜 ……………………………………………………… (58)
(五)树叶类 …………………………………………………… (59)
(六)多汁饲料 ………………………………………………… (61)
五、矿物质饲料…………………………………………………… (63)
(一)食盐 ……………………………………………………… (63)
(二)钙补充料 ………………………………………………… (63)
(三)磷补充料 ………………………………………………… (64)
(四)钙磷补充料 ……………………………………………… (65)
(五)微量元素补充料 ……………………………………… (66)
(六)天然矿物质原料 ……………………………………… (69)
六、非常规饲料及其利用………………………………………… (72)
(一)糖蜜 ……………………………………………………… (72)
(二)饴糖渣 …………………………………………………… (72)
(三)麦芽根 …………………………………………………… (73)
(四)啤酒糟 …………………………………………………… (73)
(五)酒糟 ……………………………………………………… (74)
(六)醋糟 ……………………………………………………… (75)
(七)制药副产物 ……………………………………………… (76)

(八)西瓜皮 …………………………………………………… (77)
(九)甜菜渣 …………………………………………………… (77)
(十)葡萄渣 …………………………………………………… (78)
(十一)蔗渣 …………………………………………………… (78)
(十二)脱胶田菁籽粉 ……………………………………… (79)
(十三)玉米芯 ………………………………………………… (79)
(十四)向日葵盘 ……………………………………………… (79)
(十五)蘑菇渣 ………………………………………………… (79)
(十六)木屑 …………………………………………………… (80)
(十七)苹果渣 ………………………………………………… (80)
七、常见的有毒植物和饲料中的有毒物质及
其毒性纯化技术……………………………………………… (81)
(一)常见的有毒植物 ……………………………………… (81)
(二)饲料中的有毒物质及毒性纯化技术 ……………… (87)
八、添加剂……………………………………………………… (91)
(一)微量元素添加剂 ……………………………………… (91)
(二)氨基酸添加剂 ………………………………………… (95)
(三)维生素添加剂 ………………………………………… (97)
(四)抗生素及合成药物添加剂…………………………… (100)
(五)饲用酶制剂…………………………………………… (101)
(六)微生态饲料添加剂…………………………………… (103)
(七)低聚糖………………………………………………… (105)
(八)糖萜素………………………………………………… (106)
(九)大蒜素………………………………………………… (106)
(十)驱虫保健剂…………………………………………… (107)
(十一)中草药添加剂……………………………………… (115)
(十二)调味剂……………………………………………… (117)
(十三)防霉防腐剂………………………………………… (118)

(十四)饲料抗氧化剂……………………………… (119)
(十五)黏合剂…………………………………… (120)
(十六)除臭剂…………………………………… (120)
**第三章 家兔的营养需要和饲养标准**……………… (121)
一、家兔的营养需要 …………………………… (121)
(一)蛋白质的需要………………………………… (121)
(二)能量的需要………………………………… (125)
(三)粗纤维的需要………………………………… (127)
(四)脂肪的需要………………………………… (130)
(五)水的需要…………………………………… (131)
(六)矿物质的需要………………………………… (133)
(七)维生素的需要………………………………… (139)
二、饲养标准 …………………………………… (143)
(一)南京农业大学等单位推荐的家兔饲养标准………… (144)
(二)中国农业科学院兰州畜牧研究所推荐的
肉兔饲养标准……………………………… (146)
(三)江苏省农业科学院饲料食品所推荐的长
毛兔饲养标准……………………………… (146)
(四)中国农业科学院兰州畜牧研究所推荐的
长毛兔饲养标准……………………………… (148)
(五)法国农业研究院(NRA)1984 年公布的家兔
营养需要量…………………………………… (151)
(六)著名的法国营养学家 F. Lebas 推荐的饲养标准 … (152)
(七)德国 W. Scholaut 推荐的饲养标准 ……………… (154)
(八)美国 NRC 推荐的家兔饲养标准 ………………… (156)
(九)美国《动物营养学》提供的兔饲养标准…………… (157)
(十)山西省农业科学院畜牧兽医研究所推荐的
獭兔饲养标准……………………………… (158)

(十一)第九届世界家兔科学大会上推荐的家兔饲养标准…………………… (160)
**第四章　家兔的饲料配方设计**………………………… (163)
一、配方设计原理 ……………………………………… (163)
二、配方设计应考虑的因素 …………………………… (163)
(一)使用对象……………………………………………… (163)
(二)营养需要量…………………………………………… (163)
(三)饲料原料成分与价格………………………………… (164)
(四)生产过程中饲料成分的变化………………………… (164)
(五)注意饲料的品质和适口性…………………………… (164)
(六)一般原料用量的大致比例…………………………… (164)
三、饲料配方设计方法 ………………………………… (165)
(一)计算机法……………………………………………… (165)
(二)手工计算法…………………………………………… (165)
(三)微量元素添加剂配方设计及配制…………………… (169)
**第五章　家兔配合饲料的加工**………………………… (173)
一、加工设备 …………………………………………… (173)
(一)粉碎机………………………………………………… (173)
(二)饲料混合机…………………………………………… (181)
(三)压粒机………………………………………………… (184)
二、加工工艺 …………………………………………… (192)
**第六章　家兔配合饲料的质量控制**…………………… (193)
一、饲料原料的质量检验方法 ………………………… (193)
(一)原料取样……………………………………………… (193)
(二)感官检验……………………………………………… (194)
(三)分析化验……………………………………………… (194)
二、常用饲料原料的质量要求及鉴别 ………………… (194)
(一)玉米…………………………………………………… (194)

(二)高粱…………………………………………………………(196)
(三)大麦…………………………………………………………(197)
(四)小麦…………………………………………………………(198)
(五)燕麦…………………………………………………………(199)
(六)稻谷…………………………………………………………(199)
(七)小麦麸………………………………………………………(200)
(八)米糠…………………………………………………………(201)
(九)大豆饼粕……………………………………………………(203)
(十)棉籽饼粕……………………………………………………(205)
(十一)菜籽饼粕…………………………………………………(206)
(十二)花生(仁)饼粕……………………………………………(208)
(十三)胡麻饼粕…………………………………………………(209)
(十四)向日葵籽饼粕……………………………………………(210)
(十五)芝麻饼粕…………………………………………………(211)
(十六)玉米蛋白粉………………………………………………(211)
(十七)鱼粉………………………………………………………(212)
(十八)血粉………………………………………………………(216)
(十九)羽毛粉……………………………………………………(216)
(二十)苜蓿草粉…………………………………………………(217)
(二十一)其他粗饲料……………………………………………(217)
(二十二)预混饲料………………………………………………(218)
三、饲料生产加工过程中的质量控制 …………………………(218)
(一)取料过程的质量控制………………………………………(218)
(二)粉碎过程的质量控制………………………………………(218)
(三)称量过程的质量控制………………………………………(219)
(四)配料搅拌过程的质量控制…………………………………(219)
(五)制粒过程的质量控制………………………………………(221)
(六)贮藏过程的质量控制………………………………………(221)

(七)饲喂时的质量检查……………………………… (221)
第七章　家兔的典型饲料配方………………………… (222)
一、国内典型的饲料配方 ………………………………… (222)
(一)中国农业科学院兰州畜牧研究所推荐的
肉兔饲料配方………………………………………… (222)
(二)山西省农业科学院畜牧兽医研究所实验
兔场饲料配方………………………………………… (223)
(三)云南省农业科学院畜牧兽医研究所兔场
饲料配方……………………………………………… (225)
(四)江苏省金陵种兔场饲料配方…………………… (226)
(五)安徽省固镇种兔场饲料配方…………………… (226)
(六)四川省畜牧科学院兔场饲料配方……………… (228)
(七)陕西省农业科学院畜牧兽医研究所
兔场饲料配方………………………………………… (228)
(八)四川农业大学生长肉兔饲料配方……………… (229)
(九)山西省某肉兔场饲料配方……………………… (229)
(十)中国农业科学院特产研究所兔混合精料配方……… (230)
(十一)辽宁省灯塔县种畜场肉兔饲料配方………… (231)
(十二)黑龙江省肇东市边贸局肉兔饲料配方……… (232)
(十三)江苏省农业科学院畜牧所、江苏农学院
种兔饲料配方………………………………………… (232)
(十四)山东省临沂市长毛兔研究所长毛兔饲料配方…… (234)
(十五)中国农业科学院兰州畜牧研究所安哥拉生长兔、
产毛兔常用配合饲料配方………………………… (235)
(十六)中国农业科学院兰州畜牧研究所安哥拉妊娠兔、
哺乳兔、种公兔常用配合饲料配方 ……………… (236)
(十七)江苏省农业科学院饲料食品研究所安哥拉兔
常用配合饲料配方………………………………… (237)

(十八)浙江省新昌县长毛兔研究所良种场长毛兔
饲料配方……………………………………………(238)
(十九)浙江省饲料公司安哥拉兔产毛兔配合饲料配方
……………………………………………(239)
(二十)江苏省农业科学院食品研究所兔场产毛兔
及公兔饲料配方……………………………(240)
(二十一))南京农业大学獭兔混合精料补充料配方 ……(242)
(二十二)江苏省太仓市养兔协会獭兔饲料配方………(242)
(二十三)杭州养兔中心种兔场獭兔饲料配方…………(243)
(二十四)中国农业技术协会兔业中心原种场饲料配方
……………………………………………(244)
(二十五)金星良种獭兔场饲料配方……………………(246)
二、国外典型的饲料配方 ……………………………………(247)
(一)法国种兔及育肥兔典型饲料配方…………………(247)
(二)法国农业技术研究所兔场颗粒饲料配方…………(248)
(三)法国生长兔饲料配方 1 ……………………………(248)
(四)法国生长兔饲料配方 2 ……………………………(248)
(五)法国生长兔饲料配方 3 ……………………………(249)
(六)法国生长兔饲料配方 4 ……………………………(249)
(七)西班牙繁殖母兔饲料配方 1 ………………………(250)
(八)西班牙繁殖母兔饲料配方 2 ………………………(250)
(九)西班牙早期断奶兔饲料配方………………………(251)
(十)西班牙生长兔饲料配方 1 …………………………(252)
(十一)西班牙生长兔饲料配方 2 ………………………(252)
(十二)原民主德国种兔及肥育兔饲料配方……………(253)
(十三)德国长毛兔饲料配方……………………………(254)
(十四)美国专业兔场饲料配方…………………………(254)
(十五)美国獭兔全价颗粒饲料配方……………………(255)

(十六)原苏联肉兔颗粒饲料配方………………………… (256)
(十七)俄罗斯皮用兔饲料配方…………………………… (257)
(十八)埃及生长兔饲料配方 1 …………………………… (257)
(十九)埃及生长兔饲料配方 2 …………………………… (258)
(二十)埃及生长兔饲料配方 3 …………………………… (258)
(二十一)埃及繁殖母兔饲料配方………………………… (259)
(二十二)意大利生长兔饲料配方 1 ……………………… (259)
(二十三)意大利生长兔饲料配方 2 ……………………… (260)
(二十四)意大利生长兔饲料配方 3 ……………………… (260)
(二十五)意大利生长兔饲料配方 4 ……………………… (261)
(二十六)意大利生长兔饲料配方 5 ……………………… (261)
(二十七)意大利仔兔诱食饲料配方……………………… (262)
(二十八)墨西哥生长兔饲料配方 1 ……………………… (262)
(二十九)墨西哥生长兔饲料配方 2 ……………………… (263)
(三十)墨西哥生长兔饲料配方 3 ……………………… (263)
(三十一)俄罗斯肉兔饲料配方…………………………… (264)
(三十二)希腊公兔饲料配方……………………………… (264)
(三十三)巴西生长兔饲料配方 1 ……………………… (265)
(三十四)巴西生长兔饲料配方 2 ……………………… (265)
(三十五)印度生长兔饲料配方…………………………… (266)
**第八章 家兔饲喂技术**………………………………… (267)
一、家兔饲喂应遵循的一般原则 ……………………… (267)
(一)不同生理阶段的家兔应采取不同的饲喂方式……… (267)
(二)饲料营养水平不同,饲喂量也不同 ……………… (267)
(三)饲喂前要清理料盒内的粉料和污物,对食欲欠佳或
绝食的兔子进行健康检查……………………… (267)
(四)遵循"定时定量饲喂"的原则……………………… (268)
(五)注意饲料卫生、质量 ……………………………… (268)

(六)注意饲料温度,严禁饲喂冰冻饲料、多汁饲料……… (268)
(七)个体不同,饲喂量可能有差异 ……………………… (268)
(八)禁止饲喂带露水和含水分太高的饲草……………… (269)
(九)变化饲料配方要逐步进行…………………………… (269)
二、不同生理阶段饲喂技术 …………………………………… (269)
(一)空怀母兔的饲喂技术………………………………… (269)
(二)怀孕母兔的饲喂技术………………………………… (270)
(三)哺乳母兔的饲喂技术………………………………… (270)
(四)仔兔补料技术………………………………………… (272)
(五)幼兔饲喂技术………………………………………… (273)
(六)种公兔饲喂技术……………………………………… (274)
(七)肥育兔饲喂技术……………………………………… (275)
(八)商品獭兔饲喂技术…………………………………… (275)
(九)产毛兔饲喂技术……………………………………… (276)
三、不同饲养环境下的饲喂技术 ……………………………… (277)
(一)炎热季节的饲喂技术………………………………… (277)
(二)寒冷季节的饲喂技术………………………………… (277)
(三)家兔换毛期的饲喂技术……………………………… (277)
(四)变化饲料过程中的饲喂技术………………………… (278)
(五)新引进兔的饲喂技术………………………………… (278)
**附录**……………………………………………………………… (279)
附表Ⅰ 家兔饲料成分、营养价值及消化率表 ……………… (279)
附表Ⅱ 家兔饲料主要氨基酸、微量元素含量 ……………… (288)
附表Ⅲ 常用矿物质饲料添加剂中的元素含量……………… (290)
附表Ⅳ 筛号与筛孔直径对照表……………………………… (294)
附表Ⅴ 常用饲料的体积质量………………………………… (295)
**主要参考文献**…………………………………………………… (296)

# 第一章 家兔的消化特点和采食习性

## 一、家兔的消化特点

### (一)消化器官的解剖特点

家兔的消化器官包括口腔、咽、食管、胃、小肠(包括十二指肠、空肠和回肠)、大肠(包括盲肠、结肠和直肠)和肛门等(图1-1),与其他动物相比,有以下特点。

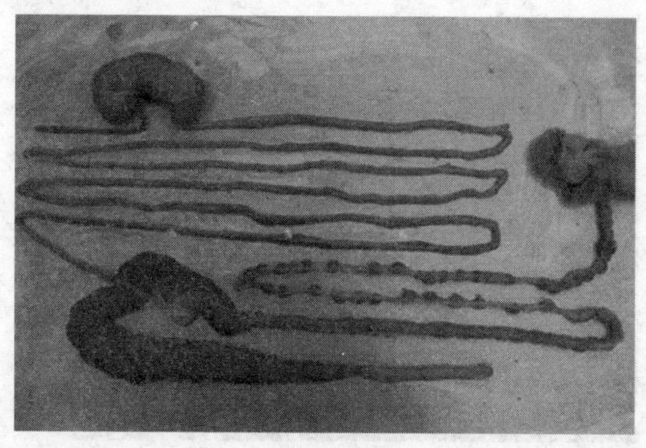

图1-1 家兔消化系统 (任克良)

**1. 特异的口腔构造** 兔的上唇从中线裂开,形成豁嘴,上门齿露出,以便摄取接近地面的植物或啃咬树皮等。家兔没有犬齿,臼齿发达,齿面较宽,并具有横嵴,便于磨碎植物饲料。

**2. 发达的胃肠** 家兔的消化道较长,容积也大。胃的容积较大,约占消化道总容积的 1/3。小肠和大肠的总长度为总体长的 10 倍左右。盲肠特别发达,长度接近体长,容积约占消化道总容积的 42%。结肠和盲肠中有大量的微生物繁殖,具有反刍动物第一胃的作用。因此,家兔能有效利用大量的饲草。

**3. 特异的淋巴球囊** 在家兔的回肠和盲肠相接处,有 1 个膨大、中空、壁厚的圆形球囊,称为淋巴球囊或圆小囊,为家兔所特有(图 1-2)。其生理作用有三,即机械作用、吸收作用和分泌作用。回肠内的食糜进入淋巴球囊时,球囊借助发达的肌肉压榨,消化后的最终产物大量被球囊壁的分枝绒毛所吸收。同时,球囊还不断分泌出碱性液体,中和由于微生物生命活动而产生的有机酸,从而保证了盲肠内有利于微生物繁殖的环境,有助于对饲草中粗纤维的消化。

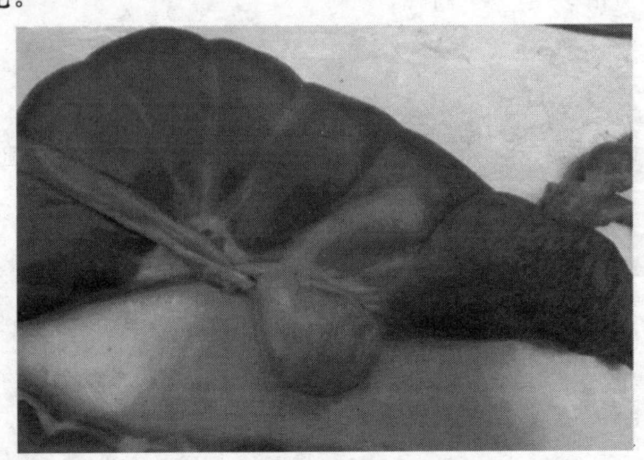

**图 1-2 淋巴球囊** (任克良)

### (二)能够有效利用低质高纤维饲料

一般认为,家兔依靠结肠和盲肠中微生物及与淋巴球囊的协同作用,能很好地利用饲料中的粗纤维。但很多研究表明,家兔对饲料中粗纤维的利用能力是有限的，如对苜蓿干草中粗纤维消化率，马为 34.7%，家兔仅为 16.2%。但这不能看成是家兔利用粗饲料的一个弱点，因为粗纤维饲料具有快速通过家兔消化道的特点，在这一过程中，其中大部分非纤维成分被迅速消化、吸收，排除难以消化的纤维部分。

### （三）能充分利用粗饲料中的蛋白质

与猪等单胃动物相比，家兔更能有效利用粗饲料中的蛋白质。以苜蓿蛋白质的消化率为例，猪低于 50%，而家兔则为 75%，大体与马相似。然而家兔对低质量的饲草，如玉米等农作物秸秆所含蛋白质的利用能力却高于马。

由于有以上特点，所以家兔能够采食大量的粗饲料，并能保持一定的生产水平。

### （四）饲料中粗纤维对家兔必不可少

饲料中粗纤维对维持家兔正常消化功能有重要作用。研究证实，粗纤维（木质素）能预防肠道疾病。如果给家兔饲喂高能低纤维饲料，肠炎发病率较高；而提高饲料中粗纤维含量后，肠炎发病率下降。

### （五）食 粪 性

所谓食粪性，是指家兔具有嗜食自己部分粪便的本能特性。在食粪时具有咀嚼的动作，因此有人称之为假反刍或食粪癖。与其他动物的食粪癖不同，家兔的这种行为不是病理的，而是正常的生理现象，对家兔本身具有重要的生理意义。

家兔通常排出 2 种粪便，一种是平时在兔舍里看到的硬粪，约占总粪量的 80%；另一种是由一些团状的小颗粒组成的软粪，约占总粪量的 20%。软粪一经排出便被兔自己从肛门处吃掉了，所以通常在兔舍内不易看到。兔排硬粪既无规律，又无特殊的排粪姿势。

**1. 食粪的行为习性** 兔的食粪行为均发生在静坐休息期间。在食粪行为出现之前，都有站起、舐毛和转圈等行为。食粪时呈犬坐姿势，背脊弯曲，两后肢向外侧张开，肛门朝向前方，两前肢移向一侧，头从另一侧伸向肛门处采食粪便，然后又恢复到原来的犬坐姿势，经 10～60 秒钟的咀嚼动作后将软粪球囫囵吞咽入胃（图 1-3）。兔从来不吃硬粪或掉在笼子底部的软粪。

**图 1-3 食粪行为** （任克良）

**2. 食粪的规律性** 兔食粪的规律性与喂食时间密切相关，一昼夜出现 3 次食粪高峰。白天有 2 次，时间为上午 11 时和下午 5 时。晚上的食粪高峰在夜间 2 时，这是最明显的一次食粪高峰，主要是吃软粪，并且不经嚼碎囫囵吞咽入胃内。一般夜间食粪量多于白天。当兔正在食粪时，突然受惊，会立即停止食粪，因此，必须保持兔舍安静。

**3. 仔兔食粪时间的出现** 哺乳仔兔在未开始采食之前均不

食粪，开始采食后的 4～6 天开始食粪，说明兔食粪行为的发生与盲肠的发育以及盲肠内微生物的活动有关。

**4. 硬粪与软粪的组成**　家兔软粪与硬粪成分比较见表 1-1。

**表 1-1　家兔软粪与硬粪成分比较**

| 成　分 | 软　粪 | 硬　粪 | 成　分 | 软　粪 | 硬　粪 |
|---|---|---|---|---|---|
| 干物质(克) | 6.9 | 9.8 | 其他碳水化合物(%) | 11.3 | 4.9 |
| 粗蛋白质(%) | 37.4 | 18.7 | 微生物(百万个/克) | 9560 | 2700 |
| 粗脂肪(%) | 3.5 | 4.3 | 烟酸(微克/克) | 139.1 | 39.7 |
| 粗灰分(%) | 13.1 | 13.2 | 核黄素(微克/克) | 30.2 | 9.4 |
| 粗纤维(%) | 27.2 | 46.6 | 泛酸(微克/克) | 51.6 | 8.4 |
| 钙(%) | 1.22 | 2.0 | 维生素 $B_{12}$(微克/克) | 2.9 | 0.9 |
| 磷(%) | 2.42 | 1.53 | 钾(%) | 1.0 | 0.38 |
| 硫(%) | 1.57 | 1.06 | 钠(%) | 1.83 | 0.42 |

**5. 食粪的生理意义**

第一，通过食粪，特别是食软粪，家兔可从中获得生物学价值较高的菌体蛋白质，同时还可获得由肠道微生物合成的 B 族维生素和维生素 K。这些营养物质很快被胃和小肠消化吸收和利用，因此，饲料中可以少量或不供给 B 族维生素和维生素 K，正常饲养管理条件下，兔不会发生 B 族维生素和维生素 K 缺乏症，只有在高度集约化生产条件下才添加。

第二，可以补充一部分矿物质，如磷、钾、钠等。

第三，通过食粪使饲料中部分营养物质至少 2 次通过消化道，提高了饲料利用率(表 1-2)。

表 1-2 食粪与限制食粪对饲料中消化率的影响 （%）

| 项　目 | 营养物质 | 粗蛋白质 | 粗纤维 | 粗脂肪 | 无氮浸出物 | 粗灰分 |
|---|---|---|---|---|---|---|
| 正常食粪 | 64.6 | 66.7 | 15.0 | 73.9 | 73.3 | 57.6 |
| 限制食粪 | 59.0 | 50.3 | 6.9 | 71.7 | 70.6 | 46.1 |

从表 1-2 可知，兔不能正常食粪时，饲料中营养物质的消化率降低。限制食粪，还可导致消化道微生物区系的减少，幼兔生长发育受阻，成年兔消瘦或死亡，妊娠母兔胎儿发育受阻，产仔数减少。为此，保持兔舍环境安静，对家兔正常食粪十分重要。

**(六)能忍耐饲料中的高钙**

与其他动物相比，兔的钙代谢具有以下特点。

第一，钙的净吸收特别高，而且不受体内钙代谢需要的调节。

第二，血钙水平也不受体内钙平衡的调节，直接和饲料钙水平成正比。

第三，血钙的超过滤部分很高，其结果是肾脏对血钙的清除率很高。

第四，过量钙的排除途径主要是尿，其他动物主要通过消化道排泄。我们经常看到兔笼内有白色粉末状物，就是由尿排出的钙盐。由于以上特点，所以，即使饲料中含钙多至 4.5%，钙、磷比例达 12∶1 时，也不影响家兔的生长发育，骨质也正常。但最近研究表明，泌乳母兔采食过量的钙(4%)或磷(1.9%)会导致繁殖能力显著变化，发生多产性或增加死胎率。

**(七)可以有效利用饲料中的植酸磷**

植酸是谷物和蛋白质补充料中的一种有机物质，它和饲料中的磷形成一种难以吸收的复合物质叫植酸磷。一般非反刍动物不能有效利用植酸磷，而家兔则可借助盲肠和结肠中的微生物，将植酸磷转变为有效磷，使其得到充分利用。因此，降低饲料中无机磷的添加量，不仅对兔生长无不良影响，同时也减少了粪便中磷的排泄量，减轻磷对环境的污染。

### （八）对无机硫的利用

在兔饲料中添加硫酸盐或硫黄，对兔增重有促进作用。据同位素示踪表明，经口服的硫酸盐（$^{35}S$）可被家兔利用合成胱氨酸和蛋氨酸，这种由无机硫向有机硫的转化，与家兔盲肠微生物的活动和家兔食粪习性有关。

胱氨酸、蛋氨酸均为含硫氨基酸，是家兔饲料中最易缺乏的限制性氨基酸。生产中利用家兔可将无机硫转化为含硫氨基酸的特点，在饲料中加入价格低、来源广的硫酸盐来补充含硫氨基酸的不足，从经济方面考虑是可行的。

### （九）消化道疾病发生率高

家兔特别容易发生消化系统疾病，尤其是腹泻。仔、幼兔一旦发生腹泻，死亡率很高。造成腹泻的主要诱发因素有高碳水化合物低纤维饲料（低木质素）、断奶不当、腹部着凉、饲料过细、体内温度突然降低、饮食不卫生和饲料突变等。

**1. 高碳水化合物低纤维饲料与腹泻**　关于高碳水化合物、低纤维饲料引起腹泻，有不同解释。美国养兔专家 Patton 教授提出“后肠碳水化合物过度负荷引起腹泻”的学说，得到多数人的认可。饲喂高碳水化合物（即高能量）、高蛋白质、低纤维饲料（低木质素），它们通过小肠的速度加快，未经消化的碳水化合物（即淀粉）可迅速进入盲肠。盲肠中有大量的淀粉时，就会导致一些产气杆菌（如大肠杆菌、魏氏梭菌等）的大量繁殖和过度发酵，破坏盲肠内正常的微生物区系。那些致病的产气杆菌同时产生毒素，被肠壁吸收，使肠壁受到破坏，肠黏膜的通透性增高，大量的毒素被吸收入血，造成全身性中毒，引起腹泻并导致死亡。此外，由于肠道内过度发酵，产生挥发性脂肪酸，这些脂肪酸增加了后肠内液体的渗透压，大量水分从血液中进入肠道，造成腹泻。因此，粗纤维（其中的木质素）对维持肠道内正常消化功能有重要作用，饲料中含有10％以上粗纤维对预防腹泻有较好效果。

**2. 断奶与腹泻** 断奶不当也容易引起断奶仔兔腹泻，这是因为从吃液体的乳汁完全转变到吃固体饲料的过程中，引起断奶仔兔的应激反应，改变了肠道内的生理平衡。一方面减少了胃内抗微生物奶因子的作用，另一方面断乳兔胃内盐酸的酸度达不到成年兔胃内的酸度水平，因此不能经常有效地杀死进入胃内的微生物（包括致病菌）。同时，断奶幼兔对有活力的病原微生物或细菌毒素比较敏感。所以，断奶仔兔特别容易发生腹泻和其他胃肠道疾病。

为此，养兔实践中常采取以下措施降低因断奶不当所造成的腹泻发病率：①仔兔 18 日龄时，喂给易消化、营养价值高的诱食饲料，如小麦片等。使仔兔从吸食乳汁到采食饲料有一个过渡阶段，同时刺激胃肠发育及盲肠微生物区系的迅速形成。②断奶时离乳不离窝，减少因环境变换带来的应激。③添加抗生素，防止大肠杆菌、魏氏梭菌以及外源病原菌的侵袭。

**3. 腹部着凉与腹泻** 家兔的腹壁肌肉比较薄，特别是仔兔脐周围的被毛稀少；腹壁肌肉更薄。当兔舍温度低，或家兔卧在温度低的地面（如水泥地面），肠壁受到冷刺激时，肠蠕动加快，小肠内尚未消化吸收的营养物质便进入盲肠，由于水分吸收减少，使盲肠内容物迅速变稀而影响盲肠内环境，消化不良的小肠内容物刺激大肠，使大肠的蠕动亢进而造成腹泻。仔兔对冷热刺激的适应性和调节能力又差，所以特别容易着凉而腹泻。

腹部着凉引起腹泻极易造成继发感染，故要增加舍温，避免兔子腹部着凉，同时对腹泻仔兔用抗生素加以治疗。

**4. 饲料过细与腹泻**　家兔采食过细的饲料入胃后，形成紧密结实的食团，胃酸难以浸透食团，使胃内食团 pH 值长时间保持在较高的水平，有利于胃内微生物的繁殖，并允许胃内细菌进入小肠，细菌产生毒素，导致兔腹泻或死亡。

盲肠的生理特点是能主动选择性吸收小颗粒，结肠袋能选择性地保留水分和细小颗粒，并通过逆蠕动又送回盲肠。颗粒太细，会使盲肠负荷加大，有利于诱发盲肠内细菌的暴发性生长，大量的发酵产物和细菌毒素损害盲肠和结肠的黏膜，导致异常的通透性，使血液中的水分和电解质进入肠壁，使胃肠道功能发生紊乱，引起兔的胃肠炎和腹泻。

为此，在用粉料或颗粒饲料直接饲喂家兔时，其中的粉料不宜太细，一般以能通过 2.5 毫米筛网即可。

**5. 体内温度突然降低与腹泻**　家兔对外界温度的变化有较大的耐受能力，但对体内温度变化的抵抗力则较差。在寒冷季节，如给幼兔喂多量的冰冻湿料或含水分高的冰冻过的蔬菜、多汁饲料后，就会立即消耗体内大量的热能。由于家兔特别是幼兔不能很快地补充这些失去的热能，就会引起肠道的过敏，特别是受凉肠道的运动增强而使内部功能失去平衡，并诱发肠道内细菌异常的增殖而造成肠壁的炎症性病变，发生腹泻。养兔实践中，当饲料中干物质和水分的比例超过 1∶5 时，就容易发生腹泻，尤其在寒冷季节，这一点应特别引起注意。

**6. 饲料突变及饮食不洁与腹泻**　饲料突变及饮食不洁，使肠胃不能适应，改变了消化道的内环境，破坏了正常的微生物区系，导致消化道功能紊乱，诱发大肠杆菌病、魏氏梭菌病等疾病，因此要特别注意饲料的相对稳定和卫生。

## 二、家兔的采食习性

### (一)草 食 性

家兔属严格的单胃草食动物,以植物性饲料为主,主要采食植物的根、茎、叶和种子。兔特异的口腔构造,较大容积的消化道,特别发达的盲肠和特异淋巴球囊的功能等,都是对草食习性的适应。

### (二)择 食 性

家兔对饲料具有选择性,像其他草食动物一样,喜欢吃素食,不喜欢吃鱼粉、肉骨粉等动物性饲料。因此,在饲料中添加动物性饲料时,须均匀地拌在饲料中喂给,并由少到多,或加入适量的调味剂(如大蒜粉、甜味素等)。

在各类饲草中,家兔喜欢吃多叶性饲草;如豆科牧草,相比之下,不太喜欢吃叶脉平行的草类,如禾本科草。在各类饲料中,喜欢吃整粒的大麦、燕麦,而不喜欢吃整粒玉米。在多汁饲料中,喜欢吃胡萝卜等。家兔喜欢吃带甜味的饲料,因此,可将制糖的副产品或甜菜丝拌入饲料中,以提高适口性。家兔也喜欢吃添加植物油(如玉米油等)的饲料,所给饲料以含5%～10%脂肪为宜。

颗粒料与粉料比较,家兔喜欢采食颗粒料。试验证明,在饲料配方相同的情况下,制成颗粒料饲喂的效果好于粉料湿拌料。饲喂颗粒饲料组日增重速度、饲料利用率均高于粉料组,且很少患消化道疾病,饲料浪费也大大减少。

### (三)夜 食 性

家兔是由野生穴兔驯化而来的,至今仍保留着昼伏夜行的习性,夜间十分活跃,采食、饮水频繁。据测定,家兔夜间采食和饮水量占全天采食和饮水量的75%左右。白天除采食、饮水活动外，大部分时间处于静卧和睡眠状态。根据家兔这一习性，应合理安排饲养日程，晚上要喂给充足的饲料和饮水，尤其冬季夜长时更应如此。白天除饲喂和必要的管理工作外，尽量不要影响家兔的休息和睡眠。

### (四)啃 咬 性

兔的大门齿是恒齿，不断生长，必须啃咬硬物，以磨损牙习齿，使之保持上下颌牙齿齿面的吻合。当饲料硬度小而牙齿得不到磨损时，就寻找易咬物体，如食槽、门、产箱、踏板等。因此，加工颗粒饲料时，应经常检查其硬度。如硬度小、粉料多时，应通过及时调整饲料水分或更换压粒机磨板等办法，以获得硬度高的粒料。

饲喂粉料时，可在兔笼内放入一些木板或树枝，让兔啃咬磨牙。制作兔笼、用具时，所用材料要坚固；笼内要平整，尽量不留棱角，以延长其使用寿命。

### (五)异 食 癖

**图1-4 被母兔残食的仔兔**

家兔除了正常采食饲料和吞食粪便外，有时会出现食仔(图1-4)、食毛(图1-5)等异常观象，称之为异食癖。

**1. 食仔癖** 发生食仔现象的主要原因有：①饲料营养不平衡。如母兔自身缺乏食盐，钙、磷不足，蛋白质和B族维生素缺乏或其他营养物质供应不足。②母兔产前、产后得不到充足的饮水，口渴难忍而食仔。③母兔产仔时受到惊扰，巢窝、垫草或仔兔带有异味，或发生死胎时,死仔未及时取出等。

食仔以初产母兔较多,而且多发生在产后 3 天内。对食仔兔要进行分析,查找原因,积极预防。对于有食仔恶癖的母兔,应采取人工催产、人工辅助哺乳和母仔分离饲养等措施加以控制,或作淘汰处理。

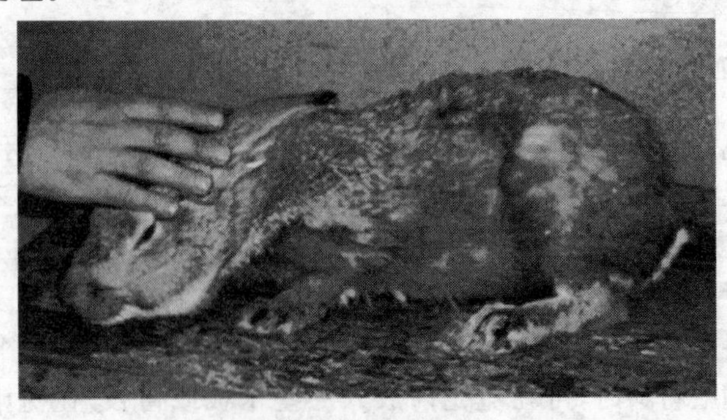

**图 1-5 兔毛被啃食**

**2. 食毛症** 食毛现象多发生在深秋、冬季和早春等气候多变季节,以 1～3 月龄幼兔多发,分为自食和互食 2 种。食毛的主要原因是饲料中蛋白质、含硫氨基酸不足,也与粗纤维不足有关。预防食毛症方法有以下 3 种:①供给兔全价配合饲料,使饲料中含硫氨基酸达 0.5%～0.6%;②在气候多变的季节,在幼兔饲料中补加 1%～2%动物性饲料;③当兔群出现食毛症后,首先将主动食毛的兔子取出,单笼饲养,然后在饲料中补加一定的硫酸盐(1%～1.5%硫酸钠或硫酸钙),或 1%～2%硫黄,或 0.2%～0.3%含硫氨基酸,或 0.5%～1%羽毛粉,一般 1 周可以得到控制。

(任克良)

# 第二章 家兔的常用饲料和添加剂

饲料是养兔的基础，饲料成本约占养兔成本的70%以上。抓好饲料这一环是取得养兔效果和经济效益的重要保证。为此，必须了解和掌握不同饲料的营养价值和利用特性，以便合理地开发和利用。

## 一、粗 饲 料

粗饲料是指干物质中粗纤维含量在18%以上的饲料，特点是体积大，难消化的粗纤维多，可利用成分少，但对家兔来说，粗饲料是配合饲料中必不可少的原料。

### (一)青 干 草

青干草是天然牧草或人工栽培牧草在质量最好和产量最高的时期刈割，经干燥制成的饲草。晒制良好的青干草颜色青绿，有芳香味，质地柔软，适口性好；叶片不脱落，保持了绝大部分的蛋白质、脂肪、矿物质和维生素，是家兔的优质粗饲料。有豆科、禾本科和其他科青干草。

**1. 豆科青干草** 粗蛋白质含量高，粗纤维含量较低，富含钙和维生素(表2-1)，饲用价值高，可替代家兔配合饲料中豆饼等蛋白质饲料，降低饲料成本。目前，豆科青干草多为人工栽培，在我国各地以苜蓿、红豆草等为主，最佳刈割期为现蕾至初花期。国外以苜蓿、三叶草为主。在法国、西班牙、荷兰、德国等养兔先进国家，家兔配合饲料中苜蓿和三叶草粉可占到45%～50%，有的甚至高达90%。

表 2-1　主要豆科青干草营养成分　（%）

| 种　类 | 样品说明 | 干物质 | 粗蛋白质 | 粗脂肪 | 粗纤维 | 无氮浸出物 | 总能（兆焦/千克） | 粗灰分 | 钙 | 磷 |
|---|---|---|---|---|---|---|---|---|---|---|
| 苜蓿 | 盛花期 | 89.10 | 11.49 | 1.40 | 36.86 | 34.51 | 17.78 | 4.84 | 1.56 | 0.15 |
| 苜蓿 | 现蕾期 | 91.00 | 20.32 | 1.54 | 25.00 | 35.00 | 16.62 | 9.14 | 1.71 | 0.17 |
| 红豆草 | 结荚期 | 90.19 | 11.78 | 2.17 | 26.25 | 42.20 | 16.19 | 7.79 | 1.71 | 0.22 |
| 红三叶 | 结荚期 | 91.31 | 9.49 | 2.31 | 28.26 | 42.41 | 15.98 | 8.84 | 1.21 | 0.28 |
| 草木樨 | 盛花期 | 92.14 | 18.49 | 1.69 | 29.67 | 34.21 | 16.73 | 8.08 | 1.30 | 0.19 |
| 箭舌豌 | 豆盛花期 | 94.09 | 18.99 | 2.46 | 12.09 | 49.01 | 16.58 | 11.55 | 0.06 | 0.27 |
| 紫云英 | 盛花期 | 92.38 | 10.84 | 1.20 | 34.00 | 35.25 | 15.81 | 11.09 | 0.71 | 0.20 |
| 百麦根 | 营养期 | 92.28 | 10.03 | 3.21 | 18.87 | 54.15 | 16.48 | 6.02 | 1.50 | 0.19 |
| 豇豆秧 | | 90.50 | 16.0 | 2.02 | 4.3 | 37.0 | — | 10.6 | — | — |
| 蚕豆秧 | | 91.50 | 13.4 | 0.82 | 2.0 | 49.8 | — | 5.5 | — | — |
| 大豆秧 | | 88.90 | 13.1 | 2.03 | 3.2 | 33.6 | — | 7.1 | — | — |
| 豌豆秧 | | 88.00 | 12.0 | 2.22 | 6.5 | 40.5 | — | 6.7 | — | — |
| 花生秧 | | 91.20 | 10.6 | 5.12 | 3.7 | 41.1 | — | 9.7 | — | — |

**2. 禾本科青干草**　禾本科青干草来源广，数量大，适口性较好，易干燥，不落叶。与豆科青干草相比，禾本科青干草粗蛋白质含量低，钙含量少，胡萝卜素等维生素含量高（表 2-2）。

禾本科草在孕穗至抽穗期收割为宜。此时，叶片多，粗纤维少，质地柔软；粗蛋白质含量高，胡萝卜素的含量也高；产量也较高。禾本科草在兔配合饲料中可占到 30%～45%。

**3. 其他科青干草**　如菊科的串叶松香草、菊苣，苋科的苋菜、聚合草、棒草（即拉拉秧）等，产量高，适时采集、割晒，是优良的兔用青干草，可占兔饲料的 35%左右。

表 2-2　几种禾本科青干草营养成分　（%）

| 种　类 | 样品说明 | 干物质 | 粗蛋白质 | 粗脂肪 | 粗纤维 | 无氮浸出物 | 总能（兆焦/千克） | 粗灰分 | 钙 | 磷 |
|---|---|---|---|---|---|---|---|---|---|---|
| 芦苇 | 营养期 | 90.00 | 11.52 | 2.47 | 33.44 | 44.84 | — | 7.73 | — | — |
| 草地羊茅 | 营养期 | 90.12 | 11.70 | 4.37 | 18.73 | 37.29 | 14.29 | 18.03 | 1.0 | 0.29 |
| 鸭茅 | 收籽后 | 93.32 | 9.29 | 3.79 | 26.68 | 42.97 | 16.45 | 10.59 | 0.51 | 0.24 |
| 草地早熟 | | 88.9 | 9.1 | 3.0 | 26.7 | 44.2 | — | — | 0.4 | 0.27 |

## （二）秸　秆

**1. 玉米秸**　玉米秸因品种、生长期、秸秆部位、晒制方法等不同，其营养价值有较大差异（表 2-3）。一般来说，夏玉米秸比春玉米秸营养价值高，叶片较茎秆营养价值高，快速晒制的较长时间风干的营养价值高。晒制良好的玉米秸呈青绿色，叶片多，外皮无霉变，水分含量低。玉米秸的营养价值略高于玉米芯，与玉米皮相近。

利用玉米秸作为兔配合饲料中粗饲料时要注意：①由于玉米秸有坚硬的外皮，其水分不易蒸发，贮藏备用玉米秸必须叶茎都晒干，否则易发霉变质。②玉米秸秆容重小，膨松，为了保证制粉质量，可适当增加水分，以 10%为宜。同时添加黏结剂，如加入 0.7%～1%膨润土。制出的粒料要晾干，水分降至 8%～11%。③玉米秸秆可占到家兔饲料的 20%～40%。

表 2-3　玉米秸秆营养成分　（%）

| 样品名称 | 样本说明 | 水分 | 粗蛋白质 | 粗脂肪 | 粗纤维 | 粗灰分 | 无氮浸出物 | 钙 | 磷 | NDF | ADF | PL |
|---|---|---|---|---|---|---|---|---|---|---|---|---|
| 玉米秸秆 | 太原市 | 9.03 | 4.2 | 0.95 | 35.8 | 6.75 | 43.27 | 0.79 | 0.07 | 78.41 | 47.48 | 4.088 |

注：高锰酸钾洗木质素（PL）任克良等报道

**2. 稻草**　是家兔重要的粗饲料。据测定，稻草含粗蛋白质

5.4%,粗脂肪1.7%,粗纤维32.7%,粗灰分11.1%,钙0.28%,磷0.08%,可占兔饲料的10%～30%。稻草含量高的饲料中,应特别注意钙的补充。

**3. 麦秸** 麦秸是粗饲料中质量较差的种类,因品种、生长期不同,营养价值也各异(表2-4)。

**表2-4 麦类秸秆营养成分 (%)**

| 种类 | 干物质 | 粗蛋白质 | 粗脂肪 | 粗纤维 | 无氮浸出物 | 粗灰分 | 钙 | 磷 |
|---|---|---|---|---|---|---|---|---|
| 小麦秸 | 89.0 | 3.0 | — | 42.5 | — | — | — | — |
| 大麦秸 | 90.34 | 8.5 | 2.53 | 30.13 | 40.41 | — | 8.76 | — |
| 荞麦秸 | 85.3 | 1.4 | 1.6 | 33.4 | 41.0 | 7.9 | — | — |

麦类秸秆中,小麦秸的产量最多,但其粗纤维含量高,并含有较多难以被利用的硅酸盐和蜡质,长期饲喂小麦秸的家兔容易"上火"和便秘,影响生产性能。麦类秸秆中,以大麦秸、燕麦秸和荞麦秸营养稍高,且适口性好。麦类秸秆在家兔饲料中的比例以10%左右为宜,一般不超过20%。

**4. 豆秸** 主要有大豆秸、绿豆秸等。由于收割、晒制过程中叶片大部分凋落,蛋白质和维生素含量减少。茎秆多呈木质化,质地坚硬,营养价值较低,但与禾本科秸秆相比,蛋白质含量较高(表2-5)。

**表2-5 几种豆秸的营养成分 (%)**

| 种类 | 干物质 | 粗蛋白质 | 粗脂肪 | 粗纤维 | 无氮浸出物 | 粗灰分 | NDF | ADF | PL | 钙 | 磷 |
|---|---|---|---|---|---|---|---|---|---|---|---|
| 大豆秸 | 88.97 | 4.24 | 0.89 | 46.81 | 32.12 | 4.91 | 76.93 | 57.31 | 6.51 | 0.74 | 0.12 |
| 豌豆秸 | 89.12 | 11.48 | 3.74 | 31.52 | 32.33 | 10.04 | — | — | — | — | — |
| 蚕豆秸 | 91.71 | 8.32 | 1.65 | 40.71 | 33.11 | 7.92 | — | — | — | — | — |
| 绿豆秸 | 86.50 | 5.9 | 1.1 | 39.1 | 34.60 | 5.8 | — | — | — | — | — |

注:豆秸产地为山西省太原市。高锰酸钾洗木质素(PL)任克良等报道

在豆类产区，豆秸产量大、价格低，深受养兔户欢迎，但大豆秸遭雨淋极易发霉变质，要特别注意。据笔者养兔实践，家兔饲料中豆秸可占35%左右，且生产性能不受影响。

**5. 谷草** 是谷子(粟)成熟收割下来脱粒之后的秸秆，是禾本科秸秆中较好的粗饲料。谷草的营养物质含量见表2-6。谷草易贮藏，卫生，营养价值较高，制出的颗粒质量好，是家兔优质的粗饲料。据笔者养兔实践，家兔饲料中谷草可占到35%左右，加入黏合剂(2%次粉或糖蜜等)可以提高颗粒质量，同时应注意补充钙。

**表2-6 谷草的营养成分 (%)**

| 样品名称 | 样本说明 | 水分 | 粗蛋白质 | 粗脂肪 | 粗纤维 | 粗灰分 | 无氮浸出物 | 钙 | 磷 | NDF | ADF | PL |
|---|---|---|---|---|---|---|---|---|---|---|---|---|
| 谷草 | 山西、寿阳 | 9.98 | 3.96 | 1.3 | 36.79 | 8.55 | 39.42 | 0.74 | 0.06 | 79.18 | 48.85 | 5.299 |

注：任克良等报道

**6. 花生秧** 是目前我国花生产区家兔主要的粗饲料，其营养价值接近豆科干草。据测定，干物质为90%以上，其中含粗蛋白质4.6%～5%，粗脂肪1.2%～1.3%，粗纤维31.8%～34.4%，无氮浸出物48.1%～52%，粗灰分6.7%～7.3%，钙0.89%～0.96%，磷0.09%～0.1%，还含有铁、铜、锰、锌、硒、钴等微量元素，是家兔优良粗饲料。花生秧应在霜降前收获，注意晾晒、防止发霉，剔除其中的塑料薄膜。晒制良好的花生秧应是色绿、叶全，营养损失较少，家兔饲料中比例可占到35%。

**7. 甘薯藤** 甘薯又称红薯、白薯、地瓜、红苕等。甘薯藤中含胡萝卜素3.5～23.2毫克/千克。可鲜喂，也可晒制成干藤饲喂。因甘薯藤水分含量高，晒制过程要勤翻，防止腐烂变质。晒制良好的甘薯干藤营养丰富，其营养成分为：干物质占90%以上，其中粗蛋白质6.1%～6.7%，粗脂肪4.1%～4.5%，粗纤维24.7%～27.2%，无氮浸出物48%～52.9%，粗灰分7.9%～8.7%，钙1.59%～

1.75%，磷0.16%～0.18%，家兔饲料中可占到35%～40%。

### （三）秕 壳 类

秕壳类主要是指各种植物的子实壳，其中含不成熟的子实。其营养价值（表2-7）高于同种作物的秸秆（花生壳除外）。

表2-7 秕壳类饲料的营养成分 （%）

| 类 别 | 干物质 | 粗蛋白质 | 粗脂肪 | 粗纤维 | 无氮浸出物 | 粗灰分 | 钙 | 磷 |
|---|---|---|---|---|---|---|---|---|
| 大豆荚 | 83.2 | 4.9 | 1.2 | 28.0 | 41.2 | 7.8 | — | — |
| 豌豆荚 | 88.4 | 9.5 | 1.0 | 31.5 | 41.7 | 4.7 | — | — |
| 绿豆荚 | 87.1 | 5.4 | 0.7 | 36.5 | 38.9 | 6.6 | — | — |
| 豇豆荚 | 87.1 | 5.5 | 0.6 | 30.8 | 44.0 | 6.2 | — | — |
| 蚕豆荚 | 81.1 | 6.6 | 0.4 | 34.8 | 34.0 | 6.0 | 0.61 | 0.09 |
| 稻 壳 | 92.4 | 2.8 | 0.8 | 41.1 | 29.2 | 18.4 | 0.08 | 0.07 |
| 谷 壳 | 88.4 | 3.9 | 1.2 | 45.8 | 27.9 | 9.5 | — | — |
| 小麦壳 | 92.6 | 5.1 | 1.5 | 29.8 | 39.4 | 16.7 | 0.20 | 0.14 |
| 大麦壳 | 93.2 | 7.4 | 2.1 | 22.1 | 55.4 | 6.3 | — | — |
| 荞麦壳 | 87.8 | 3.0 | 0.8 | 42.6 | 39.9 | 1.4 | 0.26 | 0.02 |
| 高粱壳 | 88.3 | 3.8 | 0.5 | 31.4 | 37.6 | 15.0 | — | — |

豆类秕壳有大豆荚、豌豆荚、绿豆荚、豇豆荚、蚕豆荚等，在秕壳饲料中营养价值较高，在家兔饲料中的用量可达10%～15%。

谷类秕壳有稻壳、谷壳、大麦壳、小麦壳、荞麦壳、高粱壳等，其营养价值较豆类秕壳低。稻谷壳品质低，因其含有较多的硅酸盐，对压制颗粒的机械会造成磨损，也会刺激消化道引起溃疡。稻壳中的有些成分还有促进饲料酸败的作用。高粱壳中含有一定的单宁（鞣酸），适口性较差。小麦壳和大麦壳营养价值相对较高，但麦芒带刺，对家兔消化道有一定刺激。因此，各种谷类秕壳在家兔饲料中不宜超过8%。

花生壳是我国北方家兔主要的粗饲料资源之一，其营养成分见表 2-8。花生壳粗纤维虽然高达近 60％，但生产中以花生壳作为兔的主要粗饲料占饲料的30％～40％，对于青年兔、空怀兔无不良影响，且兔群很少发生腹泻。但花生壳与花生饼(粕)一样极易染霉菌，使用时应特别注意。

**表 2-8　花生壳营养成分　(％)**

| 样品名称 | 样本说明 | 水分 | 粗蛋白质 | 粗脂肪 | 粗纤维 | 粗灰分 | 无氮浸出物 | 钙 | 磷 | NDF | ADF | PL |
|---|---|---|---|---|---|---|---|---|---|---|---|---|
| 花生壳 | 介休市 | 9.47 | 6.07 | 0.65 | 61.82 | 7.94 | 14.05 | 0.97 | 0.07 | 86.07 | 73.79 | 8.423 |

注：任克良等报道

此外，葵花籽壳含粗蛋白质 3.5％，粗脂肪 3.4％，粗纤维 22.1％，无氮浸出物 58.4％，在秕壳类饲料中营养价值较高，在兔饲料中可加到 10％～15％。

## 二、能量饲料

通常将粗纤维含量在 18％以下、粗蛋白质含量低于 20％的饲料称为能量饲料，包括谷类子实、糠麸类等。

该类饲料是家兔配合饲料的主要能量来源。其蛋白质含量少，品质差，某些必需氨基酸含量不足，特别是赖氨酸和蛋氨酸含量较少。因此，配制家兔饲料时，能量饲料必须与含蛋白质丰富的饲料配合使用。

能量饲料中矿物质含量磷多钙少，B 族维生素和维生素 E 含量较多，但缺乏维生素 A 和维生素 D，因此利用时应注意补充钙和维生素 A 等。

### (一)谷类子实

**1. 玉米** 是家兔最常用的能量饲料之一,其所含有的能量浓度在谷类饲料中列在首位,被誉为“饲料之王”。玉米粗纤维含量低,仅2%;无氮浸出物高达72%,且主要是淀粉,故消化率高;脂肪含量高,达4%~5%,其中必需脂肪酸——亚油酸含量高;粗蛋白质含量低,仅为7%~9%,且品质差,赖氨酸、蛋氨酸、色氨酸含量低。黄玉米含有丰富的维生素A原(即β-胡萝卜素)和维生素E(20毫克/千克)。维生素A原在兔体内可转化为维生素A,有利于家兔生长、繁殖。维生素D、维生素K缺乏,维生素$B_1$较多,而维生素$B_2$和烟酸缺乏。玉米含钙极少,仅为0.02%左右;含磷约0.25%,其中植酸磷占5%~6%;铁、铜、锰、锌、硒等微量元素含量较低。

影响玉米营养成分的因素有品种、水分含量、贮藏时间、破碎与否等。高赖氨酸玉米是热能与蛋白质相结合的一种价廉优质的新型饲料,其饲喂价值优于普通玉米。水分含量高于14%的玉米,容易孳生霉菌,引起腐败变质,甚至引起家兔霉菌毒素中毒。随着贮存期延长,玉米的品质相应变差,维生素A、维生素E和色素含量下降,有效能值也随之降低。玉米粉碎后,因失去种皮保护,极易吸水、结块和霉变,脂肪酸氧化酸败,故玉米以整粒保存为好,用时再粉碎。

玉米适口性好,消化能高,是家兔配合饲料中重要的原料。但家兔饲料中玉米比例过高,容易引起盲肠和结肠碳水化合物负荷过重,使家兔出现腹泻,或诱发大肠杆菌病和魏氏梭菌病。种用兔饲料能量过高时,会导致肥胖,出现繁殖障碍。家兔饲料中玉米比例以20%~35%为宜。

**2. 高粱** 营养成分与玉米相似,主要成分是淀粉,粗纤维少。蛋白质略高于玉米,但品质差,缺乏赖氨酸、精氨酸、组氨酸和蛋氨酸。脂肪含量低于玉米。矿物质含量钙少磷多。维生素中除泛酸含量和利用率较高外，其余维生素含量不高。高粱中主要抗营养因子是单宁（鞣酸），其含量因品种不同而异，一般为0.2%～3.6%。单宁具有苦涩味，对家兔适口性和养分消化利用率均有明显不良影响。据报道，高粱有预防腹泻的作用，家兔饲料中以添加5%～15%为宜。

**3. 大麦**　是皮大麦（普通大麦）和裸大麦（青稞）的总称。皮大麦子实外面包有一层种子外壳，是一种重要的饲用精料。大麦的粗蛋白质平均含量为11%，氨基酸中赖氨酸、色氨酸、异亮氨酸等含量高于玉米，尤其是赖氨酸高出较多，因此，大麦是能量饲料中蛋白质品质较好的一种。粗脂肪含量约2%，低于玉米的含量，其中1/2以上是亚油酸。无氮浸出物含量在67%以上，主要是淀粉。粗纤维含量皮大麦为4.8%，裸大麦为2%。矿物质含量钙为0.01%～0.04%，磷为0.33%～0.39%。维生素$B_1$和烟酸含量丰富。

影响大麦品质的因素有麦角病和单宁。裸大麦易感染真菌中的麦角菌而得麦角病，造成子实畸形并含有麦角毒，该物质能降低大麦适口性，甚至引起家兔中毒，症状表现为繁殖障碍、生长受阻、呕吐等，因此使用时若发现大麦中畸形粒含量太多时，应慎重使用。大麦中含有单宁，单宁影响适口性和蛋白质消化利用率。大麦在家兔饲料中可占到35%。

大麦苗生长期短，分蘖力强，再生力强，可作刈割青饲。其种粒可以生芽，可作为家兔缺青季节良好的维生素补充饲料。制作方法是：先将子实在45℃～55℃温水中浸泡36小时，捞出后以5厘米厚平摊在草席上，上盖塑料薄膜，维持25℃温度，每天用35℃温水喷洒5次，这样1周便可发芽，当长到8厘米时可采集喂兔。

**4. 小麦**　小麦是我国人民的主食，极少用作饲料，但在小麦价格低于玉米时，也可作为家兔饲料。

小麦粗纤维含量与玉米相当，粗脂肪低于玉米，但蛋白质含量高于玉米，为13.9%，是谷类子实中蛋白质含量较高者。小麦的能值也较高，仅次于玉米。矿物质含量钙少磷多，铁、铜、锰、锌、硒的含量较少。小麦中B族维生素和维生素E多，而维生素A和维生素D极少。

小麦适口性好，家兔饲料中可添加到40%左右。用小麦作能量饲料，能改善兔用颗粒饲料硬度，减少粉料比例。麦粒也可生芽喂兔。

**5. 燕麦**　是家兔良好的精料，粗蛋白质含量8.8%，粗脂肪4%，粗纤维10%。蛋白质品质优于玉米，家兔饲料可占30%。

### (二)糠麸类

**1. 小麦麸和次粉**　是小麦加工成面粉的副产物。小麦精制过程中可得到23%～25%小麦麸、3%～5%次粉和0.7%～1%胚芽。

由于小麦加工方法、精制程度、出麸率等的不同，小麦麸、次粉的营养成分差异很大(表2-9)。两者粗蛋白质含量高，分别达15%和14.3%，但品质仍差；粗脂肪与玉米相当；粗纤维含量麸皮远高于次粉，分别为9.5%和3.5%。小麦麸维生素含量丰富，特别是富含B族维生素和维生素E，但烟酸利用率仅为35%。矿物质含量丰富，尤其是铁、锰、锌较高，但缺乏钙，磷含量高，钙、磷比例极不平衡，利用时要注意补充钙和磷。次粉维生素、矿物质含量不及小麦麸。麸皮吸水性强，易结块发霉，使用时应注意。

**表2-9　小麦麸、次粉的营养成分　(%)**

| 成　分 | 小麦麸 | 次　粉 | 成　分 | 小麦麸 | 次　粉 |
|---|---|---|---|---|---|
| 干物质 | 87.0 | 87.9 | 粗纤维 | 9.5 | 2.3 |
| 粗蛋白质 | 15.0 | 14.3 | 无氮浸出物 | — | 65.4 |
| 粗脂肪 | 2.7 | 2.4 | 粗灰分 | 4.9 | 2.2 |

小麦麸适口性好，是家兔良好的饲料。由于小麦麸物理结构疏松，含有适量的粗纤维和硫酸盐类，有轻泻作用，可防便秘，是妊娠后期母兔和哺乳母兔的好饲料，家兔饲料中可占10%～20%。次粉喂兔营养价值与玉米相当，是很好的颗粒饲料黏结剂，可占饲料的10%。

**2. 米糠和脱脂米糠**　稻谷脱去壳后果实为糙米，糙米再经精加工成为精米，是人类的主食，副产品为米糠。米糠的加工工艺如下。

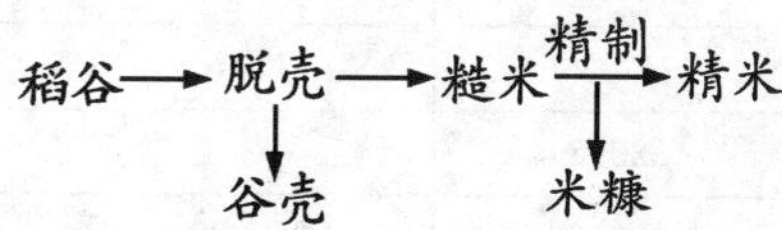


按此工艺得到谷壳和米糠两种副产物。谷壳亦称砻糠，营养价值极低，可作为家兔粗饲料；米糠由糙米皮层、胚和少量胚乳构成，占糙米比重8%～11%。

一些小型加工厂则采用由稻谷直接出精米工艺，得到的副产品谷壳、碎米和米糠的混合物为连糟糠或统糠。一般100千克稻谷可得统糠30～35千克，精米65～70千克。统糠属于粗饲料，营养价值低。

生产上也有将砻糠和米糠按一定比例混合的糠，如二八糠、三七糠等，营养价值取决于砻糠和米糠的比例。

脱脂米糠系米糠脱脂后的饼粕，用压榨法取油后的产物为米糠饼，用有机溶剂取油后的产物为米糠粕。

米糠及其饼粕的营养成分见表2-10。

表 2-10 国产米糠及其饼粕的营养成分

| 成 分 | 米糠粉 | 米糠饼 | 米糠粕 |
| --- | --- | --- | --- |
| 干物质(%) | 87.0 | 88.0 | 88.0 |
| 粗蛋白质(%) | 12.9 | 14.7 | 16.3 |
| 粗脂肪(%) | 16.5 | 9.1 | 2.0 |
| 粗纤维(%) | 5.7 | 7.1 | 7.5 |
| 无氮浸出物(%) | 44.4 | 48.7 | 51.5 |
| 粗灰分(%) | 7.5 | 8.4 | 9.7 |
| 钙(%) | 0.08 | 0.12 | 0.11 |
| 磷(%) | 1.33 | 1.47 | 1.58 |
| 铁(毫克/千克) | 329.8 | 422.4 | 711.8 |
| 锰(毫克/千克) | 193.6 | 217.07 | 272.4 |

米糠的蛋白质及赖氨酸含量高于玉米。脂肪含量高达16.5%,且大多属不饱和脂肪酸。粗纤维含量不高。米糠含钙偏低,而含磷高,但利用率不高。微量元素中铁、锰含量丰富,而铜偏低。米糠富含 B 族维生素,而缺少维生素 A,维生素 C 和维生素 D。

与米糠相比,脱脂米糠的粗脂肪含量大大减少,特别是糠粕中脂肪含量仅有 2%左右,粗纤维、粗蛋白质、氨基酸、微量元素等均有所提高,而有效能值下降。

米糠中除胰蛋白酶抑制剂、植酸等抗营养因子外,还有一种尚未得到证实的抗营养因子。

米糠是能值最高的糠麸类饲料,新鲜米糠的适口性较好,可占家兔饲料 10%～15%。但由于米糠含脂肪较高,且主要是不饱和脂肪酸,容易发生氧化酸败和水解酸败,易发热和霉变。据试验,碾磨后放置 4 周即有 60%的油脂变质。据笔者观察,变质的米糠适口性变差，甚至会引起青年兔、成兔腹泻死亡。因此，一定要使用新鲜米糠，禁止用陈米糠喂兔。

安全有效地利用米糠有以下几种方法：①及时使用新鲜米糠，即把碾米场的“出料”与家兔养殖场的“进料”结合起来，不贮存米糠。②使用脱脂米糠，易于长期保存，适口性良好，可安全使用。③米糠中按 250 毫克/千克剂量添加乙氧喹能有效防止米糠酸败。

**3. 小米糠**　又称细谷糠，是谷子脱壳后制小米分离出的部分，营养价值较高。其中含粗蛋白质 11%，粗纤维约 8%，总能为 18.46 兆焦/千克，含有丰富的 B 族维生素，尤其是硫胺素、核黄素含量高，小米糠可占饲粮的 10%～15%。粗脂肪含量也很高，故易发霉变质，使用时要特别注意。

与细谷糠相比，粗谷糠营养价值较低，含粗蛋白质 5.2%，粗脂肪 1.2%，粗纤维 29.9%，粗灰分 15.6%，用来喂兔，可占饲粮的 10%左右。

**4. 玉米糠**　玉米糠是干加工玉米粉的副产品，含有种皮、一部分麸皮和极少量的淀粉屑。含粗蛋白质 7.5%～10%，粗纤维 9.5%，无氮浸出物的含量在糠麸类饲料中最高，为 61.3%～67.4%，粗脂肪为 2.6%～6.3%，且多为不饱和脂肪酸。有机物消化率较高。据报道，生长兔饲粮加入 5%～10%，妊娠兔饲粮加入 10%～15%，空怀兔饲粮加入 15%～20%，效果均较好。但饲喂时要让兔多饮水。

**5. 高粱糠**　是高粱精制时的附产品，含有不能食用的壳、种皮和一部分粉屑。高粱糠含总能 19.42 兆焦/千克，粗蛋白质 9.3%，粗脂肪 8.9%，粗纤维 3.9%，无氮浸出物 63.1%，粗灰分 4.8%，钙 0.3%，磷 0.4%。但因高粱糠中含单宁较多，适口性差，易致便秘，此外高粱糠极不耐贮存。高粱糠一般占饲粮 5%～8%。

## 三、蛋白质饲料

蛋白质饲料粗蛋白质含量在20%以上，是家兔饲粮中蛋白质的主要来源，根据来源不同可分为植物性蛋白质饲料、动物性蛋白质饲料和微生物蛋白质饲料。

### (一)植物性蛋白质饲料

植物性蛋白质饲料包括豆类子实及其加工副产品，各种油料籽实及其饼粕等。其营养特点是粗蛋白质含量高，品质好；赖氨酸含量高，不足之处是含硫氨基酸少。

**1. 大豆及大豆饼、粕** 大豆是重要的油料作物之一。大豆分为黄大豆、青大豆、黑大豆、其他大豆和饲用豆(秣食豆)5类，其中比例最大的是黄大豆。大豆价格较高，故一般不直接用作饲料，而用其榨油后的副产品——豆饼、豆粕。

大豆经压榨法或夯榨法取油后的副产品为豆饼，而经浸提法或预压浸提法取油后的副产品为豆粕。压榨法的脱油率低，饼内残留4%左右的油脂，可利用能量高，但油脂易酸败。浸提法多用有机溶剂正己烷来脱油，比压榨法多出油4%以上，粕中残油少(1%左右)，易于保存。预压浸提法是将提高出油率和饼粕质量结合起来考虑的一种先进工艺，国外通用，国内正在推广。国产大豆及大豆饼、粕营养成分见表2-11。

**表2-11 国产黄豆、黑豆、豆饼、豆粕营养成分 (%)**

| 种类 | 二级黄豆① | 二级黑豆② | 二级豆饼 | 二级豆粕③ |
|---|---|---|---|---|
| 干物质 | 87.0 | 87.0 | 87.0 | 87.0 |
| 粗蛋白质 | 35.0 | 35.7 | 40.9 | 43.0 |
| 粗脂肪 | 17.1 | 15.1 | 5.3 | 2.1 |

**续表 2-11**

| 种　类 | 二级黄豆① | 二级黑豆② | 二级豆饼 | 二级豆粕③ |
|---|---|---|---|---|
| 粗纤维 | 4.4 | 5.8 | 4.7 | 4.8 |
| 无氮浸出物 | 36.2 | 26.3 | 30.4 | 31.6 |
| 粗灰分 | 4.3 | 4.1 | 5.7 | 5.5 |
| 苏氨酸 | 1.45 | 1.26 | 1.41 | 1.88 |
| 胱氨酸 | 0.55 | 0.65 | 0.01 | 0.66 |
| 缬氨酸 | 1.82 | 1.38 | 1.66 | 1.96 |
| 蛋氨酸 | 0.49 | 0.27 | 0.59 | 0.64 |
| 赖氨酶 | 2.47 | 2.00 | 2.38 | 2.45 |
| 异亮氨酸 | 1.61 | 1.36 | 1.53 | 1.76 |
| 亮氨酸 | 2.69 | 2.42 | 2.69 | 3.20 |
| 酪氨酸 | 1.25 | 1.18 | 1.50 | 1.53 |
| 苯丙氨酸 | 1.85 | 1.56 | 1.75 | 2.18 |
| 组氨酸 | 0.91 | 0.79 | 1.08 | 1.07 |
| 色氨酸 | 2.73 | 2.43 | 2.47 | 3.12 |

注:①赵洪儒等(1992);②张兆兰等(1992);③朱世勤等(1992)

从表 2-11 可知,大豆蛋白质含量高达 35%以上,黑大豆略高于黄大豆。必需氨基酸含量高,尤其是赖氨酸含量高达 2%以上,但蛋氨酸含量低。粗纤维含量不高,在 4%左右。脂肪含量高达 17%,可利用能值高于玉米,属于高能高蛋白饲料。大豆脂肪酸中约 85%属不饱和脂肪酸,亚油酸、亚麻酸含量较高,营养价值高,且含有一定量的磷脂,具有乳化作用。黑大豆粗纤维含量高于黄大豆,粗脂肪略低,可利用能值小于黄大豆。大豆无氮浸出物仅 26%左右。粗灰分含量与各类子实相似,同样钙少磷多,且大部分为植酸磷,但钙含量高于玉米,微量元素中仅铁含量高。

与大豆相比,豆饼、豆粕中除脂肪含量大大减少外,其他营养成分并无实质性差异,蛋白质和氨基酸含量比例均相应增加,而有效能值下降,但仍属高能饲料。豆饼和豆粕相比,后者的蛋白质和氨基酸略高些,而有效能值略低些。生大豆中存在多种抗营养因子,如胰蛋白酶抑制因子、大豆凝集素、胃肠胀气因子、植酸等,对家兔健康和生产性能有不利影响,故不能直接用来喂兔,可用热处理过的大豆喂兔。豆饼、豆粕则是兔饲料中蛋白质的主要原料,饲喂价值是各种饼、粕饲料中最高的,可占到饲料比例的10%~20%。

**2. 花生饼、粕** 是指脱壳后的花生仁经脱油后的副产品。其营养成分见表2-12。

**表2-12 花生饼、粕的常规成分(干物质中) (%)**

| 种 类 | 粗蛋白质 | 粗纤维 | 粗脂肪 | 粗灰分 |
|---|---|---|---|---|
| 花生饼 | 50.8 | 6.6 | 8.1 | 5.7 |
| 花生粕 | 54.3 | 7.0 | 1.5 | 6.1 |

花生饼蛋白质含量高,比豆饼高3~9个百分点,但所含蛋白质以不溶于水的球蛋白为主(占65%),白蛋白仅7%,故蛋白质品质低于大豆蛋白。氨基酸组成不佳,赖氨酸和蛋氨酸偏低,而精氨酸含量很高。粗脂肪含量一般为4%~8%,脂肪酸以油酸为主、53%~78%,容易发生酸败。矿物质中钙少磷多,铁含量较高。花生粕除脂肪含量较低外,与花生饼的营养特性并无实质差异。

生花生中含有胰蛋白酶抑制剂,含量约为生黄豆的20%,可在榨油过程中经加热除去。花生饼、粕极易感染黄曲霉,产生黄曲霉毒素,可引起家兔中毒和人患肝癌。为避免黄曲霉的产生,花生饼、粕的水分含量不得超过12%,并应控制黄曲霉毒素的含量。

花生饼适口性极好,有香味,家兔特别喜欢采食,可占到家兔饲料的5%~15%。但应与其他蛋白质饲料配合使用。

**3. 葵花籽饼、粕** 葵花籽即向日葵籽,一般含壳30%~32%,

含油20%～32%，脱壳葵花籽含油可达40%～50%。我国葵花籽榨油工艺有：压榨法、预榨—浸出法、压榨—浸出法。葵花籽壳的粗纤维含量高达64%（干物质中），而蛋白质、脂肪等含量低，因此脱壳与否对葵花籽饼、粕的营养价值影响很大（表2-13）。

**表2-13 葵花籽饼、粕的一般成分 (%)**

| 成分 | 未脱壳葵花籽 | | 脱壳葵花仁 | |
|---|---|---|---|---|
| | 饼 | 粕 | 饼 | 粕 |
| 水分 | 10.0 | 10.0 | 10.0 | 10.0 |
| 粗蛋白质 | 28.0 | 32.0 | 41.0 | 46.0 |
| 粗纤维 | 24.0 | 22.0 | 13.0 | 11.0 |
| 粗脂肪 | 6.0 | 2.0 | 2.0 | 3.0 |
| 粗灰分 | 6.0 | 6.0 | 7.0 | 7.0 |
| 钙 | — | 0.56 | — | — |
| 磷 | — | 0.90 | — | — |

从表2-13中可以看出，葵花籽饼、粕的粗蛋白质含量均较高，但粗纤维也均较高，而脱壳后的葵花仁饼、粕的粗蛋白质高达41%以上，与豆饼、粕相当。葵花籽饼、粕缺乏赖氨酸、苏氨酸。

国内目前的榨油工艺一般都残留一定量的壳，因此在选购时应注意每批葵花籽饼、粕中壳仁比，测定其蛋白质含量，以便确定其价格及在家兔饲料中所占比例。葵花籽饼、粕在家兔饲粮中可占20%左右。

**4. 芝麻饼** 芝麻榨油后可得到52%的芝麻饼和47%的芝麻油。芝麻饼营养成分见表2-14。其粗蛋白质含量达40%以上，与豆饼相近。蛋氨酸含量较高，可达0.8%以上，是所有植物性饲料中蛋氨酸含量最高的。色氨酸含量也较高，但赖氨酸含量低，仅1%左右，而精氨酸含量高，在4%左右。芝麻饼的钙含量较高，远高于其他饼、粕饲料。磷含量也高，并以植酸磷为主，对钙和其他养分的利用均有影响。芝麻饼在家兔饲料中可占5%～12%。

表2-14 芝麻饼的一般成分 (%)

| 种类 | 平均值 | 范围 | 种类 | 平均值 | 范围 |
|---|---|---|---|---|---|
| 水分 | 7.0 | 6.0～11.0 | 粗灰分 | 11.0 | 10.5～12.0 |
| 粗蛋白质 | 14.0 | 12.0～16.0 | 钙 | 2.0 | 1.90～2.25 |
| 粗纤维 | 6.0 | 4.0～6.5 | 磷 | 1.3 | 1.25～1.75 |

**5. 棉籽饼、粕** 是棉籽经脱壳取油后的副产品。我国棉籽饼、粕的总产量仅次于豆饼、粕，是廉价的蛋白质来源。棉籽饼、粕营养成分含量见表2-15。

表2-15 棉籽饼、粕常规营养成分含量(国产) (%)

| 成分 | 棉籽饼 | 棉籽粕 | 成分 | 棉籽饼 | 棉籽粕 |
|---|---|---|---|---|---|
| 干物质 | 88.0 | 88.0 | 粗脂肪 | 6.1 | 0.8 |
| 粗蛋白质 | 34.0 | 38.9 | 无氮浸出物 | 22.6 | 27.0 |
| 粗纤维 | 15.3 | 13.0 | 粗灰分 | 5.3 | 6.1 |

从表2-15可知棉籽饼、粕的粗纤维含量达13%以上，因而有效能值低于大豆饼、粕。棉籽饼中粗脂肪残留率高于棉籽粕。残留脂肪可提高饼、粕能量浓度，且是维生素E和亚油酸的良好来源。棉籽饼、粕的粗蛋白质含量高达34%以上，但赖氨酸含量较低，仅为1.3%～1.5%，只相当于豆饼、粕中的50%～60%。蛋氨酸含量也低，只有0.36%～0.38%。但精氨酸含量高达3.67%～4.14%，是饼粕饲料精氨酸含量较高的饲料。矿物质含量与豆饼相当。

棉籽饼、粕中抗营养因子有游离棉酚、环丙烯脂肪酸、单宁和植酸等，最主要的是游离棉酚。

游离棉酚被动物摄食后，主要分布于肝、血、肾和肌肉组织。棉酚在肌体内排泄比较缓慢，有明显的蓄积作用，可引起累积性中毒。据笔者研究，兔饲料中添加2.7%的未脱毒棉籽粕长期喂兔，可导致棉酚中毒。病初，患兔精神沉郁，食欲减退，震颤。随后胃肠功能紊乱，食欲废绝，先便秘后腹泻，粪便中常混有黏液或血液，呼吸急促，脉搏加快，尿频，尿液呈红色。棉籽饼中毒时对繁殖性能影响最大，表现为配种受胎率下降，屡配不孕，死胎增多。死胎四肢、腹部为青褐色，严重时母兔因肝脏受损而死亡。剖检可见胃肠呈出血性炎症，肾肿大、水肿，皮质有点状出血。

为了降低饲养成本，可用脱毒棉籽饼、粕或用低酚品种棉籽饼、粕替代部分豆饼。建议生长兔、商品兔饲粮中用量为10%以下，种兔（包括母兔、公兔）用量不超过5%，且不宜长期饲喂。同时，饲粮中要适当添加赖氨酸、蛋氨酸。

**6. 菜籽饼、粕**　是油菜籽取油后的副产品，营养成分见表2-16。其粗蛋白质含量为34%～38%，蛋氨酸、赖氨酸含量较高，而精氨酸含量是饼粕饲料中最低的。矿物质中钙和磷的含量均高，磷的利用率也较高，锰和硒含量较丰富。

**表2-16　菜籽饼常规营养成分　（%）**

| 成　分 | 含　量 | 成　分 | 含　量 |
|---|---|---|---|
| 干物质 | 91 | 无氮浸出物 | 25.8 |
| 粗蛋白质 | 36 | 粗灰分 | 8 |
| 粗脂肪 | 10.2 | 钙 | 0.76 |
| 粗纤维 | 11.0 | 磷 | 0.88 |

菜籽饼、粕中含有硫葡萄糖苷和芥酸，硫葡萄糖苷在芥子酶的作用下产生异硫氰酸酯、噁唑烷硫铜和氰类等有害物质，造成家兔生长缓慢、繁殖力减退；芥酸妨碍脂肪代谢，抑制生产。因此，菜籽

饼、粕饲用量应限制在5%～8%。

**7. 亚麻籽饼** 亚麻是我国高寒地区主要油料作物之一。按其用途分为纤用型、油用型和兼用型3种。我国种植多为油用型，主要分布在西北和华北地区。纤用型主要分布在黑龙江、吉林等省。

亚麻籽饼是亚麻籽经取油后获得的副产品，其常规成分见表2-17。

表2-17 国产亚麻籽饼的常规成分 (%)

| 成分 | 含量 | 成分 | 含量 |
|---|---|---|---|
| 干物质 | 88.0 | 无氮浸出物 | 33.4 |
| 粗蛋白质 | 32.2 | 粗灰分 | 6.3 |
| 粗脂肪 | 7.6 | 钙 | 0.12 |
| 粗纤维 | 8.4 | 磷 | 0.88 |

亚麻籽饼含粗蛋白质为32%左右，但品质较差，赖氨酸含量较低，粗脂肪含量较高，粗纤维低于菜籽饼，因而有效能值较高。

亚麻籽尤其是未成熟的种子含有亚麻糖苷，称生氰糖苷，本身无毒，但在适宜的条件下，如在温度40℃～50℃、pH值2～8时，易被亚麻种子本身所含的亚麻酶分解，产生氢氰酸。氢氰酸具有毒性，喂量过多，引起兔肠黏膜脱落，腹泻，很快死亡。此外，亚麻籽饼中还含有抗维生素$B_6$因子，为此，家兔饲粮中亚麻籽饼比例不宜超过10%。

**8. 玉米蛋白粉** 又称玉米面筋，是生产玉米淀粉和玉米油的同步产品，主要是玉米除去淀粉、胚芽及外皮后剩下的产品，但一般包括部分浸渍物或玉米胚芽粕。

正常玉米蛋白粉的色泽为金黄色，蛋白质含量越高，色泽越鲜艳，按加工精度不同，分为蛋白质含量41%以上和60%以上2种规格，营养成分见表 2-18。

**表 2-18　玉米蛋白粉的常规成分**

| 成　分 | 玉米蛋粉 CP＞60％ | | 玉米蛋粉＞41％ | | 玉米麸料 | |
|---|---|---|---|---|---|---|
| | 期待值 | 范　围 | 期待值 | 范　围 | 期待值 | 范　围 |
| 水分(％) | 10.0 | 9.0～12.0 | 10.0 | 9.0～12.0 | 11.0 | 10.0～12.0 |
| 粗蛋白质(％) | 65.0 | 60.0～70.0 | 50.0 | 41.～45.0 | 22.0 | 20.0～25.0 |
| 粗脂肪(％) | 3.5 | 1.0～5.0 | 2.0 | 1.0～3.5 | 2.0 | 1.0～4.0 |
| 粗纤维(％) | 1.0 | 0.5～2.5 | 4.5 | 3.0～6.0 | 9.0 | 7.0～10.0 |
| 粗灰分(％) | 2.1 | 0.5～3.7 | 3.5 | 2.0～4.0 | 7.0 | 5.5～7.5 |
| 钙(％) | — | — | 0.1 | 0.1～0.3 | 0.4 | 0.2～0.6 |
| 磷(％) | — | — | 0.4 | 0.25～0.7 | 0.7 | 0.5～1.0 |
| 叶黄素(毫克/千克) | 250 | 150～350 | 150 | 100～200 | | |

玉米蛋白粉的蛋氨酸含量很高，但赖氨酸和色氨酸含量严重不足，精氨酸含量高。由黄玉米制成的玉米蛋白粉含有很高的类胡萝卜素，水溶性维生素、矿物质含量少。

玉米蛋白粉属高蛋白、高能量饲料，用作家兔饲料可节约蛋氨酸。可占家兔饲粮的 5％～10％。

**9. 玉米麸料**　又称玉米面筋麸料或玉米蛋白麸料，属蛋白质饲料，色泽呈黄色，颜色越黄则表示质量越好。

**10. 玉米胚芽粕**　也属蛋白质饲料，其营养成分与玉米麸料相近，但蛋白质品质更好，赖氨酸、蛋氨酸含量比玉米麸料高得多。此外，维生素含量高于玉米麸料。玉米胚芽粕易变质，品质不稳定，使用时要特别注意。

**11. 绿豆蛋白粉**　是从绿豆浆中提炼加工出来的一种饲料。营养成分见表 2-19。

表 2-19　绿豆蛋白粉营养成分　（%）

| 水　分 | 粗蛋白质 | 粗脂肪 | 粗纤维 | 粗灰分 |
|---|---|---|---|---|
| 11.3 | 64.54 | 0.9 | 3.3 | 3.7 |

绿豆蛋白粉中虽然蛋白质含量高达 65%，但蛋氨酸、胱氨酸含量低，配合兔饲料时，要添加蛋氨酸。使用时，严禁使用色黑味臭、发霉的绿豆蛋白粉。家兔配合饲粮中比例一般为 5%～10%。

**12. 豆腐渣**　是制造豆腐的副产品。豆腐渣内容物包括大豆的皮糠层及其他不溶性部分，新鲜豆腐渣的含水量较多，可达 78%～90%。干物质中粗蛋白质、粗脂肪多，粗纤维也稍多，兼具能量饲料、蛋白质饲料的特点。其营养成分因原料大豆和豆腐的制造方法不同而有差异。从总体上讲，豆腐渣易消化，是富于营养的好饲料（表 2-20）。

表 2-20　豆腐渣的营养成分　（%）

| 成　分 | 豆腐渣（湿） | 豆腐渣（干） | 成　分 | 豆腐渣（湿） | 豆腐渣（干） |
|---|---|---|---|---|---|
| 干物质 | 16.1 | 82.1 | 粗灰分 | 0.7 | 3.8 |
| 粗蛋白质 | 4.7 | 28.3 | 钙 | — | 0.41 |
| 粗脂肪 | 2.1 | 12.0 | 磷 | — | 0.34 |
| 粗纤维 | 2.6 | 13.9 | 赖氨酸 | 0.18 | 1.54 |
| 无氮浸出物 | 6.0 | 34.1 | 蛋+胱氨酸 | 0.07 | 0.59 |

在利用豆腐渣喂兔时要注意两点：一是因豆腐渣中也含有抗胰蛋白酶等有害因子，故需加热煮熟利用；二是在目前主要饲喂新鲜豆腐渣的情况下，注意豆腐渣的品质，尤其在夏天特别容易腐败，所以生产出来以后必须尽快喂用，数量较大时也可晒干饲喂，干豆腐渣可占兔饲粮的 10%～20%。

**13. 小麦胚芽粉**　是面粉加工厂脱胚过程所得的副产品，除含小麦胚芽外，还含有少量麸皮、面粉等。其营养成分见表 2-21。

表 2-21 小麦胚芽粉的一般成分 (%)

| 种 类 | 水 分 | 粗蛋白质 | 粗脂肪 | 粗纤维 | 粗灰分 | 钙 | 磷 |
|---|---|---|---|---|---|---|---|
| 小麦胚芽粉 | 10.5 | 25 | 8 | 3 | 4.5 | 0.05 | 1.0 |
| 脱脂小麦胚芽（压榨） | 5～7 | 30～33 | 4～5 | 2～3 | — | — | — |

小麦胚芽粉含有大量脂肪、优质蛋白质、各种酶类、矿物质、维生素及未知因子，1 千克胚芽含有 3 克维生素 E，是维生素 E 的重要来源。但未经处理的生小麦胚芽具有生长抑制因子，加热处理即可除去。小麦胚芽味甜，因此可作为仔幼兔天然调味剂和维生素 E 的来源，适量添加。

**14. DDGS 饲料** DDGS 是 distillers dried grains with soluble 的缩写，中文名有酒精糟及残液干燥物、玉米干酒糟及干燥含残液烧酒糟等。它是谷物（玉米、高粱、小麦、大麦和黑麦等）及薯类生产酒精过程中，剩余的发酵残留物经蒸馏、蒸发和低温干燥后的高蛋白质饲料。

不同原料生产的 DDGS 营养成分不同（表 2-22）。

表 2-22 不同原料 DDGS 营养成分比较 (%DM)

| 营养成分 | 玉米 DDGS | 小麦 DDGS | 高粱 DDGS | 大麦 DDGS |
|---|---|---|---|---|
| 干物质 | 90.20 | 92.48 | 90.31 | 87.50 |
| 粗蛋白质 | 29.70 | 38.48 | 30.30 | 28.70 |
| 中性洗涤纤维 | 38.80 | — | — | 56.30 |
| 酸性洗涤纤维 | 19.70 | 17.10 | — | 29.20 |
| 粗灰分 | 5.20 | 5.45 | 5.30 | — |
| 粗脂肪 | 10.00 | 8.27 | 15.50 | — |
| 钙 | 0.22 | 0.15 | 0.10 | 0.20 |
| 磷 | 0.83 | 1.04 | 0.84 | 0.80 |

与原料(谷物)相比,DDGS营养成分特点是低淀粉、高蛋白质、高脂肪和可消化纤维以及高有效磷含量,且不含抗营养因子,适合喂养畜禽,但在使用时必须考虑到其原料营养成分变异大、赖氨酸及其他成分的利用率低等因素,并根据研究成果确定不同动物的饲料中适当的添加比例。据报道:奶牛精料中添加10%DDGS,产奶量增加;猪饲料中添加20%,对猪生产性能无影响。家兔日粮中的添加量可以参考以上报道添加使用。

## (二)动物性蛋白质饲料

动物性蛋白质饲料指渔业、肉食或乳品加工的副产品。该类饲料蛋白质含量极高(55.6%～84.7%),品质好,赖氨酸的比例超过家兔的营养需要量。粗纤维极少,消化率高。钙、磷含量高且比例适宜。B族维生素尤其是核黄素、维生素$B_{12}$含量相当高。

**1. 鱼粉** 是以全鱼为原料,经过蒸煮、压榨、干燥、粉碎加工之后的粉状物。这种加工工艺所得鱼粉为普通鱼粉。如果把制造鱼粉时产生的煮汁浓缩加工,做成鱼汁,添加到普通鱼粉里,经干燥粉碎,所得鱼粉叫全鱼粉。以鱼下脚料(鱼头、尾、鳍、内脏等)为原料制得的鱼粉叫粗鱼粉。各种鱼粉中以全鱼粉品质最好,普通鱼粉次之,粗鱼粉最差。

鱼粉的营养价值因鱼种、加工方法和贮存条件不同而有较大差异。鱼粉含水分4%～15%不等,平均为10%。鱼粉的蛋白质含量40%～70%,进口鱼粉一般在60%以上,国产鱼粉约50%。粗蛋白质太低,可能不是全鱼鱼粉,而是下脚鱼粉;粗蛋白质太高,则可能掺假。鱼粉蛋白质品质好,氨基酸含量高,比例平衡,进口鱼粉赖氨酸含量高达5%以上,国产鱼粉3%～3.5%。鱼粉的粗灰分含量高,含钙5%～7%,磷2.5%～3.5%,磷以磷酸钙形式存在,利用率高,且磷、钙比例合适。鱼粉含盐量高,一般为3%～5%,高的可达7%以上,故在有鱼粉的兔饲粮中应考虑食盐的添加量。微量元素中以铁、锌、硒含量高，海产鱼的碘含量高。鱼粉中大部分脂溶性维生素在加工时被破坏，但仍保留相当高的B族维生素，尤以维生素 $B_{12}$，维生素 $B_2$ 含量高。真空干燥的鱼粉含有丰富的维生素A，维生素D，此外还含有未知因子。

由于鱼粉腥味大，适口性差，家兔饲粮中一般以1%～2%为宜，且加入鱼粉时要充分混匀。目前市场上鱼粉掺假现象比较严重，掺假的原料有血粉、羽毛粉、皮革粉、尿素、硫酸铵、菜籽饼、棉籽饼、钙粉等。鱼粉真伪可通过感官和显微镜检及分析化验等方法来辨别。

**2. 肉骨粉、肉粉** 是以动物屠宰场副产品中除去可食部分之后的残骨、皮、脂肪、内脏、碎肉等为主要原料，经过熬油后再干燥粉碎而得的混合物。含磷在4.4%以上的为肉骨粉，含磷在4.4%以下的为肉粉。

肉骨粉、肉粉粗蛋白质含量45%～55%，品质不如鱼粉；钙、磷含量高，且比例平衡，磷的利用率高(表2-23)；维生素中，B族维生素含量高，维生素A、维生素D很少。

品质差的肉骨粉、肉粉，有使家兔中毒和感染细菌(最易污染沙门氏菌)的危险，家兔饲粮中的用量以1%～2%为宜。

**表2-23 肉骨粉、肉粉的主要养分含量** (%)

| 项 目 | 50%肉骨粉 | 50%肉骨粉(溶剂提油) | 45%肉骨粉 | 50%～55%肉骨粉 |
|---|---|---|---|---|
| 水 分 | 6.0<br>(5～10) | 7.0<br>(5.0～10.0) | 6.0<br>(5.0～10.0) | 5.4<br>(4.0～8.0) |
| 粗蛋白质 | 50.0<br>(48.5～52.5) | 50.0<br>(48.5～52.5) | 46.0<br>(44.0～48.0) | 54.0<br>(50.0～57.0) |
| 粗脂肪 | 8.0<br>(7.5～10.5) | 2.0<br>(1.0～4.0) | 10.0<br>(7.0～13.0) | 8.8<br>(6.0～11.0) |
| 粗纤维 | 2.5<br>(1.5～3.0) | 2.5<br>(1.75～3.5) | 2.5<br>(1.5～3.0) | — |

续表 2-23

| 项目 | 50%肉骨粉 | 50%肉骨粉（溶剂提油） | 45%肉骨粉 | 50%～55%肉骨粉 |
| --- | --- | --- | --- | --- |
| 粗灰分 | 28.5<br>(27.0～33.0) | 30.0<br>(29.0～32.0) | 35.0<br>(31.0～38.0) | 27.5<br>(25～30.0) |
| 钙 | 9.5<br>(9.0～13.0) | 10.5<br>(10.0～14.0) | 10.7<br>(9.5～12.0) | 8.0<br>(6.0～10.0) |
| 磷 | 5.0<br>(4.6～6.5) | 5.5<br>(5.0～7.0) | 5.4<br>(4.5～6.0) | 3.8<br>(3.0～4.5) |

**3. 血粉** 是畜禽鲜血经脱水加工而成的一种产品，是屠宰场主要副产品之一。血粉干燥方法一般有喷雾干燥、蒸煮干燥和瞬间干燥 3 种。血粉中蛋白质、赖氨酸含量高，含粗蛋白质高达 80%～90%，赖氨酸 7%～8%，比鱼粉高近 1 倍，色氨酸、组氨酸含量也高。但血粉蛋白质品质较差，血纤维蛋白不易消化，赖氨酸利用率低，血粉中异亮氨酸很少，蛋氨酸也偏低，故氨基酸不平衡。血粉含钙磷较低，微量元素中含铁量可高达 2 800 毫克/千克，其他微量元素与谷实饲料相近。

血粉因蛋白质和赖氨酸含量高，氨基酸不平衡，须与植物性饲料混合使用。血粉味苦，适口性差，用量不宜过高，一般以 2%～5%为宜。

**4. 羽毛粉** 是家禽屠宰烘毛处理所得的羽毛经清洗、高压水解处理后粉碎所得的产品。由于羽毛蛋白为角蛋白，家兔不能消化，加压加热处理可使其分解，提高羽毛蛋白的营养价值，使羽毛粉成为一种有用的蛋白资源。

羽毛粉含粗蛋白质 84%以上，粗脂肪 2.5%，粗纤维 1.5%，粗灰分 2.8%，钙 0.4%，磷 0.7%。蛋白质中胱氨酸含量高达 3%～4%，含硫氨基酸利用率为 41%～82%，异亮氨酸也高达 5.3%。饲粮中添加羽毛粉有利于提高兔毛产量及被毛质量，幼兔饲粮中添加量为2%～4%，成年兔饲粮中羽毛粉占3%～5%可获得良好的生产效果。据埃及养兔学者报道，鹅、鸭羽毛粉在成年肉用兔饲粮中最佳添加量为5.7%～6%，此时采食量、消化率均有提高。

**5. 蚕蛹粉及蚕蛹饼**　蚕蛹是蚕茧制丝后的残留物，蚕蛹经干燥粉碎后得蚕蛹粉，蚕蛹饼是蚕蛹脱脂后的剩余物。蚕蛹粉粗蛋白质含量高达55.5%～58.3%，其中40%为几丁质氮，其余为优质蛋白质。蚕蛹粉含赖氨酸约3%，蛋氨酸1.5%，色氨酸高达1.2%，比进口鱼粉高出1倍，因此，蚕蛹粉是优质的蛋白质氨基酸来源。脂肪含量高，能值高，脂肪含量高达20%～30%。因脂肪中不饱和脂肪酸高，贮存不当易变质。蚕蛹饼因脱去脂肪，蛋白质含量更高，且易贮藏，但能值低；另含有丰富的磷，是钙的3.5倍；B族维生素丰富。家兔饲粮中添加比例一般为1%～3%。

**6. 虾粉**　是虾头、虾壳或不适于人们食用的整虾经干燥粉碎的产品，含盐量为3%～7%。虾粉含粗蛋白质40%左右，其中部分是几丁质氮，利用价值低，故使用虾粉计算其粗蛋白质含量时，要进行校正。虾粉中的真蛋白来自虾体及内脏，品质较好。虾粉中钙含量高(15%)，适口性好，饲喂效果优于肉骨粉。

家兔饲粮中添加量不超过3%，同时要注意其中盐分含量。

**7. 血浆蛋白粉**　是血液分离出红血球后经喷雾干燥而制成的粉状产品。其营养成分见表2-24。

**表2-24　喷雾干燥血浆蛋白粉营养成分　(%)**

| 成　分 | 干物质 | 粗蛋白质 | 粗灰分 | 钙 | 磷 | 精氨酸 | 胱氨酸 | 组氨酸 |
|---|---|---|---|---|---|---|---|---|
| 含　量 | 92.5 | 70.0 | 13.0 | 0.14 | 0.13 | 4.79 | 2.24 | 2.50 |
| 成　分 | 异亮氨酸 | 亮氨酸 | 赖氨酸 | 苯丙氨酸 | 蛋氨酸 | 苏氨酸 | 酪氨酸 | 缬氨酸 |
| 含　量 | 1.96 | 5.56 | 6.10 | 3.70 | 0.53 | 4.13 | 1.33 | 4.12 |

国外大量研究表明,血浆蛋白粉是早期断奶兔饲粮中的优质蛋白来源,可作为脱脂奶粉和干乳清的替代品,适口性比脱脂奶粉高。早期断奶(25 天)饲粮中可添加 4%的血浆蛋白粉,能有效降低幼兔因肠炎造成的死亡率,同时对消化道发育有良好的作用。

### (三)微生物蛋白质饲料

微生物蛋白质饲料又称单细胞蛋白质饲料,常用的主要是饲料酵母。它是利用工业废水、废渣等为原料,接种酵母菌,经发酵干燥而成的蛋白质饲料。其营养成分因原料、菌种不同而不同(表 2-25)。

**表 2-25　饲料酵母主要养分含量　(%)**

| 种　类 | 水　分 | 粗蛋白质 | 粗脂肪 | 粗纤维 | 粗灰分 |
|---|---|---|---|---|---|
| 啤酒酵母 | 9.3 | 51.4 | 0.6 | 2.0 | 8.4 |
| 半菌属酵母 | 8.3 | 47.1 | 1.1 | 2.0 | 6.9 |
| 石油酵母 | 4.5 | 60.0 | 9.0 | — | 6.0 |
| 纸浆废液酵母 | 6.0 | 45.0 | 2.3 | 4.6 | 5.7 |

饲料酵母蛋白质含量高达 47%～60%。氨基酸中,赖氨酸含量高,蛋氨酸含量低。脂肪含量低。纤维和灰分含量取决于酵母来源。酵母粉中 B 族维生素含量丰富,烟酸、胆碱、维生素 $B_2$、泛酸、叶酸等含量均高。矿物质中钙低,而磷、钾高。

家兔饲粮中添加饲料酵母,可以促进盲肠微生物生长,防治兔胃肠道疾病,增进健康,改善饲料利用率,提高生产性能。饲料酵母在兔饲粮中用量不宜过高,否则影响饲粮适口性,增加成本,降低生产性能,家兔饲粮一般以添加 2%～5%为宜。

## 四、青绿多汁饲料

### (一)天然牧草

天然牧草是指草地、山场及平原田间地头自然生长的野杂草类,其种类繁多,除少数几种有毒外,其他均可用来喂兔,常见的有猪秧秧、婆婆纳、一年蓬、荠菜、泽漆、繁缕、马齿苋、车前、早熟禾、狗尾草、马唐、蒲公英、苦荬菜、鳢肠、野苋菜、胡枝子、艾蒿、蕨菜、涩拉秧、霞草、篇蓄等。其中有些具有药用价值,如蒲公英具有催乳作用,马齿苋具有止泻、抗球虫作用,青蒿具有抗毒、抗球虫作用等。

合理利用天然牧草是降低饲料成本,获得高效益的有效方法。

### (二)人工牧草

人工牧草是人工栽培的牧草。其特点是经过人工选育,产量高,营养价值高,质量好。常见的人工牧草种类、栽培方法及其利用如下。

**1. 紫花苜蓿**　又称紫苜蓿、苜蓿。被誉为“牧草之王”,是目前世界上栽培历史最长、种植面积最大的牧草品种之一,在我国广泛分布于西北、华北、东北地区及江淮流域等。

(1)特性　紫花苜蓿为多年生草本植物,株高 1～1.5 米,茎上分枝多,叶片重量占全株重量 45%～50%。三出复叶,小叶卵圆形或椭圆形。呈总状花序,有小花 20～30 朵,花紫色。荚果螺旋形,内含种子 2～9 粒,种子为肾形,黄褐色。

紫花苜蓿喜半干旱气候,日均气温 15℃～20℃最适生长,高温、高湿对其生长不利。抗寒性强,幼苗期能耐－5℃～－6℃气温,成长后能耐－25℃低温。冬季积雪 30 厘米以上时,可在

－44℃下不致冻死。抗旱能力很强，这是由于其主根粗壮，根系发达，入土达3～6米，能充分吸收土壤深层水分的缘故。对土壤要求不严格，砂土、黏土均可生长，适于富含钙质的土壤。适宜的土壤pH值为7～8。生长期最忌积水，要求排水良好。耐盐碱，在氯化钠含量为0.2%以下生长良好。

(2)栽培技术　紫花苜蓿种子细小，播前要求精细整地，施足基肥，每667平方米(1亩，下同)施有机肥2500～3000千克。苜蓿播种期较长，从春季至秋季都可播种。春季墒情好、风沙危害少的地方可春播，但因春播出苗后，易受夏季烈日伤害，所以春播时宜与谷子混播，依靠谷子苗保护其幼苗发育。夏季播种时与荞麦等混播。春季干旱、晚霜较迟的地区可在秋季末播种。冬季不太寒冷的地带可在8月下旬至9月中旬播种，秋播墒情好，杂草危害较轻。一般多采用条播，行距25～30厘米，播种深度为2～3厘米，土湿宜浅，土干宜稍深，播种后进行适当耙耱和镇压，每667平方米播种量为1～1.5千克。

苜蓿苗期生长缓慢，易受杂草侵害，应及时除草松土。尤其是播种当年必须除净杂草。在早春返青前或每次刈割后进行中耕松土，干旱季节和刈割后浇水可显著提高产量。

每年可收鲜草3～4次，一般每667平方米产鲜草3000～8000千克，其中第一次青割占40%～50%。通常4～5千克鲜草晒制1千克干草。

(3)饲用价值　苜蓿营养价值高(表2-26)，富含粗蛋白质、维生素和矿物质，还含有未知因子，是家兔优良的饲草。

**表 2-26　苜蓿营养成分　(%)**

| 名　称 | 干物质 | 粗蛋白质 | 粗脂肪 | 粗纤维 | 无氮浸出物 | 粗灰分 | 钙 | 磷 |
|---|---|---|---|---|---|---|---|---|
| 鲜　草（盛花期） | 26.57 | 4.42 | 0.54 | 8.70 | 10.00 | 2.91 | 1.57 | 0.18 |
| 干草粉（盛花期） | 89.10 | 11.49 | 1.40 | 36.86 | 34.51 | 4.84 | 1.56 | 0.15 |

苜蓿既可鲜喂，又可晒制干草做成配合饲料喂兔。但鲜喂时要限量或与其他种类牧草混合饲喂，否则易导致肠臌胀病。晒制干草宜在10％植株开花时刈割，此时单位面积营养物质量最高，留茬高度以5厘米为宜。

家兔配合饲料中苜蓿草粉可加至50％，国外哺乳母兔饲粮中苜蓿草粉比例高达96％。

**2. 普那菊苣**　原是欧洲一种菊科野生植物。新西兰于20世纪80年代经多年选育，培育出菊苣饲用新品种——普那(Puna)菊苣，1988年由山西省农业科学院畜牧所开始引进、试种。引种栽培和饲养试验结果表明，普那菊苣产草量高，营养价值优良，适口性好，是一种高产优质饲草资源。现已在山西、陕西、浙江、江苏、河南等省推广种植。

(1)特性　普那菊苣属菊科多年生草本植物，莲座叶丛型，主茎直立，分枝偏斜，茎具条棱，中空，疏被粗毛或绢毛，株高平均为170厘米左右，基生叶片大，叶片边缘有皱缩，向上挺直生长，叶色深绿，叶片质地嫩，故适口性好。花序为头状花序，蓝花，每个头状花序由16～21朵花组成，全部为舌状花冠，花期长达3～4个月，瘦果，楔形，具短冠毛。主根明显，长而粗壮，肉质，侧根发达，水平或斜向分布。

普那菊苣喜温暖湿润气候，抗旱、耐寒性较强，较耐盐碱。喜肥喜水，对土壤要求不严格，旱地、水浇地均可种植。

(2)栽培技术　春播、秋播均可,菊苣种子小,播种前需精心整地,每667平方米施腐熟的有机肥2500~3000千克,用作基肥;播种时最好与细沙等物混合,以便播撒均匀。条播、撒播均可,条播行距以30~40厘米为宜,播深2~3厘米,每667平方米播种量300~500克。也可种子育苗移栽。菊苣幼苗期及返青后易受杂草侵害,应加强杂草防治工作。

(3)饲用价值　普那菊苣播种当年不抽茎,处于莲座叶丛期,产量较低。第二年产量可成倍增长,一般每年可刈割3~4次,每667平方米产鲜草7000~11000千克。刈割适宜期为初花期,留茬高度为15~20厘米。

普那菊苣营养成分见表2-27。普那菊苣以产鲜草为主,收籽后秸秆也可利用。莲座叶丛期即可刈割饲用,生长第一年可刈割2次,从第二年起每年可刈割3~7次。

**表2-27　普那菊苣营养成分**

| 生长年限 | 生育期 | 水分(%) | 占干物质(%) | | | | | | |
|---|---|---|---|---|---|---|---|---|---|
| | | | 粗蛋白质 | 粗脂肪 | 粗纤维 | 无氮浸出物 | 粗灰分 | 钙 | 磷 |
| 第一年 | 莲座叶丛 | 14.15 | 22.87 | 4.46 | 12.90 | 30.34 | 15.28 | 1.5 | 0.42 |
| 第二年 | 初花 | 13.44 | 14.73 | 2.10 | 36.80 | 24.92 | 8.01 | 1.18 | 0.24 |
| 第三年(再生草) | 莲座叶丛 | 15.40 | 18.17 | 2.71 | 19.43 | 31.14 | 13.15 | — | — |

注:资料来源:高洪文(1990)

据笔者(1990)用普那菊苣饲喂肉兔试验结果表明:普那菊苣适口性好,采食率为100%,日采食达445.5克,日增重达20.13克,整个试验期试验兔发育正常。此外,普那菊苣可利用期长,太原地区11月上旬各种牧草均已枯萎,但普那菊苣仍为绿色。

**3. 鲁梅克斯**　又叫杂交酸模、酸模菠菜、高秆菠菜。是乌克兰以巴天酸模为母本,天山酸模为父本,远缘杂交选育而成的饲用作物新品种。1995年我国开始引进，并在新疆、山东、山西、江西、河南等地推广利用。

(1)特性　鲁梅克斯为蓼科多年生草本植物，直根系，根体粗为3～10厘米，长为15～25厘米。茎直立，中空，粗1.9～2.5厘米，中下部具棱槽，开花期株高为1.7～2.9米。生长第一年不抽茎，呈叶簇状。第二年抽茎，开始结实。基生叶卵披针形，全缘光滑，叶片宽大，叶长45～100厘米，宽10～20厘米。茎生叶6～10片，小而狭，近无柄。由多数轮生花束组成总状花序，再构成大型圆锥花序。花两性，雌雄同株。瘦果，具三镜棱，褐色有光泽，落粒性强。

鲁梅克斯喜光不耐阴，抗寒，抗盐碱，对水肥转化利用率高，在水肥充足的条件下，能够表现出高产的特点。

(2)栽培技术　鲁梅克斯春播、秋播均可，最佳播种期为4～6月份。可条播、点播，也可育苗移栽。播种量为每667平方米300～500克，行距为40～50厘米，播深为1.5～3厘米。鲁梅克斯喜肥，播前每667平方米施有机肥2 500～3 000千克作基肥，并浇水后再行播种，以保苗全苗壮。每次刈割后及时浇水，并追施氮、磷、钾复合肥料。生长期间注意防治蚜虫、白粉病和根腐病。

(3)饲用价值　鲁梅克斯在科学栽培条件下，可获10～15年高产期。据报道：乌鲁木齐市在水肥较好的条件下，每667平方米鲜草产量可达10 000～15 000千克，折合干草1100～1 400千克。刈割以现蕾期为宜，留茬高度5厘米，每隔30～40天刈割1次。

鲁梅克斯营养丰富，现蕾期干物质中含粗蛋白质28.72%，粗脂肪4.54%，粗纤维12.27%，无氮浸出物36.31%，粗灰分18.16%，胡萝卜素、维生素C含量较高。由于含有较高单宁，故适口性较苜蓿差。

**4. 红豆草**　又名驴食豆、驴喜豆，是豆科红豆草属的多年生牧草。目前栽培最多的有普通红豆草和高加索红豆草。红豆草在我国已有50多年的引种栽培历史，目前栽培的红豆草主要分布于华北、西北温带地区，如甘肃、山西、内蒙古、北京、陕西、青海、吉林、辽宁等地，它是干旱地区一种很有前途的栽培牧草，分布区大致和紫花苜蓿相同。

(1)特性　红豆草为多年生草本植物，寿命2～7年。根系强大，主根入土深度达3米以上，侧根发达，根瘤多。其分枝自根颈或叶腋处生出，茎直立，圆柱形，粗壮，中空，具纵条棱，绿色或紫红色，疏生短毛，株高60～80厘米。奇数羽状复叶，有小叶13～27片，小叶长椭圆形。穗状总状花序，花瓣红色至深红色，也有粉红色的。荚果半圆形，扁平，褐色，有凸起网纹，边缘有锯齿，成熟时不开裂，内含种子1粒。种子肾形，光滑，暗褐色，千粒重16.2克，带荚种子千粒重21克。

红豆草喜温暖干燥气候，抗旱性强，抗旱能力超过紫花苜蓿，但抗寒能力不及紫花苜蓿。在年均温12℃～13℃、年降水量350～500毫米的地区生长最好，在年降水量200毫米的地区雨季播种或在冬灌地春播，仍生长旺盛。但在冬季最低温－20℃以下、无积雪地区，不易安全越冬。红豆草对环境要求不甚严格，最适宜生长在富含石灰质的土壤上，也能在干燥瘠薄的砂砾土、沙土、白垩土等土壤上良好生长，但不宜栽培在酸性土、柱状碱土和地下水位高的地区。在重黏土中生长不如红三叶和紫花苜蓿好。

(2)栽培技术　红豆草是轮作中的一种优良牧草。它根系强大，入土深，根瘤量大，种植后能给土壤中留下大量的有机质和氮素，所以它是各种禾谷类作物的良好前作。在干旱及半干旱地区的轮作倒茬中，具有极大的潜力。红豆草的寿命虽然较长，但其最高产量为生长第二至第四年。因此，它在轮作中的年限一般不应超过4年。红豆草不宜连作，连作易发生病虫害。一次种植之后，须隔5～6年方能再种。

红豆草种子较大，发芽出土较快，播种后3～4天即可发芽，

6～7天出土。红豆草一般都带荚播种，播种前应精细整地，施足基肥。基肥可选用有机肥、磷肥、钾肥，此外，还应施少量氮肥。播种时间春、秋皆可，冬季寒冷地区宜春播，冬季较温暖地区宜秋播。不论春播或秋播，均应掌握宜早不宜迟的原则，尽量早播。春播时间以3月下旬至4月中旬最佳，秋播时间以8月份最佳。红豆草多采用条播，作草用行距25～30厘米，每667平方米播种量5～6千克；作种用行距35～40厘米，每667平方米播种量3～4千克，播种深度3～5厘米。在干旱多风地区，播种后必须及时镇压保墒。红豆草除单播外，还可进行混播，目前常与紫花苜蓿、无芒雀麦、冰草、苇状羊茅等混播建立高产人工草地。

红豆草为子叶出土型，因此播种后未出苗前不能灌溉，播后出苗前如遇土壤板结，须及时进行耙耱破除板结，否则会影响出苗，造成严重缺苗。红豆草播种当年，特别是生长初期，生长缓慢，容易受杂草危害，应及时除草。

红豆草虽然耐旱、耐瘠薄，但在生长发育过程中仍应注意供水，注意追肥。红豆草生长初期及每次刈割之后，都应追肥，如氮、磷、钾、石灰。红豆草对氮肥比较敏感，追施氮肥能提高根瘤的固氮活性和固氮能力，能提高产草量20%～30%。一般灌水应结合刈割、施肥进行，追肥后灌水效果很好。春旱严重地区浇越冬水和返青水是十分必要的。

红豆草的抗寒能力较差，为了保证其安全越冬和翌年返青，上冻前追施磷、钾肥并进行冬灌，春季土壤刚刚解冻后进行耙地，对提高红豆草越冬率和促进返青十分有利。

红豆草每年可刈割2～3次，每667平方米产干草500～1000千克。青饲宜在现蕾期至开花期刈割，晒制干草时宜在盛花期刈割，刈割留茬高度以5～7厘米为宜。红豆草种子落粒性强，一般在花序下中部荚果变褐时即可采收。第一年种子产量较低，第三、四年种子每667平方米产量可达60～70千克。

(3)饲用价值　红豆草不论是青草还是干草,都是家兔的优质饲草。红豆草营养丰富,除蛋白质外,还含有丰富的维生素和矿物质,是小家畜的优质饲料。红豆草不同生育时期的营养成分见表2-28。

**表 2-28　红豆草不同时期的营养成分　(%)**

| 生育期 | 水　分 | 粗蛋白质 | 粗脂肪 | 粗纤维 | 无氮化合物 | 粗灰分 |
|---|---|---|---|---|---|---|
| 营养期 | 8.49 | 24.75 | 2.58 | 16.10 | 46.02 | 10.56 |
| 孕蕾期 | 5.40 | 14.45 | 1.60 | 30.28 | 43.73 | 9.94 |
| 开花期 | 6.02 | 15.12 | 1.98 | 31.50 | 42.97 | 8.43 |
| 结荚期 | 6.95 | 18.31 | 1.45 | 33.48 | 39.18 | 7.58 |
| 成熟期 | 8.03 | 13.58 | 2.35 | 35.75 | 42.90 | 7.62 |

注:占风干物的百分率

红豆草粗蛋白质含量为13.58%～24.75%,低于紫花苜蓿和三叶草。但由于其单位面积干物质产量较高,因此红豆草单位面积粗蛋白质产量略低于苜蓿,但高于三叶草。红豆草的干物质消化率高于苜蓿,低于三叶草。红豆草干物质消化率在开花结荚期一直保持在75%以上,进入成熟期之后,消化率才降低到65%以下。红豆草结荚期及成熟期的干草适口性和消化率均高于同时期的紫花苜蓿。

与苜蓿、三叶草相比,红豆草有四大优点:①红豆草各个生育阶段茎叶均含有较高的浓缩单宁,反刍家畜采食红豆草时,不论采食量多少都不会引起臌胀病;②红豆草茎秆中空,调制干草过程中叶片损失较少,调制干草较容易;③红豆草春季返青较早;④红豆草病虫害较少。

**5. 苦荬菜**　又叫苦麻菜、山莴苣、良麻、八月老、鹅菜、苦苣、野苦苣等。原为野生,经多年驯化选育,现已成为广泛栽培的饲料作物之一。我国各地广泛种植。

(1)特性　属菊科一年生草本植物。茎直立、圆形、壁厚、质地柔软。株高1.5～2米,茎上多分枝,全株含白色乳汁。基生叶丛生,无叶柄。叶片长圆状倒卵形,全缘或羽状深裂,叶长达30～40厘米、宽2～8厘米。呈头状花序,舌状花、淡黄色。果实为瘦果,成熟时紫褐色。苦荬菜耐寒、抗热、抗旱,但不耐涝。对土壤要求不严格。

(2)栽培技术　播种适期,南方为2月下旬至3月份,即平均气温10℃左右为宜;北方为3～6月份。苦荬菜种子小而轻,播前要求精细整地并施足基肥,土壤水分不足时应浇水后再播。可条播、穴播,行距25～30厘米,播深1～2厘米,每667平方米播种量为0.5～1千克。也可撒播,用种量每667平方米1.5～2千克。如果有一定面积的青饲料地,可划分为几个小区,每隔5天播种一块地,这样可分期刈割、均衡供应。出苗后及时清除杂草,幼苗长到40厘米高时可青刈,留茬高度15～20厘米,之后每隔30～40天刈割1次,每年可刈割3～5次,最后一次齐地割完。也可采用剥叶利用的方法,即当植株长到10～12片叶时即可剥叶,以后每7～10天剥叶1次,剥叶时至少留8片叶,直至开花为止。每667平方米产青草为5000～7000千克。

(3)饲用价值　苦荬菜营养丰富(表2-29),柔嫩多汁,味稍苦,性甘凉,适口性好,是家兔优质青绿饲料。据报道,连续80天用苦荬菜喂兔,每日3次,日喂600～1000克,采食率达95%～100%。兔生长发育良好,未发现腹泻现象。

**表2-29　苦荬菜营养成分　(%)**

| 类　别 | 水　分 | 粗蛋白质 | 粗脂肪 | 粗纤维 | 无氮浸出物 | 粗灰分 |
|---|---|---|---|---|---|---|
| 茎　叶 | 11.3 | 19.7 | 6.7 | 9.6 | 44.1 | 8.6 |

**6. 象草**　又称紫狼尾草。原产于热带非洲,在世界热带、亚

热带地区广泛栽培。在我国已遍及华南、西南等地区，成为主要的栽培牧草。

(1)特性　象草为多年生草本植物。须根系强大，植株高达2～4米，茎秆直立，丛生，直径1～2厘米，分4～6节，中下部的基节可长出气生根。分蘖性强，多达50～100个。叶面有茸毛，叶互生。呈圆锥花序，圆柱状，黄褐色。

象草适应性强，喜湿热气候，适宜年平均温度18℃～24℃、年降水量1000毫米以上地区栽培。耐高温，也能耐短期轻霜。因具强大根系，耐旱性较强。喜肥，对土壤要求不严。象草头3年长势旺盛、产量也高，以后逐年减退。

(2)栽培技术　在日平均气温达13℃～14℃时，即可用种茎繁殖。种植前深耕20厘米，施足基肥，按行距1米做畦，畦间开沟排水。选择粗壮茎秆的中下部作种茎，每2～3个节切成一段，每畦为2行，株距为50～60厘米，行距为50～70厘米，斜插或平埋，覆土6～10厘米。也可挖穴种植。栽植后要灌水，生长期要中耕除草，一般株高100～120厘米即可收割，留茬距地面10厘米，1年可收6～8次，每667平方米产鲜草5000～15000千克。可利用5～6年。

(3)饲用价值　象草柔软多汁，适口性好，利用率高，营养价值较高，茎叶干物质中含粗蛋白质10.6%、粗脂肪2%、粗纤维33.1%、无氮浸出物44.7%、粗灰分9.6%。象草粗蛋白质含量优于其他热带禾本科牧草。它既可四季供家兔青饲，又可晒制成干草利用。据报道，用30%象草替代等量苜蓿喂兔，日增重、饲料利用率无差异。

**7. 蕹菜**　又名瓮莱、空心菜、猪耳朵菜、滕滕菜、通菜等，是家兔常用的优良饲料。

(1)特性　蕹菜和甘薯同属于旋花科一年生植物。其根为分枝须根，茎圆形中空，接触土壤的节都能生根。叶有较长的叶柄，很像甘薯叶。成熟的果实呈棕色，果实内有3～4粒坚硬黑褐色种子。

蕹菜喜温暖潮湿气候，怕霜冻。日平均气温达13℃以上即可播种。到10月份，气温下降，顶芽停止生长。下霜后茎、叶逐渐枯死。蕹菜耐盐能力强。

（2）栽培技术　蕹菜可直播，也可育苗移栽。直播时，每667平方米施腐熟畜禽粪3 000～4 000千克作基肥。耕、耙平整地面后，按30厘米×2厘米行、穴距，每穴播2～3粒种子。等幼苗长到35厘米时，可以剪苗或间苗移栽，待茎、叶长达40～50厘米时即可青割喂兔。育苗移栽法：66.7平方米（1分地）的苗床，用种子500～750克。因蕹菜种皮较厚，播种时种子需浸泡2～3天，开始萌芽时播种，条播行距10厘米，盖土后常浇水保持苗床湿润，出苗后追施人尿粪2～3次。幼苗长到30厘米时，即间苗或剪苗移栽。

蕹菜需水肥量大，每次青刈后要及时灌水并追肥。蕹菜6～10月份可青割5～6次，每667平方米年收青料10 000千克左右。

（3）饲用价值　蕹菜的干物质中含粗蛋白质15.8%、粗脂肪5.12%、粗纤维10.25%、无氮浸出物11.55%、粗灰分25.2%，是夏、秋季家兔优良的青饲料，适口性很好。

**8. 千穗谷**　又名猪苋菜、天星苋、繁穗苋、王芝麻、西粘谷等。再生能力强，产量高，适口性好，是夏季的重要青饲料。

（1）特性　千穗谷属苋科一年生植物。植株高达2～4米，茎、叶呈淡绿色或红色，叶片平均长34.2厘米、叶宽9.6厘米，开绿色或紫色小花，雌雄同株。种子很少，有光泽，呈黄白色、红黑色或黑色。千粒重0.5～0.7克。千穗谷耐酸、碱土壤，耐高温，耐旱，甚至能耐短期浅水淹。要求土壤肥沃。

（2）栽培技术　播种前施足基肥，每667平方米施厩肥3 000～4 000千克。南方从3月下旬至10月上旬都可播种，北方自4月上旬至5月上旬播种。每667平方米播种量为250～400克。可以条播、撒播，也可育苗移栽。条播时行距为20厘米，移栽可在苗高7厘米左右、4～7片真叶时进行，株距8～12厘米，行距20厘米。播种后覆土厚度不超过1厘米。也可播种后不覆土，只撒1层草木灰。北方播种后应镇压保墒。酸性较重的土壤，每667平方米要施石灰100千克或加施过磷酸钙15～20千克。早春播种前，应用温水浸种2～3天催芽，然后用细土拌匀后播种。

幼苗生长较慢，因此注意及时防除杂草和间苗。当植株长到5～6叶时，追施稀粪尿。以后每隔10天左右追施1次氮肥，促使茎、叶迅速生长。当苗长到30厘米高时，可以间拔大苗、密苗，或者分批青割喂兔。收完后可在同一块地上播第二、第三批。每667平方米产量10 000千克左右。每次播种前应用石灰消毒，再经阳光晒5天左右后移栽才较安全。

(3)饲用价值　千穗谷茎叶质地比较柔软，种子和叶富含蛋白质。全株风干物质中含粗蛋白质12.68%、粗脂肪2.6%、无氮浸出物34.3%、粗纤维31.28%，叶片中含粗蛋白质为23.7%、粗脂肪4.7%、粗纤维11.7%、无氮浸出物32.4%。千穗谷的蛋白质中含有较多赖氨酸、占总量的5.5%，蛋氨酸也较多，还含有丰富的矿物质、β-胡萝卜素等，因此是家兔的优质饲料。

**9. 霞草**　也称欧石头花、丝石竹、山麻茶、细花瞿麦及山马生菜等，是石竹科多年生草本植物。广泛分布于我国北部向阳山坡及丘陵，每年4月初发芽，5～6月份生长茂盛是采集利用的最佳期，7～9月份开花结籽。全株均可作饲料，适口性好。据中国农业科学院畜牧所分析：干物质粗蛋白质含量为16.02%（含有18种氨基酸，其中有10种为必需氨基酸），粗脂肪2.67%，粗纤维12.07%，无氮浸出物50.6%，粗灰分18.64%。霞草可直接鲜喂，也可阴干贮存，以备冬季使用。

**10. 黑麦**　又名粗麦。既可作粮食，又可作饲料。而专门作为青饲料栽培的目的是解决北方早春家兔青饲的原料。

(1)特性　黑麦为一年生禾本科黑麦属草本植物。株高1～

1.5米，茎粗壮，不倒伏。叶较狭细、柔软。呈穗状花序，颖果、红褐色、狭长，种皮比小麦、大麦厚。

黑麦喜冷凉气候，有冬性和春性2种。高寒地区只能种春黑麦，温暖地区两种均可种植。属长日照植物。黑麦具有较强的抗寒、抗旱和耐瘠薄能力，冬性品种能忍受－25℃的低温。但不耐高温和湿涝，对土壤要求不严。

(2)栽培技术　黑麦的前茬最好是大豆、小麦和瓜类。需精细整地，施足基肥，播种与小麦相同。

黑麦品种较多，目前主要有以下几种：①小黑麦。为小麦和黑麦的远缘杂交种，品质较黑麦好，青草产量高于大麦、燕麦，籽粒产量高于小麦，是籽粒与青草兼用的粗饲料。②冬黑麦。北方主要推广的有"冬牧70"品种，是由美国引进的。产量高，每667平方米产鲜草5000～7000千克，籽粒为200～300千克。是华北、东北及内蒙古等地推广的优良品种。特别在棉花产区，既解决了家兔的早春饲料，又较好地利用了冬闲地。

播种时最好将肥料、农药、除草剂混合制成种子包衣，这样处理的种子出苗好，病虫害少。

(3)饲用价值　黑麦茎叶产量高，营养丰富、尤其含有丰富的维生素，适口性好，是早春家兔青饲料的重要来源。青刈黑麦的营养成分见表2-30。

**表2-30　青刈黑麦(冬牧70)各生育期营养成分　(%)**

| 生育期 | 水　分 | 粗蛋白质 | 粗脂肪 | 粗纤维 | 无氮浸出物 | 粗灰分 |
|---|---|---|---|---|---|---|
| 拔节期 | 3.86 | 15.08 | 4.43 | 16.97 | 59.38 | 4.14 |
| 孕穗始期 | 3.87 | 17.65 | 3.91 | 20.29 | 48.01 | 10.14 |
| 孕穗期 | 3.25 | 17.16 | 3.62 | 20.67 | 49.19 | 9.36 |
| 孕穗后期 | 5.34 | 15.97 | 3.93 | 23.41 | 47.00 | 9.69 |
| 抽穗始期 | 3.89 | 12.95 | 3.29 | 31.36 | 44.94 | 7.46 |

从表 2-30 可知，青刈黑麦茎叶的蛋白质含量以孕穗初期最高，是青饲的最佳时期。也可在苗长到 60 厘米时刈割，留茬 5 厘米。第二次刈割后不再生长，仅利用 2 次。若收干草，则以抽穗始期为宜，每 667 平方米可晒制干草 400～500 千克。

**10. 串叶松香草** 又叫菊花草。原产于北美中部高原地带，20 世纪 50 年代，欧、美以及前苏联等地区和国家作为饲草利用。我国于 1979 年从朝鲜引进。目前全国除黑龙江、吉林等省因不能安全越冬未能推广外，其余省、自治区均有种植。

(1)特性 串叶松香草为菊科松香草属多年生草本植物。根系发达、粗壮、支根多。根基上着生被鳞片包被的芽，每个芽均可发育成新枝。茎直立、具四棱，株高 2～3 米。叶分基生莲座叶和茎生叶 2 种。一年生植株为莲座叶，基生叶对生，基部连接。叶片椭圆形，叶面有皱褶。头状花序、顶生，边缘为舌状花，中间为管状花、黄色。种子为瘦果，心脏形，扁平，呈褐色，边缘有翅。

串叶松香草喜中性或微酸性土壤，不耐盐、碱及贫瘠土壤。有一定耐寒性，生长最适温度为 20℃～28℃，低于－20℃无积雪覆盖时易受冻害死亡。适宜于年降水量 450～1000 毫米的地方种植。串叶松香草无性繁殖能力较强，少量植株数年可扩展成一片。

(2)栽培技术 串叶松香草要求高水肥条件，因此每 667 平方米应施 3000～4000 千克腐熟厩肥用作基肥，以后每割 1 次应追施速效肥和浇水 1 次。春、夏两季均可播种。株行距为 60 厘米×30 厘米或 50 厘米×20 厘米，播深为 2～3 厘米。也可育苗移栽，即选择平整有灌水条件的地块做苗床。撒播，待幼苗长到 3～4 片真叶时进行移栽，株行距为 60 厘米× 30 厘米，栽后浇水，成活率极高。这种方法用种最少。还可分土墩移植。每 667 平方米留苗 2000～3000 株。播种当年不抽茎，只产生大量莲座叶，故产量不高，每 667 平方米产草 2000～3000 千克。第二年抽茎后植株高达 2 米以上，产量成倍增长。收割适宜期为开花初期，以后每隔

40～50 天刈割 1 次，一年可刈割 3～4 次。每 667 平方米产量可达 1 万～1.5 万千克。

(3)饲用价值　见表 2-31。

**表 2-31　串叶松香草营养成分　(%)**

| 类　别 | 水　分 | 粗蛋白质 | 粗脂肪 | 粗纤维 | 无氮浸出物 | 粗灰分 | 钙 | 磷 |
|---|---|---|---|---|---|---|---|---|
| 莲座叶 | 6.7 | 22.0 | 1.9 | 8.0 | 43.6 | 17.8 | 3.0 | 0.26 |
| 抽茎后茎叶 | 11.9 | 20.6 | 2.4 | 9.6 | 10.3 | 15.2 | 2.57 | 0.33 |

串叶松香草是优良的青饲料，含有丰富的蛋白质和维生素，其风干叶中含粗蛋白质 20%以上。胡萝卜素含量也较高、每克鲜叶中含 4.25 毫克，略低于胡萝卜的含量。饲喂方法是切碎生喂，具有轻泻反应，家兔初食时不大适应。数日后即可消失。

**11. 百脉根**　又名五叶草、鸟趾豆、牛角花。植株矮小、茎半匍匐，属半上繁草，适合于果园种草、庭院绿化和建立豆科禾本科混播草地。我国华南、华北、西南、西北均有栽培。

(1)特性　百脉根属多年生草本植物。直根系，主根粗壮，侧根多，主要分布在 30 厘米土层中。茎丛生、细弱，斜升或直立，茎长 30～80 厘米。叶为三出复叶，小叶卵形。叶柄基部有 2 片托叶，托叶与小叶相似，常被认为 5 片叶。伞形花序，有小花 4～8 朵。蝶形花冠，黄色。荚果长而圆、角状、似鸟趾，故名鸟趾草。每荚有种子 10～15 粒。种子小，近肾形，黑褐色，有光泽。千粒重 1～1.2 克。

百脉根性喜温暖湿润气候，耐寒性差。但个别品种抗寒性较强，如加拿大的里奥百脉根，在北京、陕西武功可安全越冬。在青海西宁、吉林公主岭有 60%的植株能越冬，耐寒性不及苜蓿，耐热性强于苜蓿；耐旱，耐旱性强于白三叶而弱于苜蓿。百脉根适宜在肥沃、排水良好的砂质土上生长，土层较浅、土质瘠薄以及微酸、微碱性土壤也可适应,但不耐水渍。百脉根寿命中等,可利用5年左右。

(2)栽培技术　百脉根种子硬实率较高,播前应进行硬实处理。百脉根种子很小,苗期生长缓慢,播前要精细整地。在寒冷地区可早春播种。温暖地区可夏播或秋播,但秋播不宜过迟,否则幼苗越冬有困难。播种方式以条播为好,行距30～40厘米,播深1～2厘米,每公顷播种量7.5千克左右。百脉根除单播外,可与无芒雀麦、鸭茅、多年生黑麦草、牛尾草等混播。播种当年,幼苗与杂草的竞争能力较弱,要注意及时除草。第二年返青后生长较快,刈割后应及时浇水、松土,以利再生,刈割留茬高度以8～10厘米为宜。肥料以磷肥为主。

(3)饲用价值　百脉根茎叶多,营养价值高(表2-32),适口性好,家兔喜食。百脉根耐热,在夏季后半期其他牧草因气温高生长较差时,它仍能旺盛生长,供给家兔较好的饲草。百脉根常与其他牧草混播,建立永久放牧草地,其耐牧性比苜蓿和红三叶强,用于更新永久禾本科草场,可显著提高畜产品产量。百脉根生育期较短,荚果易裂,种子能落地自行繁殖。此外,百脉根根系入土浅,植株低矮,覆盖度大,还可用于兔场绿化。

**表2-32　百脉根主要营养成分　(%,以干物质计)**

| 生育期 | 粗蛋白质 | 粗脂肪 | 粗纤维 | 无氮浸出物 | 粗灰分 |
|---|---|---|---|---|---|
| 开花初期 | 14.8 | 4.4 | 28.4 | 46.8 | 5.6 |

**12. 胡萝卜**　原产于欧洲及中亚一带,现世界各国普遍种植,我国南北方均有栽培。除人类食用外,也是家兔优良的饲料。

(1)特性　胡萝卜为伞形科胡萝卜属二年生草本植物。第一年形成茂密的簇生叶及肉质根,第二年开花结实。根系发达,毛根肥大形成肉质根,呈圆柱形、纺锤形或圆锥形,有紫、红、橘黄等颜色。叶为三回羽状复叶，全裂，具叶柄。茎第一年为短缩茎，第二年抽薹后株高可达1米左右。呈伞形花序，花小，白色。果实为双瘦果，扁平，呈长椭圆形，有刺毛，千粒重1克。

胡萝卜喜温和冷凉气候，幼苗能耐短期－3℃～－5℃低温，茎叶生长最适温度为23℃～25℃，肉质根生长最适温度为13℃～18℃。较耐旱，不耐涝，怕积水。喜生长在土层深厚、疏松、富含有机质的砂壤土，对土壤酸碱度适应性强。

(2)栽培技术　种植前应将土地深耕细耙，施足基肥，使土壤疏松平整并有较多的有机质。播种期多在夏季，并于冬前收获。播种方法有条播和撒播2种，条播行距20～30厘米，播深2.3厘米，每667平方米播种量0.7千克。畦种时多用撒播，播种量1～1.5千克。播种后浅覆土或覆盖碎草和秸秆。胡萝卜种子上有刺毛，容易互相粘连，播前应搓掉刺毛，并使两个半果分开成为单粒种子，同时混以干沙或细土使之播种均匀。出苗后2～3片真叶时开始间苗，4～5片真叶时即可定苗，株距12～15厘米，每667平方米保苗约30000株。每次间苗时都应注意拔草和中耕松土。在肉质根膨大时应追施氮、磷、钾混合肥料或腐熟的人粪尿。后期中耕时还要培土。下部叶片变黄，是胡萝卜块根成熟而开始收获的标志。北方寒冷地区应在霜冻来临之前收获，以防受冻。南方能在露地越冬的，可随用随收。胡萝卜每667平方米产量2500～3500千克，高的达5000千克以上。

胡萝卜品种有南京红胡萝卜、安阳胡萝卜、西安胡萝卜、平定胡萝卜、济南红胡萝卜、北京鞭杆红胡萝卜等。饲用胡萝卜以橘红色及橘黄色的较好，含胡萝卜素高。

(3)饲用价值　见表2-33。

表 2-33　胡萝卜营养成分　(%)

| 类　别 | 水　分 | 粗蛋白质 | 粗脂肪 | 粗纤维 | 无氮浸出物 | 粗灰分 |
|---|---|---|---|---|---|---|
| 根 | 92.2 | 1.74 | 0.09 | 1.08 | 3.37 | 0.82 |

胡萝卜除含表 2-33 中所述营养成分外，还含有较多糖分和胡萝卜素及维生素 C、维生素 K 和 B 族维生素。尤其是胡萝卜素含量较高，每千克根中有 112～180 毫克。胡萝卜素进入家兔体内即转化为维生素 A，供兔体利用。胡萝卜柔嫩多汁，适口性好，易被兔体消化和吸收，可促进幼兔生长发育，提高繁殖母兔和公兔繁殖力，是家兔缺青季节主要的多汁饲料，饲喂可洗净切碎生喂。胡萝卜缨必须限量饲喂，否则易导致氢氰酸中毒。

### (三)青刈作物

青刈是把农作物(如玉米、豆类、麦类等)进行密植，在籽实成熟前收割用来喂兔。青刈玉米营养丰富，茎叶多汁、有甜味，一般在拔节 2 个左右时收割。青刈大麦可作为早春缺青时良好的维生素补充饲料。

### (四)蔬　菜

在冬、春缺青季节，一些叶类蔬菜，如白菜、油菜、蕹菜、牛皮菜、甘蓝(圆白菜)、菠菜等可作为家兔的补充饲料。它们含水分高，具有清火通便作用，含有丰富的维生素。但这类饲料保存时易腐败变质，堆积发热后硝酸盐被还原成亚硝酸盐可造成家兔中毒。饲喂茴子白时粪便有呈两头尖、相互粘连现象。有些蔬菜如菠菜等含草酸盐较多，影响钙的吸收和利用，利用时应限量饲喂。饲喂蔬菜时应先将其阴干，每兔日喂 150 克左右为宜。

### (五)树 叶 类

在各种树叶中,除少数不能饲用外,大部分都可饲喂家兔。在林区、山区及农区树木多的地方,利用树叶喂兔是扩大饲料来源的好办法。树叶既可晒干粉碎后利用,又可鲜喂。有些鲜绿树叶还是优良的蛋白质和维生素饲料来源,不少树叶的营养价值比豆科牧草还要高。

**1. 豆科树叶**　主要有刺槐叶和紫穗槐叶,它们最大的特点是蛋白质含量高。

(1)刺槐叶　刺槐又名洋槐,为豆科刺槐属,落叶乔木。刺槐的叶、花、果实和种子都是家兔的好饲料。刺槐叶粉是高能量、高蛋白质饲料,并且粗纤维含量少。生长叶的总能为 18 兆焦/千克左右,粗蛋白质在 20%左右,粗纤维在 14.3%～19.2%。落叶总能在 10 兆焦/千克左右,粗蛋白质在 10%左右,粗纤维 18%。刺槐叶粉还含有多种氨基酸,其中蛋氨酸为 0.04%～0.08%、赖氨酸为 1.29%～1.68%、苏氨酸为 0.56%～0.93%、精氨酸为 1.27%～1.48%。胡萝卜素含量最高,可达 180 毫克/千克以上。矿物质含量也很丰富。人工收获时,在用材林可结合修剪和抚育间伐,割下带叶枝条;饲用林要在越冬芽已经成熟,而叶仍为绿色时齐地割下,可鲜喂,也可晒干饲喂。入秋落叶时,要及时收集起来,清除土石、枯枝等,晒干备用。刺槐叶可占家兔饲粮的 30%～40%。

(2)紫穗槐叶　紫穗槐为豆科紫穗槐属,落叶灌木。紫穗槐叶营养价值高,总能为 19.2 兆焦/千克,粗蛋白质为 23.1%、最高达 37.4%;粗脂肪 31%、粗纤维 18.1%、钙 1.93%、磷 0.34%、胡萝卜素含量为 270 毫克/千克,与优质脱水苜蓿相当。在家兔配合饲料中可代替部分植物蛋白源和部分维生素原料。但紫穗槐有一种不良气味,兔不喜吃,因此使用时需加入一定的调味剂。树叶的添加比例从少到多逐渐增加，以使兔有一个较长的适应阶段。紫穗槐叶可占家兔饲粮的10%左右。

**2. 松针叶粉** 是用松属的松针叶为原料加工而成的。松属主要有赤松、红松、油松、黑松、马尾松、高山松、云南松、华山松、黄山松、樟子松等。其营养成分见表2-33。

**表2-33 松针叶粉营养价值**

| 成 分 | 赤松、黑松混合叶粉 | 马尾松叶粉 | 成 分 | 赤松、黑松混合叶粉 | 马尾松叶粉 |
|---|---|---|---|---|---|
| 水分(%) | 7.8 | 8.0 | 钙(%) | 0.54 | 0.39 |
| 粗蛋白质(%) | 8.95 | 7.8 | 磷(%) | 0.08 | 0.05 |
| 粗脂肪(%) | 11.1 | 7.12 | 胡萝卜素(毫克/千克) | 121.8 | 291.8 |
| 粗纤维(%) | 27.12 | 26.84 | 维生素C(毫克/千克) | 522 | 735 |
| 粗灰分(%) | 3.43 | 3.00 | 硒(毫克/千克) | 3.6 | 2.8 |

松针叶粉营养物质比较全面，除粗蛋白质、粗纤维外还含有大量的活性物质，如维生素C、B族维生素、胡萝卜素、叶绿素、杀菌素。经测定，每千克松针叶粉中含维生素550～600毫克、胡萝卜素120～300毫克、叶绿素1350～2220毫克。并含有19种以上氨基酸和10种以上矿物质元素，其中硒的含量达2.8毫克/千克以上。由于维生素含量高，故称为针叶维生素，是良好的家兔饲料添加剂。

松针叶粉具有松脂气味和含有挥发性物质，在家兔饲粮中添加量不宜过高，一般为10%～15%。

**3. 其他树叶** 有柳树叶、桑树叶、紫荆叶、香椿树叶、榆树叶、沙棘叶、杨树叶、构树叶、苹果树叶等，具有较高的饲用价值。营养成分见表2-34。其中果树叶营养丰富，粗蛋白质为10%左右，在兔饲粮中可添加15%左右。但应注意果树叶中农药残留。

表 2-34　一些树叶营养成分　(%)

| 名　称 | 干物质 | 粗蛋白质 | 粗脂肪 | 粗纤维 | 无氮浸出物 | 粗灰分 | 钙 | 磷 |
|---|---|---|---|---|---|---|---|---|
| 柳树叶 | 89.5 | 15.4 | 2.8 | 15.4 | 47.8 | 8.1 | 1.94 | 0.21 |
| 榆树叶 | 89.4 | 17.9 | 2.7 | 13.1 | 41.7 | 14.0 | 2.01 | 0.17 |
| 枸树叶 | 89.4 | 24.6 | 4.6 | 10.6 | 35.9 | 13.9 | 2.98 | 0.20 |
| 榛树叶 | 91.9 | 13.9 | 5.3 | 13.3 | 54.8 | 4.6 | — | — |
| 紫荆叶 | 92.1 | 15.4 | 5.5 | 26.9 | 37.9 | 6.4 | 2.43 | 0.10 |
| 香椿叶 | 93.1 | 15.9 | 8.1 | 15.5 | 46.3 | 7.3 | — | — |
| 白杨叶 | 32.5 | 5.7 | 1.7 | 6.2 | 17.0 | 1.9 | 0.43 | 0.08 |
| 家杨叶 | 91.5 | 25.1 | 2.9 | 19.3 | 33.0 | 11.2 | 3.36 | 0.40 |
| 响树叶 | 91.1 | 18.4 | 5.5 | 18.5 | 39.2 | 12.4 | — | 0.31 |
| 柞树叶 | 88.0 | 10.3 | 5.9 | 16.4 | 49.3 | 6.2 | 0.88 | 0.18 |
| 柠条叶 | 95.5 | 26.7 | 5.2 | 24.3 | 32.8 | 6.5 | — | — |
| 黑籽桑叶 | 94.0 | 22.3 | 7.0 | 12.3 | 38.6 | 13.8 | — | — |
| 沙棘叶 | 94.8 | 28.4 | 8.0 | 12.6 | 40.0 | 8.5 | — | — |
| 五倍子叶 | 90.8 | 16.6 | 5.1 | 12.2 | 49.2 | 7.7 | 1.91 | 0.13 |
| 苹果树叶 | 95.2 | 9.8 | 7.0 | 8.6 | 59.8 | 10.0 | 2.09 | 0.13 |

### (六)多汁饲料

多汁饲料包括块根、块茎、瓜类等，常用的有胡萝卜、白萝卜、甘薯、马铃薯、木薯、菊芋、南瓜、西葫芦等。

多汁饲料的营养特点是水分含量高、达 75%～90%，干物质含量低，消化能低，属大容积饲料。粗纤维、粗蛋白质、矿物质(如钙、磷)和 B 族维生素含量也少。但多数富含胡萝卜素。多汁饲料具有较好的适口性，还具有轻泻和促乳作用，是冬季和初春缺青季节家兔的必备饲料。在这类饲料中，以胡萝卜质量最好。一是含有一定量的蔗糖和果糖，具有甜味，适口性好；二是蛋白质含量较高，达 1.27%；三是含有丰富的胡萝卜素，每千克鲜样中含量达 2.11～2.72 毫克。长期饲喂胡萝卜，对提高兔群繁殖力有良好的作用。

利用多汁饲料应注意以下几点：①控制喂量。由于该类饲料含水分高，多具寒性，饲喂过多，尤其是仔、幼兔，易引起肠道过敏，发生粪便变软甚至腹泻。一般以日喂 50～300 克为宜。②饲喂时应洗净、晾干再喂。最好切成丝倒入料盒中喂给(图 2-1)。③贮藏不当时，该类饲料极易发芽、发霉、染病、受冻，喂前应做必要的处理。对于发霉腐烂的胡萝卜，染有黑斑病的甘薯，应切掉发霉变质的部分，然后洗净晾干后再喂；对于发芽的马铃薯，要刮掉青皮，挖掉芽眼，最好煮熟后再喂。

图 2-1　罗卜切丝机

## 五、矿物质饲料

以提供矿物质元素为目的的饲料叫矿物质饲料。兔用饲料中，虽然含有一定量的矿物质元素，但远远不能满足其繁殖、生长和兔皮、兔毛生产的需要，必须按一定比例额外添加。

### (一)食　盐

钠和氯是家兔必需的无机物，而植物性饲料中钠、氯含量都少。此外，食盐还可以改善口味，提高家兔的食欲。食盐是补充钠、氯的最简单、价廉和有效的添加源。食盐中含氯60%，含钠39%，碘化食盐中还含有0.007%的碘。在家兔饲粮中添加0.5%食盐完全可以满足钠和氯的需要量，高于1%对兔的生长有抑制作用。

添加食盐的方法：可直接加入配合饲料中，这时要求食盐有较细的粒度，应100%通过30目筛；也可以直接将食盐溶入饮水中饮用，但要注意浓度和饮用量；也可放置盐砖，任兔自由舔食。

使用含盐量高的鱼粉、酱渣时，要适当减少食盐添加量，防上食盐中毒。

### (二)钙补充料

**1. 碳酸钙(石灰石粉)**　俗称钙粉，呈白色粉末，主要成分是碳酸钙，含钙量不可低于33%、一般为38%左右，是补充钙质营养最廉价的矿物质饲料。有些石粉含有较高的其他元素，特别是有毒元素(重金属、砷等)含量高的不能用作饲料级石粉。

一般来说，碳酸钙颗粒越细吸收率越好。

**2. 贝壳粉**　是牡蛎等去肉后的外壳经粉碎而成的产品。优质的贝壳粉含钙高达36%，杂质少，呈灰白色，杂菌污染少。贝壳粉常掺有砂砾、铁丝、塑料品等杂物，使用时要注意。

**3. 蛋壳粉** 是蛋加工厂的废弃物，包括蛋壳、蛋膜、蛋白等混合物，经干燥粉碎而得，含钙量为 29%～37%、磷 0.02%～0.15%。自制蛋壳粉时应注意消毒，在烘干时最后产品温度应达82℃，以保证消毒，以免蛋白腐败，甚至传染疾病。

**4. 硫酸钙** 俗称石膏，分子式 $CaSO_4 \cdot nH_2O$，结晶水多为 2 个分子，颜色为灰黄色至灰白色，高温高湿条件下可潮解结块。钙含量 20%～21%，硫含量 16.7%～17.1%。

**5. 白云石** 是碳酸钙和碳酸镁的天然混合物，含镁量低于10%，含钙 24%，饲用效果不如碳酸钙类。

**6. 方解石** 主要为碳酸钙，含钙 33%以上。

**7. 白垩石** 主要是碳酸钙，含钙 33%以上。

**8. 乳酸钙** 为无色无味的粉末，易潮解，含钙 13%，吸收率较其他钙源高。

**9. 葡萄糖酸钙** 为白色结晶或粒状粉末，无臭无味，含钙8.5%，消化利用率高。

### (三)磷补充料

该类饲料多属于磷酸盐类。其成分见表 2-35。

**表 2-35 几种磷补充料的成分**

| 饲料名称 | 磷(%) | 钙(%) | 钠(%) | 氟(毫克/千克) |
|---|---|---|---|---|
| 磷酸氢二钠 | 21.81 | — | 32.38 | — |
| 磷酸氢钠 | 25.80 | — | 19.15 | — |
| 磷酸氢钙(商业用) | 18.97 | 24.32 | — | 816.67 |

所有含磷饲料必须脱氟后才能使用，因为天然矿石中均含有较高的氟，高达 3%～4%。一般规定含氟量 0.1%～0.2%，过高

容易引起家兔中毒。

(四)钙磷补充料

**1. 骨粉**　以家畜骨骼为原料，一般经蒸汽高压下蒸煮灭菌后再粉碎而制成的产品。根据加工方法不同，可分为蒸骨粉、生骨粉、脱胶骨粉等。以脱胶骨粉最佳；蒸骨粉次之；生骨粉因含有较多的有机质，钙、磷含量低，质地坚硬，不易消化，易腐败，饲喂效果较差。骨粉含钙24%～30%，磷10%～15%，钙磷比例平衡、大体为2∶1(表2-36)，利用率高，是家兔最佳钙、磷补充料。但若加工时未灭菌，常携带大量细菌，易发霉结块，产生异臭，故使用时必须注意。

表2-36　骨粉的矿物质成分　(%)

| 类　别 | 干物质 | 钙 | 磷 | 氯 | 铁 | 镁 | 钾 | 钠 | 硫 | 铜 | 锰 |
|---|---|---|---|---|---|---|---|---|---|---|---|
| 煮骨粉 | 93.6 | 22.96 | 10.25 | 0.09 | 0.044 | 0.35 | 0.23 | 0.74 | 0.12 | 8.50 | 3.90 |
| 蒸骨粉 | 95.5 | 30.14 | 14.53 | — | 0.084 | 0.61 | 0.18 | 0.46 | 0.22 | 7.40 | 13.80 |

**2. 磷酸二钙**　又叫磷酸氢钙。为白色或灰白色粉末，化学式为$Ca(HPO_4)H_2O$，通常含2个结晶水，含钙不低于23%、磷不低于18%。磷酸氢钙的钙、磷利用率高，是优质的钙、磷补充料，目前家兔饲粮中已广泛应用。

**3. 磷酸一钙**　又名磷酸二氢钙。为白色结晶粉末，分子式为$Ca(H_2PO_4)_2 \cdot nH_2O$，以一水盐居多，含钙不低于15%，磷不低于22%。

**4. 磷酸三钙**　为白色无臭粉末，分子式为$Ca_3(PO_4)_2 \cdot H_2O$和$Ca_3(PO_4)_2$ 2种，后者居多，含钙32%，磷18%。

**5. 利用钙磷补充料注意事项**　在确定选用或选购具体种类的钙磷补充料时，应考虑下列因素：①纯度；②有害物(氟、砷、铅)含量；③细菌污染与否；④物理形态(如细度等)；⑤钙、磷利用率和价格。应以单位可利用量的单价最低为选用选购原则。

**(五)微量元素补充料**

**1. 铁补充料** 有硫酸亚铁、硫酸铁、碳酸亚铁、氯化亚铁、柠檬酸铁、葡萄糖酸铁、富马酸铁、DL-苏氨酸铁、蛋氨酸铁等。最常用的一般为硫酸亚铁，其利用率高，成本低；有机铁利用率高，毒性低，但价格昂贵。

硫酸亚铁通常为七水盐和一水盐。前者为绿色结晶颗粒，溶解性强，利用率高，含铁为 20.1%。长期暴露在空气中时，部分二价铁会氧化成三价铁。颜色由绿色变成黄褐色，降低了铁的利用率。一水硫酸亚铁为灰白色粉末，由 7 个结晶水硫酸亚铁加热脱水而得，因其不易吸潮起变化，所以加工性能好，与其他成分的配伍性好。

**2. 铜补充料** 主要有硫酸铜、氧化铜、碳酸铜、碱式碳酸铜等。

硫酸铜常是五水硫酸铜，为蓝色晶体，含铜 25.5%，易溶于水，利用率高，易潮解，长期贮藏易结块，使用前应脱水处理。而 1 个结晶水的硫酸铜克服了五水硫酸铜的缺点，使用方便，更受欢迎。

氧化铜为黑色结晶体，对饲料中其他营养成分破坏较小，加工方便，使用普遍。碱式碳酸铜为青绿色，无定形粉末或暗褐色的结晶，化学式为 $CuCO_3 \cdot Cu(OH)_2$。

**3. 锌补充料** 有硫酸锌、碳酸锌、氧化锌、氯化锌、醋酸锌、乳酸锌等以及锌与蛋氨酸、色氨酸的络合物等。

市场上的硫酸锌有 7 个结晶水和 1 个结晶水盐。七水硫酸锌为五色结晶，易溶于水，易潮解，含锌 22.7%，加工时需脱水处理。一水硫酸锌为乳黄色至白色粉末，易溶于水，含锌 36.1%，加工性能好，使用方便，更受欢迎。

氧化锌为白色粉末，与硫酸锌有相同的效果，有效含量高（含锌 80.3%），成本低，稳定性好，贮存时间长，不结块，不变性，对其他活性物质无影响，具有良好的加工特性，越来越受到欢迎。

碳酸锌为白色无臭的粉末，市场上多为碱式碳酸锌，锌含量 55%～60%。

据报道，若以氧化锌生物学价值为 100%，那么碳酸锌为 102.66%，硫酸锌为 103.65%，以硫酸锌为最高。

**4. 锰补充料**　有硫酸锰、碳酸锰、氧化锰、氯化锰、磷酸锰、柠檬酸锰、醋酸锰、葡萄糖酸锰等。

市场上硫酸锰一般为 1 个结晶水的硫酸锰，为白色或淡粉红色粉末，易溶于水，中等潮解性，稳定性高，含锰 32.5%。硫酸锰对皮肤、眼睛及呼吸道黏膜有损伤作用，故加工、使用时应戴防护用具。

碳酸锰为白色、无定形、无臭粉末，市场上多为 1 个结晶水的碳酸锰，含锰 41%。

氧化锰主要是一氧化锰，化学性质稳定，相对价格低，含锰 77.4%，有取代硫酸锰的趋势。

**5. 碘补充料**　有碘化钾、碘化钠、碘酸钾、乙二胺二氢碘化物。

碘化钾为白色结晶粉末，易潮解，易溶于水。碘化钠为五色结晶。二者皆无臭味，具苦味及碱味，利用率高，但其碘稳定性差，通常添加柠檬酸铁及硬脂酸钙（一般添加 10%）作为保护剂，使之稳定。

碘酸钾含碘 59.3%，稳定性比碘化钾好。

碘酸钙为白色结晶或结晶性粉末，无味或略带碘味，多用其无水或 1 个结晶水的产品，其含碘量为 62%～64.2%，基本不吸水，微溶于水，很稳定，其生物学效价与碘化钾相同，正逐渐取代碘化钾。

**6. 硒补充料** 有亚硒酸钠、硒酸钠及有机硒(如蛋氨酸硒)。

亚硒酸钠为白色至粉红色结晶粉末,易溶于水,五水亚硒酸钠含硒30%,无水亚硒酸钠含硒45.7%。

硒酸钠为白色结晶粉末,无水硒酸钠含硒为45.7%。

亚硒酸钠和硒酸钠均为剧毒物质,操作人员必须戴防护用具,严格避免接触皮肤或吸入粉尘,加入饲料中应注意用量和均匀度,以防中毒。

**7. 钴补充料** 有碳酸钴、硫酸钴、氯化钴等。

碳酸钴含钴49.6%,为血青色粉末,能被家兔很好利用,不易吸湿,稳定,与其他微量活性成分配伍性好,具有良好的加工特性,故被广泛应用。

硫酸钴有七水硫酸钴和一水硫酸钴。七水硫酸钴为暗红色透明结晶,易吸湿返潮结块,应用时应脱水。一水硫酸钴为青色粉末,使用方便。

氯化钴一般为粉红色或紫红色结晶粉末,含钴45.3%,是应用最广泛的钴添加物。

**8. 镁补充料** 有硫酸镁、氧化镁、碳酸镁、醋酸镁和柠檬酸镁。

硫酸镁常用七水硫酸镁,为无色柱状或针状结晶,无臭,有苦味及咸味,无潮解性,生物学利用率好,但因具有轻、泻作用,用量应受限制。

氧化镁为白色或灰黄色细粒状,稍具潮解性,暴露于水汽下易结块。据报道,每千克兔饲粮中添加氧化镁2.27克,可有效预防兔食毛癖的发生。

**9. 硫补充物** 常用的有蛋氨酸、硫酸盐(硫酸钾、硫酸钠、硫酸钙等)。蛋氨酸的硫的利用率很高。研究表明,当家兔饲粮中含硫氨基酸不足时,饲粮中补充硫酸钠,能明显提高氮的利用率,同时对提高干物质和有机物质的消化率也有作用。赵国先等(1995)报道,以含硫氨基酸为需要量的 80%～96%时,添加 0.2%～0.4%硫酸钠,明显提高肉兔日增重、饲料转化率和屠宰率。其中以含硫氨基酸为需要量的 96%时添加 0.2%硫酸钠效果最佳。当饲粮中含硫氨基酸 100%满足时,再添加 0.2%硫酸钠不能进一步促进生长。

**(六)天然矿物质原料**

**1. 稀土**　是化学元素周期表中镧系元素和化学性质相似的钪、钇等 17 种元素的总称。养殖业应用研究表明,对畜禽生长发育、繁殖及生产性能等有明显的促进作用,对人畜安全无害。此外,稀土价格低廉,使用方便,是一种很有前途的添加剂。

据报道,用白色稍红的粉粒状硝酸稀土(以氧化物计算,稀土含量为 38%)0.03%添加于肉兔饲粮中,日增重提高 2.38%($P<0.01$),每增重 1 千克活重,节约 0.527 千克饲料。生长獭兔饲粮每千克中添加 250 毫克硝酸稀土,日增重、饲料转化率分别比对照组提高 21.44%($P<0.01$)和 16.64%。试验兔被毛柔顺,光泽好。毛兔饲粮中添加稀土,优质毛比例升高,产毛量也有提高的趋势,产毛率显著升高。每千克饲粮中添加 200 毫克稀土对热应激公兔睾丸功能恢复有较好效果。

**2. 沸石**　是一族含碱金属或碱土金属的多孔的硅铝酸盐晶体矿物的总称,被称为"非金属之王"。含有钙、锰、钠、钾、铝、铁、铜、铬等 20 余种家兔生长发育所必需的矿物元素。已发现天然沸石有 40 余种。

沸石其共同特性是有选择性的吸附性能和可逆的离子交换性。因此,在家兔营养、养殖环境、饲料质量的改进等方面具有多种作用。天然沸石中所含的金属元素,多以可交换的离子状态存在。饲料在消化过程中产生的氨、硫化氢、二氧化碳、水等极性分子,极易与沸石晶体内的金属离子交换,迫使沸石中的大部分离子析出供兔体吸收,同时降低了胃肠中氨、硫化氢、二氧化碳的浓度,改善了胃肠环境。此外,沸石微黏,还可刺激胃壁和肠道,促进机体对养分的吸收,提高饲料利用率。沸石还具有吸附肠道中某些病原菌、减少幼兔腹泻、提高抗病力的性能。据俄罗斯研究人员报道,獭兔饲粮中添加3%沸石,兔皮质量明显提高。家兔饲粮中用量为3%～5%。

**3. 麦饭石** 因其外貌似饭团而得名,是由花岗岩风化形成的一种对生物无毒无害,具有一定生物活性的矿物保健药石。

麦饭石含有钠、钾、钙、磷、镁、铁、锌、铜、锰、硒、铬、钼、镍、矾等多种动物必需的元素,含量因产地不同而不同(表2-36)。

**表 2-36 麦饭石微量元素含量** (单位:毫克/千克)

| 类别 | 锌 | 铜 | 锰 | 铬 | 钼 | 钴 | 镍 | 锶 | 硒 | 矾 |
|---|---|---|---|---|---|---|---|---|---|---|
| 中华麦饭石 | 80.00 | 4.81 | — | 32.00 | 2.00 | 3.00 | 4.20 | 450.00 | 0.03 | 130.00 |
| 定远麦饭石 | 40.82 | 14.74 | 383.19 | 52.64 | — | 11.157 | 34.65 | — | — | — |

麦饭石在动物胃肠道可溶出对动物体有益的矿物元素,而对于机体有害的物质如铅、汞、镉等重金属及砷和氰化物有较强的吸附能力和离子交换能力。麦饭石属黏土矿物,在消化道可提高食物的滞留性,使养分在消化道内充分吸收,故可提高饲料利用率。麦饭石还可提高动物体免疫力。

据报道:肉兔饲粮中添加4%麦饭石,日增重提高44.23%($P<0.01$),料肉比降低11.63%($P<0.05$)。

**4. 海泡石** 是一种富含镁质的纤维状硅酸盐黏土矿物。为浅灰色或灰白色,呈土状或片状,有蜡状光泽,质细腻,有特殊的层链状结构。它具有良好的吸附性、流变性、离子交换性、热稳定性,同时具有催化性和黏合调剂作用。饲料中添加海泡石，可以在饲料中形成胶体，使饲料在肠道的流动速度减慢，提高饲料中蛋白质、微量元素和维生素的吸收率；也可作黏合剂和抗结块剂，提高颗粒饲料质量，防止营养物聚集成团；它还可用于兔舍垫圈，起除臭、吸水作用，降低舍内氨气、硫化氢、二氧化碳浓度及湿度，达到改善兔舍饲养环境的目的。家兔饲粮中添加2%～4%的海泡石粉，对促进家兔生长、提高饲料利用率有明显效果。

**5. 凹凸棒石**　是一种镁铝硅酸盐，含有多种家兔必需的常量元素和微量元素(表2-37)。

**表2-37　凹凸棒石矿物质含量**　(毫克/千克)

| 元素 | 含量 | 元素 | 含量 | 元素 | 含量 |
|---|---|---|---|---|---|
| 钙 | 124000 | 锌 | 41 | 钛 | 150 |
| 磷 | 480 | 钼 | 0.9 | 钒 | 50 |
| 钠 | 500 | 钴 | 10 | 铅 | 9 |
| 钾 | 4200 | 硒 | 1 | 汞 | 0.03 |
| 镁 | 108200 | 锰 | 1380 | 砷 | 0.91 |
| 铁 | 14800 | 氟 | 361 | 铬 | 30 |
| 铜 | 20 | 锶 | 500 | | |

凹凸棒石呈三维立体全链结构及特殊的纤维状晶体，具有离子交换、胶体、吸附、催化等化学特性。饲料中添加凹凸棒石具有促进兔的生长，提高饲料利用率，改善蛋白质等营养物质利用率的作用。

据报道，毛兔饲粮中添加10%凹凸棒石粉，产毛量提高12.2%($P<0.05$)，日增重提高28.6%，兔毛光泽度好。

**6. 蛭石**　是一种含水铁质硅铝酸盐矿物质，呈鳞片状、片状。含钙、镁、钠、钾、铝、铁、铜、铬等多种动物所需矿质元素。具有较强的阳离子交换性,能携带某些营养物质、如液体脂肪等;还具有抑制霉菌生长的作用,是防霉剂很好的载体。

## 六、非常规饲料及其利用

### (一)糖　蜜

糖蜜是制糖的副产品,依制糖原料不同,可分为甘蔗糖蜜、甜菜糖蜜。糖蜜除可供制酒精、味精及培养酵母之用外,还可作饲料及颗粒饲料黏合剂。

糖蜜中均含有少量蛋白质,为4%～10%,蛋白质多属非蛋白氮;主要成分糖类,为46%～48%,所含糖几乎全部属蔗糖;矿物质含量高,主要为钠、氯、钾、镁等,尤以钾含量最高,为3.6%～4.8%,尚有少量钙、磷;含有较多的B族维生素。另外,糖蜜中还含有3%～4%可溶性胶体。

糖蜜既可提供兔能量,同时因其具有一定的黏度,也可用于兔颗粒饲料黏结剂,改善颗粒料的质量。兔喜食甜食,兔饲粮中添加糖蜜又可提高饲料适口性。糖蜜和高粱配合使用可中和高粱所含单宁酸,提高高粱使用量。糖蜜具有轻泻作用,饲喂量大时粪便变稀。

据报道,家兔饲粮中添加4%糖蜜,增重提高28.9%($P<0.05$),采食量提高4%,料重比下降21.33%($P<0.05$)。国外资料报道,兔饲粮中糖蜜比例一般为2%～5%。糖蜜黏稠度大,加入饲料中不宜混匀,需要特殊的油添设备。

### (二)饴糖渣

饴糖渣是以大米、糯米、玉米、大麦等粮食生产饴糖时的副产物。饴糖是制造糖果和糕点的主要原料。饴糖渣的营养成分随原料、加工工艺不同而有所不同(表2-38)。

表2-38 饴糖渣一般营养成分 (%)

| 类别 | 干物质 | 粗蛋白质 | 粗脂肪 | 粗纤维 | 无氮浸出物 | 粗灰分 |
|---|---|---|---|---|---|---|
| 大米饴糖渣 | 14.0 | 1.4 | 0.8 | 0.4 | 17.1 | 0.3 |
| 玉米饴糖渣 | 18.5 | 4.8 | 0.4 | 0.6 | 12.0 | 0.7 |

从表2-38可知,刚生产出来的饴糖渣水分含量较大,不易保存,必须加以干燥。烘干后的饴糖渣粗蛋白质含量高,粗纤维含量较低,与饼粕类相接近,是家兔的好精料。饴糖渣味甜,适口性好,特别适合于家兔尤其是肥育兔,可占饲粮的20%以上。

### (三)麦芽根

麦芽根为啤酒制造过程中的副产物,是发芽大麦去根、芽的副产品,可能含有芽壳及其他不可避免的麦芽屑及外来物。麦芽根为淡黄色。麦芽气味芬芳,有苦味。其营养成分为:水分4%~7%、粗蛋白质24%~28%、粗脂肪0.5%~1.5%、粗纤维14%~18%、粗灰分6%~7%,还富含B族维生素及未知生长因子。因其含有大麦芽碱,有苦味,故喂量不宜过大。一般家兔饲粮中可添加至20%。

### (四)啤酒糟

啤酒糟是制造啤酒过程中所滤除的残渣。含有大量水分的叫鲜啤酒糟,加以干燥而得到的为干啤酒糟。其营养成分见表2-39。

表 2-39 啤酒糟的成分 (%)

| 种 类 | 水 分 | 粗蛋白质 | 粗脂肪 | 粗纤维 | 粗灰分 | 钙 | 磷 |
|---|---|---|---|---|---|---|---|
| 鲜啤酒糟 | 80.0 | 5.6 | 1.7 | 3.7 | 1.0 | 0.07 | 0.12 |
| 干啤酒糟（平均） | 7.5 | 25.0 | 6.0 | 15.0 | 4.0 | 0.25 | 0.48 |
| 干啤酒糟（范围） | 6.5～12 | 22～27 | 4～8 | 14～18 | 2.5～4.5 | 0.15～0.35 | 0.35～0.55 |

啤酒糟粗蛋白质含量高，且富含 B 族维生素、维生素 E 和未知生长因子。据报道，生长兔、泌乳兔饲粮中啤酒糟可占 15%左右，空怀兔及妊娠前期兔可占 30%左右。

鲜啤酒糟含水量大，易变质，不宜久存，要及时晒干或饲喂。发霉变质的啤酒糟严禁喂兔。

### (五)酒 糟

酒糟是以含淀粉多的谷物或薯类为原料，经酵母发酵，再以蒸馏法萃取酒后的产品，经分离处理所得的粗谷部分加以干燥即得。其营养成分因原料、酿制工艺不同而有所差别(表 2-40)。

表 2-40 几种主要酒糟的营养成分 (%)

| 名 称 | 干物质 | 粗蛋白质 | 粗脂肪 | 粗纤维 | 无氮浸出物 | 粗灰分 |
|---|---|---|---|---|---|---|
| 高粱白酒糟 | 90 | 17.23 | 7.86 | 17.43 | 44.01 | 11.45 |
| 大麦白酒糟 | 90 | 20.51 | 10.50 | 19.59 | 40.81 | 8.8 |
| 玉米白酒糟 | 90 | 19.25 | 8.94 | 17.44 | 45.36 | 8.0 |
| 大米酒糟 | 93.1 | 28.37 | 27.13 | 12.56 | 21.41 | 3.63 |
| 燕麦酒糟 | 90 | 19.86 | 4.22 | 12.89 | 45.58 | 7.39 |
| 大曲酒糟 | 90 | 17.76 | 7.35 | 27.61 | 34.04 | 18.28 |

续表 2-40

| 名　称 | 干物质 | 粗蛋白质 | 粗脂肪 | 粗纤维 | 无氮浸出物 | 粗灰分 |
|---|---|---|---|---|---|---|
| 甘薯酒糟 | 90 | 14.66 | 4.37 | 15.16 | 39.04 | 22.87 |
| 黄酒糟 | 90 | 37.73 | 7.94 | 4.78 | 38.18 | 1.36 |
| 五粮液酒糟 | 90 | 13.40 | 3.84 | 27.2 | 33.97 | 13.56 |
| 郎酒糟 | 90 | 18.13 | 5.04 | 15.12 | 46.59 | 13.66 |
| 葡萄酒糟 | 90 | 8.20 | — | 7.24 | 27.72 | 2.48 |

一般而言，各种粮食酿酒的酒糟粗蛋白质、粗脂肪均较多，但粗纤维偏高，这是由于在酿酒过程中加入了20%～25%的稻壳，以利蒸汽通过，提高出酒率。而以薯类为原料的酒糟，其粗纤维、粗灰分的含量均高，且所含粗蛋白质消化率差，使用时要注意。

酒糟营养含量稳定但不齐全，群众称之为"火性饲料"，容易引起便秘。喂量不宜过多，且要与其他饲料配合使用。一般繁殖兔喂量应控制在15%以下，肥育兔可占饲料的20%，比例过大易引起不良后果。

### (六)醋　糟

醋糟为制醋过程中的副产品。制醋的原料主要有高粱、麸皮及少量碎米。鲜醋糟含水量在65%～75%不等。风干醋糟含水量10%，含粗蛋白质9.6%～20.4%，粗纤维15%～18%，含有丰富的微量元素铁、锌、硒、锰等。但由于制醋原料不同，其营养成分有差异(表2-41)。

**表 2-41　醋糟的营养成分　(%)**

| 原　料 | 干物质(%) | 总　能(兆焦/千克) | 粗蛋白质(%) | 粗纤维(%) | 钙(%) | 磷(%) |
|---|---|---|---|---|---|---|
| 高　粱 | 35.2 | 7.0 | 8.5 | 8.0 | 0.73 | 0.28 |
| | 100 | 20.72 | 24.1 | 8.5 | 2.07 | 0.08 |
| 细粉与麦 | 30.5 | 6.24 | 6.9 | 6.9 | 0.13 | 0.79 |
| (2∶8) | 100 | 20.52 | 22.6 | 22.6 | 0.42 | 0.26 |
| 大麦造酒 | 62.9 | 10.26 | 12.9 | 17.6 | 0.10 | 0.07 |
| 后又造醋 | 100 | 16.29 | 20.5 | 27.9 | 0.15 | 0.11 |
| 麦麸与米糠 | 27.0 | — | 3.4 | 0.1 | — | — |
| (1∶1) | 100 | — | 12.6 | 33.7 | — | — |

醋糟有酸香味，兔多喜食。少量饲喂，有调节胃肠功能、预防腹泻的作用。但大量使用时，最好和碱性饲料如小苏打混合饲喂，以中和醋糟中的酶，防止家兔中毒。一般肥育兔饲粮中可加至20%、空怀兔15%～25%，妊娠母兔、泌乳兔以不超过10%为宜。

### (七)制药副产物

该类副产物主要指生产抗生素后的菌渣，是潜在的家兔饲料资源，经开发利用可变废为宝。

菌渣有青霉素菌渣、链霉素菌渣、红霉素菌渣、四环素菌渣、土霉素菌渣等，其蛋白质含量均较高、为22%～48%，粗纤维含量少，含有丰富的钙和维生素，尤其是维生素 $B_{12}$ 含量较多，但磷较少。蛋白质中赖氨酸、蛋氨酸含量低，以链霉素菌渣的品质较好(表2-42)。

由于各种抗生素菌渣中往往还残留有一些抗生素，有增强家兔体质和促生长的作用。家兔饲粮中菌渣可占3%。

表 2-42 几种菌渣的养分含量 (%)

| 种 类 | 干物质 | 粗蛋白质 | 粗脂肪 | 粗纤维 | 无氮浸出物 | 粗灰分 | 钙 | 磷 |
|---|---|---|---|---|---|---|---|---|
| 青霉素菌渣 | 87.27 | 29.26 | 6.70 | 1.87 | 31.76 | 17.68 | 6.54 | 0.77 |
| 链霉素菌渣 | 90.74 | 48.05 | 0.71 | 2.57 | 26.83 | 12.58 | 5.04 | 0.08 |
| 红霉素菌渣 | 93.08 | 22.76 | 11.10 | 1.48 | 29.36 | 28.40 | 5.04 | 0.80 |
| 四环素菌渣（自然干燥） | 91.73 | 44.36 | — | 1.12 | — | 14.89 | 4.50 | 1.30 |
| 四环素菌渣（人工干燥） | 93.40 | 48.45 | — | 0.65 | — | 8.92 | 3.28 | 1.46 |
| 土霉素菌渣（自然干燥） | 92.79 | 42.29 | — | 2.53 | — | 13.04 | 5.25 | 1.78 |
| 土霉素菌渣（人工干燥） | 91.94 | 43.48 | — | 0.77 | — | 12.64 | 5.53 | 1.55 |

### (八)西 瓜 皮

西瓜皮是西瓜的不可食部分。据测定，西瓜皮含粗蛋白质0.4%、无氮浸出物61%，每100克含维生素E 4.7～10.7毫克。西瓜皮清凉解渴，是炎热季节家兔的好饲料。

### (九)甜 菜 渣

甜菜渣是以甜菜为原料制糖后的残渣干燥获得的产品。其成分是无氮浸出物和粗纤维。营养成分见表2-43。

表 2-43 甜菜渣的营养成分 (%)

| 类 别 | 干物质 | 粗蛋白质 | 粗脂肪 | 粗纤维 | 无氮浸出物 | 粗灰分 | 钙 | 磷 |
|---|---|---|---|---|---|---|---|---|
| 湿甜菜渣 | 16.50 | 1.29 | 0.116 | 3.73 | 9.59 | 0.71 | 0.11 | 0.02 |
| 干甜菜渣 | 91.00 | 8.80 | 0.50 | 18.00 | 58.90 | 4.80 | 0.68 | 0.09 |

甜菜渣中的粗纤维与农作物秸秆中的粗纤维不同，其消化率很高，达 74%。因此，使用甜菜渣时不要把其粗纤维含量计算在饲粮内。甜菜渣有甜味，适口性好，兔喜食。国外养兔业中，甜菜渣广泛使用，一般可占饲粮 16%左右，最高可达 30%。

### (十)葡萄渣

葡萄渣又称葡萄酒渣，是葡萄酒厂的下脚料，由葡萄籽、葡萄皮、葡萄梗等构成。

葡萄渣中营养成分见表 2-44。可以看出，干制品葡萄下脚料中的粗蛋白质含量均高于玉米，而且粗脂肪和粗纤维含量较高，且粗纤维中木质素的比例较高。但葡萄渣中含有较高的单宁(鞣酸)，因此家兔饲粮中用量应限制在 30%以下。

表 2-44　葡萄渣营养成分　(%)

| 类别 | 干物质 | 粗蛋白质 | 粗脂肪 | 粗纤维 | 无氮浸出物 | 粗灰分 | 钙 | 磷 |
|---|---|---|---|---|---|---|---|---|
| 干葡萄渣 | 91.0 | 11.8 | 7.2 | 29.0 | 33.7 | 9.3 | 0.55 | 0.05 |
| 鲜葡萄渣 | 30.0 | 4.0 | — | 8.8 | — | — | 0.20 | 0.09 |
| 干葡萄皮 | 89.3 | 59.71 | 16.22 | 27.45 | 32.17 | 3.80 | 0.55 | 0.24 |
| 干葡萄籽 | 86.95 | 14.75 | 7.23 | 18.46 | 40.71 | 5.80 | 0.05 | 0.31 |

### (十一)蔗渣

蔗渣是甘蔗制糖后所剩余的副产品。甘蔗渣(干晶)的一般成分为干物质 91%，其中粗蛋白质 1.5%、粗纤维 43.9%、粗脂肪 0.7%、粗灰分 2.9%、无氮浸出物 42%、钙 0.82%、磷 0.27%。从中可以看出甘蔗渣的主要成分是纤维素，其营养成分与干草相似。但甘蔗渣有甜味，家兔喜食，可占到家兔饲料的 20%左右。

### (十二)脱胶田菁籽粉

脱胶田菁籽粉是豆科植物田菁的种子用于石油、造纸等工业提取田菁胶后的下脚料。其中粗蛋白质 37.4%,粗脂肪 4.16%,粗纤维 15.06%,钙 0.35%,磷 1.01%。用含 5%～20%脱胶田菁籽粉的颗粒饲料长期喂家兔,未发现有任何毒副作用。经800℃～1000℃熟化处理脱胶田菁籽粉,可提高其利用率和适口性。

### (十三)玉米芯

玉米芯指玉米果穗脱粒后的副产品,又称玉米轴或玉米核。营养成分为:干物质 97%,其中粗蛋白质占 2.3%～2.4%、粗脂肪 0.4%、粗纤维 36.6%～37.7%、无氮浸出物 54.4%～56%、粗灰分 3.4%～3.5%。玉米芯含糖量较高,是家兔的好饲料,饲粮中比例不宜超过 20%。

### (十四)向日葵盘

向日葵脱去籽粒后的花盘为向日葵盘,可作为家兔粗饲料。其营养成分为:干物质占 85%以上,其中粗蛋白质 5.2%～6.1%、粗脂肪 2.2%～2.6%、粗纤维 17.4%～20.1%、无氮浸出物 39.6%～46.5%、粗灰分 21.1%～24.7%、钙 1.44%～1.68%、磷 0.13%～0.15%。向日葵盘质地柔软,适口性好,可鲜喂。但向日葵盘在晒制过程中极易发霉变质,应引起注意。家兔饲粮中添加量可达 15%～20%。

### (十五)蘑菇渣

蘑菇渣又称蘑菇菌糠。是以玉米秸、稻草、玉米芯、棉籽壳、蔗渣等农作物副产品为培养基,人工种植蘑菇收获后的残余物。其成分含量一般为:干物质 91.93%,其中粗蛋白质 9.8%、粗脂肪

1.07%、粗纤维22.06%、无氮浸出物54.04%、粗灰分4.96%、钙0.1%、磷0.14%。可见蘑菇渣的营养成分中，粗蛋白质含量比原料(玉米秸等)提高5个百分点，而粗纤维下降20个百分点，可代替部分麸皮、玉米。蘑菇渣疏松多孔，质地细腻，一般呈黄褐色，具有浓郁的菌香味，家兔饲粮中可占10%～20%。若发现蘑菇渣长有杂菌，则不可喂兔，以免中毒。

### (十六)木　屑

木屑即锯末，是木材加工的下脚料。作纤维性填充饲料，能调节食草动物消化道的酸碱平衡，延缓营养物质在肠道中的消化吸收时间，刺激肠管蠕动，能减少和杜绝便秘的发生。木屑因木材种类不同，其营养成分含量有很大不同。一般木屑中含70%～80%的碳水化合物，纤维素含量在30%～50%，含有12%～30%的戊聚糖，与半纤维素相连的木质素含17%～33%。一些木屑中还含有少量的可溶性果酸、树酸，有止泻收敛作用。松柏类木屑中含有树脂、松节油，有止酵抑菌作用，因而能降低消化系统疾病。用杨、柳、榆、桦、桐、松、柏类新鲜木屑干燥粉碎后，按一定比例混入基础饲粮中，做成颗粒饲料喂家兔，表现食欲旺盛，被毛光亮，粪球正常、硬度适中，无腹泻病发生，生长速度不受影响，成活率提高。据国外报道：生长兔饲粮中可添加8%～15%。

### (十七)苹果渣

苹果渣是苹果榨汁后的副产品，主要由果皮、果核和残余的果肉组成，约占鲜果重的25%。我国年产苹果约2000万吨，加工苹果每年排出的苹果渣达100多万吨。

苹果渣的营养成分见表2-45。

表 2-45　苹果渣常规养分分析

| 样　品 | 水　分（%） | 以干物质为基础（%） | | | | | | 备　注 | 资料来源 |
|---|---|---|---|---|---|---|---|---|---|
| | | 粗蛋白质 | 粗纤维 | 粗脂肪 | 粗灰分 | 钙 | 磷 | | |
| 1 | 77.40 | 6.20 | 16.90 | 6.80 | 2.30 | 0.06 | 0.06 | 湿　态 | 杨福有（2000） |
| 2 | 10.20 | 4.78 | 14.72 | 4.11 | 4.52 | | | 晾　干 | 李志西（2002） |

Sawal(1995)用含干苹果渣 0%、10%、20%和 30%的全价料饲喂 42 日龄的青紫蓝公兔，结果表明：各组公兔生长发育良好；尽管添加到 30%时，并不影响采食量、生长及饲料转化率，但蛋白质利用率却降低；最后确定，苹果渣在兔日粮中所占比例以 11.3%为最好。Cippert 等(1986)用苹果渣代替兔日粮中 10%、20%的苜蓿草粉，发现日粮中使用苹果渣大大降低了胃肠道疾病的发病率和死亡率，用 10%的苹果渣代替兔日粮中苜蓿粉是适宜的。

## 七、常见的有毒植物和饲料中的有毒物质及其毒性纯化技术

### (一)常见的有毒植物

**1. 苍耳**　又名粘苍子、胡苍子等。属菊科一年生草本植物。全株生有白色短毛。叶互生，叶两面均有短毛、糙涩，边缘有缺刻及粗锯齿。黄绿色头状花序，生于枝端及叶腋处。瘦果长椭圆形，表面密生钩刺。果实中含有苍耳苷、苍耳醇以及生物碱等。全草含有氢醌、挥发油等。家兔采食过多时，会引起肚胀，呼吸困难，精神不振，1～2 天内即可死亡。剖检可见心脏、肝、肾等实质器官出血坏死等。

**2. 毛茛** 又名鱼疔草、野脚板、山辣椒。属毛茛科多年生草本植物。茎高50～70厘米。根茎短缩,茎上有毛。根生叶,丛生,具长柄。叶片圆状肾形,3深裂。叶两面均生密毛。花鲜黄色,5瓣,表面有光泽。果实为聚合瘦果,近球形。喜生于河边、低湿草地等处。该植物含有毒成分原白头翁素,对胃肠黏膜有强烈的刺激作用,家兔食后会引起急性胃肠炎。

**3. 毒芹** 又名走马芹、野芹等。属伞形科多年生草本植物。茎粗壮呈圆柱形,中空如竹。2～3回羽状复叶,互生,边缘有锐锯齿,表面光滑。伞形花序,花白色。果实扁平,椭圆形或近似圆形。该植物含毒芹素、毒芹醇,还含有挥发油,油中含毒芹醛及伞花烃。家兔食后,可兴奋运动中枢和脊髓,引起强直性痉挛,还能兴奋延髓的血管、运动中枢和迷走神经中枢,引起呼吸及心脏功能障碍,最后因呼吸困难而死亡。

**4. 蓖麻** 又名大麻子、金豆、天麻子果等。属大戟科一年生草本植物。茎圆柱形,直立,中空。叶大,盾形,掌状分裂,各裂开有粗锯齿。叶有长柄,互生。总状花序,花淡红色。蒴果皮上有刺。该植物茎叶和果实中含有蓖麻毒素、蓖麻碱及毒性蛋白等,家兔食入后可形成大量血栓,导致血液循环障碍,引起剧烈腹痛和出血性肠炎,同时可使呼吸和血管运动中枢麻痹。

**5. 白头翁** 又名耗子花、猫爪子等。属毛茛科多年生草本植物。株高10～30厘米,全株密生白色绒毛。叶根出,丛生。叶片2～3裂。花暗紫色,钟状,外面生有绒毛。瘦果多数集成头状,密生白毛,形似白头老翁,故而得名白头翁。其根部含白头翁素、皂苷等,地上部分也含毒素,家兔采食过量常中毒死亡。

**6. 天南星** 又名天老星、山苞米等。属天南星科多年生草本植物。茎高30～50厘米。叶无毛,有长柄,由5片小叶组成。肉穗状花序,由叶鞘伸出。浆果,成熟时红色,着生于膨大的肉穗轴上,形似苞米穗,故有山苞米之称。该植物果实中含类似毒芹碱样物质，家兔误食后常中毒死亡。

**7. 烟草** 属茄科一年生栽培植物。茎高1～2米。叶较大、椭圆形，叶尖较尖。茎与叶都生有腺毛。短总状花序，花冠漏斗状，花粉色，果实为蒴果。该植物含烟碱、尼古丁、尼可特林等有毒成分。家兔食后会引起腹胀、腹泻、流涎、瞳孔散大，最后死亡。

**8. 菖蒲** 又名水菖蒲。分白菖蒲和石菖蒲，属天南星科多年生草本植物。叶剑状、直立，长50～80厘米。花淡黄色，特小。全草有一股特殊臭味。喜生于河沟、水池、沼泽等处。该植物含有挥发油，有丁香油酚、细辛醛、细辛醚、菖蒲酮、菖蒲二醇、异菖蒲二醇。食入兔体后能麻痹中枢神经，抑制心跳，导致死亡。

**9. 马铃薯苗** 马铃薯又名山药蛋、洋山芋、土豆。属茄科植物。马铃薯苗含有茄碱，能引起兔胃肠黏膜的剧烈出血性炎症，对呼吸中枢有麻痹作用。

**10. 番茄秧** 番茄又名西红柿。为茄科一年生草本植物。含有澳洲茄胺、澳洲茄碱、番茄定醇、茄定宁。兔食入番茄秧后，对中枢神经有强烈的麻醉作用，引起呼吸困难而窒息死亡。

**11. 黄花菜** 又名金针菜、山黄花、小黄花菜、红萱等，学名萱草。属百合科多年生宿根草本植物。根和根皮含萱草根素，能损害中枢神经、肝、肾等实质器官。引起家兔后躯瘫痪，角弓反张、颈部肌肉强直、全身颤抖。黄花菜花蕾有一定滋补作用，民间多用治乳汁不足。但其中含有秋水仙碱，家兔食入过量，秋水仙碱被氧化成有毒氧化二秋水仙碱。中毒症状为精神不振，眼球突出，结膜发红，鼻干，口吐白沫，呼吸困难，出现阵发性痉挛。有时连续发作，四肢无力，腹泻，运动失调等。

**12. 紫菀** 又名夹板菜、驴耳朵菜。为菊科多年生草本植物。含无羁萜醇、无羁萜、紫菀酮、紫菀皂甙、槲皮素，挥发油中含毛叶醇、茴香醚、乙酸毛叶酯，能使家兔在1小时内发病，6小时内死亡。

**13. 曼陀罗** 又名洋金花、山茄花。属茄科一年生草本植植物。全株含有莨菪碱和东莨菪碱,能使中枢神经出现高度兴奋后转入抑制,致使心跳过速,胃肠平滑肌麻痹,瞳孔散大,发生视力障碍。

**14. 藜芦** 又名山葱、棕包头。为百合科多年生草本植物。全株主要含藜芦碱,能使心跳变慢、血压下降、抑制呼吸。

**15. 狼毒** 又名狼毒大戟。为大戟科多年生草本植物。含有大戟醇、大戟树脂、硬性橡胶等,能引起消化道出血、全身痉挛、呼吸困难。

**16. 钩吻** 又名断肠草、胡蔓藤、大茶药。为马钱子科常绿缠绕藤本植物。含有钩吻素子、钩吻素甲、钩吻素寅、钩吻碱辰,能抑制脑和脊髓的运动神经,引起腹痛、体温下降、呼吸麻痹。

**17. 马钱子** 又名番木鳖、大方八、苦实。为马钱子科木质藤本植物。主要含马钱子碱,对脊髓有强烈的兴奋作用,可引起强直惊厥。

**18. 秋水仙** 为百合科多年生草本植物。主要含秋水仙碱,能引起中枢神经的抑制和血液循环障碍,发生剧烈胃肠炎。

**19. 石蒜** 又名龙爪花、蟑螂花、老鸦蒜。为石蒜科多年生草本植物。含有石蒜碱、伪石蒜碱、多花水仙碱、石蒜伦碱、石蒜胺碱,能引起腹痛、腹泻,抑制呼吸。

**20. 苦楝** 为楝科落叶乔木。含有苦楝素、苦楝毒碱,兔只采食楝树叶后能引起急性胃肠炎,呼吸急促、困难,出现缺氧症状。

**21. 鸦胆子** 又名老鸦胆。为苦木科灌木或小乔木。含有鸦胆子苷、鸦胆子醇、鸦胆子苦味质,能引起消化道黏膜、心内外膜、皮下组织出血,可使兔在短时间内死亡。

**22. 羊踯躅** 又名闹羊花、黄杜鹃、惊羊草。为杜鹃花科落叶灌木。主要含马醉木毒素、煤地衣二酸甲酯,损害中枢神经系统,引起共济失调,呼吸困难。

**23. 夹竹桃** 为夹竹桃科常绿灌木植物。主要含毒苷和夹竹桃苷A、B、D、F、G、H、K等，能损害心肌，使心肌变性、出血，发生坏死，也能降低脑组织对氧的利用而发生惊厥。

**24. 万年青** 又名白河东、开口剑、斩蛇剑。为百合科多年生常绿草本植物。含万年青苷A、B、C、D，其中以万年青苷A毒力最强，可使心肌纤维变性、出血、坏死，对迷走神经有强烈的刺激作用，抑制脑组织对氧的利用。

**25. 羽扇豆** 为豆科一年生草本或多年生小灌木。含有羽扇豆毒碱、氧基羽扇豆毒碱，能引起消化道的出血性炎症、知觉麻痹。

**26. 黑斑病甘薯** 由真菌中的囊子菌寄生于甘薯引起，被侵害的甘薯病变部位呈暗褐色不规则的硬斑。含有甘薯酮、甘薯醇、甘薯二酮、甘薯酸，能引起肺水肿、呼吸困难、便秘、腹胀、体温下降。

**27. 佩兰** 又名省头草、鸡骨香、泽兰。为菊科多年生草本植物。全株含有对-伞花烃、5-甲基麝香草醚。能侵害肝、肾等实质器官，抑制呼吸，使体温下降和兔体麻痹。

**28. 水芹** 又名水芹菜。为伞形科多年生草本植物。全草含水芹素、水芹素-7-甲醚、欧芹酸、酞酸二乙酯，能引起胃肠黏膜、心包膜、心内膜、皮下结缔组织、肾、膀胱黏膜充血，肺、脑膜充血，使兔体麻痹。

**29. 文殊兰** 又名罗群带、水焦、朱兰叶、海焦石花石蒜。为石蒜科多年生草本植物。全株主要含石蒜碱、多花水仙碱，能引起便秘后腹泻、呼吸紊乱、全身麻痹。

**30. 半边莲** 又名细米草、蛇咬药、急解索。为桔梗科一年生矮小草本植物。全草含山梗莱碱、山梗莱酮碱、异山梗莱酮碱、山梗莱醇碱，对中枢神经系统有先兴奋后麻痹的作用，可引起呼吸麻痹、血压下降和惊厥。

**31. 龙葵** 又名天茄子、苦葵、黑茄子、野辣子、七粒扣、乌疔草。为茄科一年生草本植物。含龙葵苷、茄边碱、澳洲茄碱、茄微碱，能引起胃肠炎、脑膜及肾充血，对神经系统有麻痹作用。

**32. 牵牛花** 属旋花科植物。家兔食入后12小时即发生中毒，表现为精神沉郁、食欲下降、呼吸急促、口角流沫、肌肉震颤发抖、腹泻、稀便外有白色黏液附着、胃肠出血、肺水肿。

**33. 洋地黄** 又名毛地黄、紫花毛地黄。为玄参科二年或多年生草本植物。主要含洋地黄毒苷、紫花洋地黄毒苷、羟基洋地黄毒苷，可引起胃肠炎，心肌纤维变性、出血、坏死，抑制脑组织对氧的利用而发生惊厥，使泌尿减少。

**34. 灰菜** 又名藜、白藜、灰苋菜、胭脂菜。为藜科一年生草本植物。含卟啉类物质，能引起皮肤发生疹块，并引起中枢神经系统功能紊乱和消化功能障碍，麻痹呼吸中枢。

**35. 胡萝卜缨** 含有较多的硝酸盐。由于存放方法不当(如高温)，经反硝化细菌酶的作用将硝酸盐还原成亚硝酸盐。另一方面，大量的硝酸盐进入家兔盲肠，也可由盲肠内的细菌产生硝酸还原酶将其还原成亚硝酸盐。亚硝酸盐可使血红蛋白中的二价铁转变成三价铁，使血红蛋白失去携带氧的功能，从而造成家兔全身性缺氧，呼吸中枢麻痹、窒息死亡。胡萝卜缨喂兔应限量，最好现采现喂。

**36. 杏树叶、桃树叶、樱桃叶、枇杷叶、亚麻叶、木薯、南瓜藤、高粱苗、玉米苗** 这些植物叶均含有较高氰苷，在兔体内能产生氢氰酸，引起兔体中毒。

**37. 被农药、除草剂污染的饲草** 随着农业生产中农药、除草剂的广泛使用，田间地头杂草、树叶甚至蔬菜等易受农药污染，稍有不慎采集用其喂兔，就会造成群体中毒。为了防止采集被农药污染的野草、野菜，可在采集前先轻拔开草丛观察，若没有虫子飞进，则说明刚施过农药，不宜采集；若饲草枯萎，则可能喷过除草剂，也不宜采集。也可用每天采集到的可疑草先喂淘汰兔，未见中毒症状时再喂给其他兔。

### (二)饲料中的有毒物质及毒性纯化技术

有些常用兔饲料中含有某些有毒物质，如果不经去毒处理用来喂兔，会阻止饲料营养物质的消化吸收，影响兔体新陈代谢，甚至造成中毒或死亡。以下介绍饲料中的有毒物质及毒性钝化技术措施。

**1. 胰蛋白酶抑制因子**(TI)　主要存在于豆类子实、子叶和米糠中。是一种多肽，已发现的至少有5种。胰蛋白酶抑制因子可引起家兔生长受阻、胰腺肥大和胰腺增生，甚至产生腺瘤。其进入家兔胃后不被消化，再进入小肠与胰蛋白酶、糜蛋白酶结合成稳定的复合物而使酶失活，阻碍了饲料中蛋白质的消化、外源氮损失。另外，肠道中胰蛋白酶、糜蛋白酶含量下降，反馈性地刺激胰腺合成和分泌这两种酶，而这些酶含有丰富的含硫氨基酸，当其在肠道中与胰蛋白酶抑制因子形成复合物而从粪便中排到体外，导致内源氮和机体含硫氨基酸大量流失，从而阻碍家兔的生长发育。

胰蛋白酶抑制因子不耐热，可通过加热而使其变性失活。加热的方法有焙炒、烘干加热、高压蒸煮、红外线加热、微波膨化、蒸汽加热等。一般蒸炒过程中温度以1000℃～1100℃、时间以30～60分钟为宜。用豆饼喂兔时，必须是经热榨工艺生产的豆饼，这种豆饼含胰蛋白酶抑制因子少。如用生豆饼喂兔，必须先经热处理后方可使用。

**2. 大豆凝集素**(SBA)　是一种糖蛋白。存在于豆科植物中，进入兔体内引起红细胞凝集、肠黏膜受损，使兔生长受到抑制，甚至产生其他毒性。大豆凝集素不耐热，可通过加热使其失活。

**3. 胃肠胀气因子**　是一种低碳糖——棉籽糖和水苏糖存在于豆类中。家兔肠道内缺乏分解二者的酶，当其进入大肠后被肠道微生物发酵，产生大量的二氧化碳和氢、少量的甲烷，从而引起肠道胀气，并引起腹痛、腹泻等症状。

胃肠胀气因子耐高温，加热对其无影响，但其溶于水。

**4. 棉酚** 主要存在于棉籽饼粕中。棉酚按其存在形式可分为游离棉酚和结合棉酚 2 类。前者系分子中的活性成分，为游离形式，易溶于油和有机溶剂，是主要的毒素。结合棉酚是分子中的活性成分与蛋白质、氨基酸、磷脂等结合而被“封闭”的棉酚，一般不溶于油和有机溶剂，难以被兔体消化吸收，很快地随粪便排到体外，对兔体无害。

游离棉酚对家兔血管、神经、繁殖系统均有毒害作用，并使饲料中赖氨酸的利用率降低。

影响棉籽饼中游离棉酚含量的因素主要有棉籽品种、榨油工艺等。如有腺体棉籽仁中棉酚含量为 1.042%，而无腺体棉籽仁中棉酚含量仅为 0.2%；螺旋压榨取油的棉籽饼中游离棉酚含量为 0.03%～0.08%，先压榨后浸提加热处理的棉籽饼含量为 0.02%～0.06%；土榨饼可高达 0.3%，浸提粕为 0.011%～0.159%。

棉籽饼脱毒，主要采用化学去毒法，利用某些化学试剂使游离棉酚破坏或变成结合棉酚。据研究，$Fe^{2+}$，$Ca^{2+}$，碱、芳香胺、尿毒等均具有去毒作用。最常用的是硫酸亚铁法。

$Fe^{2+}$能与游离棉酚等摩尔混合，使游离棉酚变为结合棉酚而失去毒性。同时 $Fe^{2+}$也能降低棉酚在家兔肝脏的蓄积量，防止中毒。对于土榨法生产的棉籽饼中可加入 2%硫酸亚铁，去毒效果达 95.4%。即把 2 千克硫酸亚铁溶于 200 升水中，放入 100 千克粉碎的棉籽饼浸泡，中间搅拌几次，经 1 昼夜即可弃去清液，用来喂兔。机榨棉饼可加入 0.5%硫酸亚铁，去毒效果达 55.8%。

另外，还有膨化脱毒法、固态发酵脱毒法等。据报道，从新西兰引进的季牌饲毒解，对游离棉酚的脱毒率达 95%以上。脱毒后的棉饼粕游离棉酚含量大大降低，因此可适当增加其在家兔饲粮中的比例。但最多不超过10%，否则因适应性差，降低采食量，影响生产性能。

**5. 硫葡萄糖苷(GS)降解产物、芥子碱**　主要存在于菜籽饼中。硫葡萄糖苷本身无毒，但其在一定水分、温度条件下，经酶的作用产生异硫氰酸酯(1TC)、噁唑烷硫酮(OZT)、硫氰酸酯和腈4种有毒物质。这些有毒物质可引起兔腹泻、泌尿系统炎症，抑制碘的转化，干扰甲状腺的生成，引起甲状腺肿大，使整个肌体代谢紊乱。另外，异硫氰酸酯还具有辛辣味，芥子碱具有苦味，均影响适口性，降低采食量，使家兔生产性能下降。

家兔大量食入未脱毒的菜籽饼时会发生中毒，一般在食入后20～24小时发病。病兔表现为精神委顿、不食、流涎、腹泻、腹痛、粪中带少许血液、尿频、尿血、排尿有痛苦感、排出的尿液很快凝固；肾区疼痛、弓背，后肢不能站立，呈犬坐姿势；体温稍升高(40.3℃～40.8℃)，可视黏膜苍白、轻度黄染；心跳加快，呼吸增速。剖检可见肺部轻度淤血、水肿，胃肠黏膜水肿、充血、出血，呈卡他性出血性炎症变化；肝淤血、肿大、坏死，表面浑浊无光泽，切面模糊、湿润；肾肿大，呈暗红色；脾轻度淤血；心脏松软、心室积有凝固血液。

菜籽饼脱毒方法很多，如坑埋发酵法、碱处理法、添加脱毒剂脱毒法等。现介绍几种常用方法。

(1)坑埋发酵法　选择向阳、干燥的地方，挖一宽80厘米、深70～100厘米、长100厘米的土坑，坑底铺1层干草，然后将已加水拌和的菜籽饼粉(饼、水比为1∶1)倒入坑内，盖上1层干草后覆盖20～30厘米厚的土。这样经过2个月后即可取出饲喂。

(2)氨水处理法　50千克菜籽饼加7%氨水11升，闷盖3～5小时后再放入蒸笼中蒸40～50分钟，取出晒干后即可饲用。

(3)碱处理法　50千克菜籽饼加含纯碱15%的溶液12升，充分拌和后同氨处理法处理。

据报道，由厦门济阳动物营养保健品厂生产的季牌饲毒解，能使菜籽饼中的毒素脱毒率达 98%～100%，脱毒后粗蛋白质含量提高 2%。

**6. 氢氰酸** 亚麻籽、玉米苗、高粱苗等含有氰苷，这些物质本身并无毒，但经家兔消化道水解酶作用下，能产生氢氰酸。氢氰酸能抑制体内多种酶的活性，尤其是迅速与细胞组织含铁呼吸酶结合，阻止呼吸酶递送氧，使细胞组织窒息，家兔缺氧死亡。因此，不能用玉米、高粱幼苗喂兔。此外，苦杏仁、桃仁、枇杷仁、梅仁等含有苦杏仁苷，均可水解释放氢氰酸使家兔中毒。

**7. 黄曲霉毒素** 花生饼等是含蛋白质较多的饲料，由于贮藏不当，极易感染黄曲霉，产生黄曲霉毒素。其种类有 $B_1$、$B_2$、$G_1$、$G_2$、$M_1$、$M_2$ 等，其中以 $B_1$ 毒性最强，可引起家兔中毒和人患肝癌。黄曲霉毒素主要侵害肝脏。患兔表现为精神不振、食欲减退、流涎、口唇皮肤发绀，呼吸急促，有的呈仰天式端坐呼吸；消化功能紊乱，便秘、继而腹泻，粪便恶臭、混有黏液和血液；运动不灵活，最后衰竭死亡。繁殖母兔还表现屡配不孕，孕兔流产，僵胎死胎。剖检可见：胃黏膜脱落，胃底部充血、出血，肠黏膜易剥脱；肝肿大、表面呈淡黄色，肝实质变性、出血、坏死、变硬；胸膜、腹膜、肾、心肌出血，肺充血、出血。

目前对黄曲霉毒素尚无有效脱毒方法，关键在于预防。防止黄曲霉感染的措施是降低花生饼中水分含量，不得超过 12%；在饲料中添加防霉剂如丙酸钠(0.1%)、丙酸钙(1%)等。

在饲料中添加维生素 E、维生素 D、维生素 A 可减轻霉菌毒素中毒程度。

**8. 单宁** 高粱、大麦的子实和菜籽饼等均含有单宁。单宁主要对饲料的适口性、养分(蛋白质、氨基酸)的消化率和利用率有明显影响。因此，在饲料配比中对这些原料的利用应限量。

含单宁高的饲料可通过磨碎、蒸汽制片、磨细粉或爆制等加工方法，改善其饲喂效果。此外，给其中添加特异性酶制剂（SSE），以提高养分利用率。

**9. 皂苷**　具有苦味，存在于苜蓿等豆科牧草和菜籽饼中。皂苷主要对兔的采食量、增重有不良影响，并与饲料中蛋白质结合而干扰蛋白质的消化利用。

**10. 草酸、草酸盐**　主要存在于菠菜、甜菜茎叶、苋菜等青饲料中，这些饲料被家兔采食后其中的草酸在消化道与钙形成不溶性的草酸钙，阻碍了肌体对钙的吸收和利用。同时，草酸进入兔体后与血清中的钙结合，产生沉积，迅速降低血钙水平，导致兔体出现肌肉痉挛等症状。因此，应控制菠菜、甜菜茎叶和苋菜等饲料的饲喂量。

## 八、添加剂

添加剂是为了满足动物特殊需要而加入饲料中的少量或微量营养性或非营养性物质。具体地说，饲料中加入添加剂在于补充饲料营养成分的不足，防止和延缓饲料品质的劣化，提高饲料的适口性和利用率，预防或治疗病原微生物所致兔的疾病，以使家兔正常发育和加速生长，改善兔产品的产量和质量，或定向生产兔产品等。

添加剂的用量极少，但作用极大。家兔配合饲料中应用添加剂，不仅是提高兔产品数量和质量的需要，也是合理利用我国饲料资源的需要。

添加剂的种类很多，常用的有以下几种。

### （一）微量元素添加剂

微量元素添加剂又称生长素。是应用较早且十分普遍的添加剂，与蛋白质、能量、粗纤维一样，也是家兔配合饲料中不可缺少的营养物质。

目前我国兔用添加剂较少,有的当地不易买到,许多养兔场、户用其他畜禽(如鸡、猪等)添加剂来代替兔用添加剂。由于家兔与其他畜禽相比在消化、代谢等生理方面有许多独特之处,故使用效果往往不甚理想。为此,在提高饲养者养兔科学水平的同时,研制开发以提高家兔生产性能、降低发病率和死亡率为目的的兔用添加剂是十分必要的。

**1. 兔宝系列添加剂** 山西省农业科学院畜牧兽医研究所养兔研究室科研人员,针对广大养兔户幼兔死亡率高、生长缓慢、养兔经济效益差等情况,在经过 3 年的多项试验的基础上,研制成功了兔用添加剂——兔宝Ⅰ号,之后又相继开发出兔宝Ⅱ号、Ⅲ号和Ⅳ号系列添加剂。现将兔宝Ⅰ号试验结果分述如下。

兔宝Ⅰ号的试验进行 2 次,均在山西省农业科学院畜牧兽医研究所实验兔场进行。试验 1:用 35 日龄新西兰白兔和丹麦白兔 60 只;试验 2:用 40 日龄新西兰白兔和丹麦白兔 84 只。两次试验均设试验组和对照组,试验组饲粮中添加兔宝Ⅰ号,对照组不加。两次试验结果见表 2-46。

**表 2-46 兔宝 1 号添加剂对生长兔生产性能的影响 (%)**

| 组别 | | 只数 | 始重(克) | 末重(克) | 平均日增重 | 平均日采食量 | 料肉比 |
|---|---|---|---|---|---|---|---|
| 试验 1 | 对照 | 28 | 600.7 | 957.7 | 17.0 | 96 | 5.9 |
| | 试验 | 28 | 593.0 | 1025.7 | 20.7 | 98 | 5.1 |
| 试验 2 | 对照 | 40 | 710.4 | 1430.1 | 25.6 | 81 | 3.21 |
| | 试验 | 40 | 707.3 | 1586.0 | 31.3 | 90 | 2.99 |

| | | 软便 | | 腹泻 | | 死亡 | |
|---|---|---|---|---|---|---|---|
| | | 头数 | % | 头数 | % | 头数 | % |
| 二组平均 | 试验 | 10 | 13.8 | 13 | 18.1 | 2 | 2.8 |
| | 对照 | 13 | 18.3 | 23 | 31.9 | 4 | 5.6 |
| | 差值 | −3 | −4.5 | −10 | −13.8 | −2 | −2.8 |

由上表可见，兔宝Ⅰ号添加剂效果良好。使用兔宝Ⅰ号组日增重提高达22.3%，差异极显著。使饲料利用率提高。对腹泻发病率、死亡率均有良好影响，使软便率、腹泻率、死亡率分别下降了4.5、13.8和2.8个百分点。

试验结束后，经对胴体的水分、粗蛋白质、粗脂肪、粗灰分以及钙、磷、钾、氟、铜、锌和重金属铅、镉的含量测定，结果表明，兔宝Ⅰ号对胴体营养成分和微量元素含量无明显影响。

兔宝Ⅰ号在农村中试验50万头份的反馈结果表明，能有效预防兔腹泻、兔球虫病，幼兔成活率一般可提高20%～50%。加之减少饲料消耗，提高了增重速度，经济效益十分可观。

兔宝Ⅱ号适用于青年兔、成年兔，可以提高种兔的繁殖力；兔宝Ⅲ号适用于产毛兔，可提高产毛量18%；兔宝Ⅳ号适用于商品獭兔，能提高日增重和毛皮质量，降低常见病的发生。

**2. 微量元素添加剂配制技术** 配方设计和配制技术详见家兔饲料配方设计一章。

**3. 兔用矿物质添加剂**

(1)目前使用的兔矿物质添加剂配方 硫酸亚铁5克，硫酸铝、氯化钴各10克，硫酸镁、硫酸铜各15克，硫酸锰、硫酸锌各20克，硼砂、碘化钾各1克，干酵母60克，土霉素20克，将上述物质混匀(碘化钾最后混合)，再取10千克骨粉或贝壳粉、蛋壳粉充分混合，装于塑料袋内保存备用。使用时按1%～2%配入精料中饲喂。

(2)兔用微量元素和维生素预混料配方 见表2-47。该预混料的添加量为配合饲料的1%。

**表 2-47　兔用微量元素和维生素预混料配方**

（每千克预混剂中含量）

| 成　分 | 含　量 | 成　分 | 含　量 |
| --- | --- | --- | --- |
| 维生素 A(国际单位) | 500000 | 铁(毫克) | 1500 |
| 维生素 $D_3$(国际单位) | 150000 | 锰(毫克) | 3000 |
| 维生素 E(毫克) | 4000 | 铜(毫克) | 200 |
| 维生素 $B_1$(毫克) | 3 | 钴(毫克) | 200 |
| 氯化胆碱(毫克) | 50000 | 锌(毫克) | 1000 |
| 尼克酸(毫克) | 1500 | 碘(毫克) | 200 |
| 维生素 C(毫克) | 5000 | | |

(3)Cheeke 推荐的兔用矿物质—维生素预混料配方　见表 2-48。

**表 2-48　兔用矿物质—维生素预混料配方**

| 成　分 | 含　量 | 成　分 | 含　量 |
| --- | --- | --- | --- |
| 磷酸钙(%) | 70 | 硫酸钴(%) | 0.065 |
| 碳酸镁(%) | 13.8 | 硫酸锰(%) | 0.035 |
| 碳酸钙(%) | 7.7 | 碘化钾(%) | 0.005 |
| 氯化钠(%) | 7.7 | 维生素 A(国际单位/千克) | 1000 |
| 氯化铁(%) | 0.535 | 维生素 D(国际单位/千克) | 100 |
| 硫酸锌(%) | 0.1 | 维生素 E(毫克/千克) | 5 |

(4)英国 Jenny Iang《商品兔营养》综述中介绍的全价配合饲粮中推荐矿物质水平　见表 2-49。

**表 2-49　全价配合饲料推荐矿物质水平(风干基础)**

| 矿物元素 | 12周龄前生长兔 | 泌乳兔 | 矿物元素 | 12周龄前生长兔 | 泌乳兔 |
|---|---|---|---|---|---|
| 钙(%) | 0.8 | 1.1 | 氯化物(%) | 0.4 | — |
| 磷(%) | 0.5 | 0.8 | 锌(毫克/千克) | 50 | — |
| 钾(%) | 0.8 | 0.9 | 铜(毫克/千克) | 5 | — |
| 镁(%) | 0.4 | — | 钴(毫克/千克) | 1 | — |
| 钠(%) | 0.4 | — | | | |

**(二)氨基酸添加剂**

目前作为饲料添加剂的氨基酸主要有以下几种。

**1. 蛋氨酸**　主要有 DL-蛋氨酸和 DL-蛋氨酸羟基类似物(MHA)及其钙盐(MHA-Ca)。此外，还有蛋氨酸金属络合物，如蛋氨酸锌、蛋氨酸锰、蛋氨酸铜等。

DL-蛋氨酸为白色至淡黄色结晶或结晶性粉末，易溶于水，有光泽，有特异性臭味。一般饲料的纯品要求含 $C_5H_{11}NO_2S$ 在 98.5%以上。近些年还有部分 DL-蛋氨酸钠(DL-MetNa)应用于饲料。

蛋氨酸羟基类似物在家兔体内可能变为蛋氨酸而发挥作用，是由美国孟山都公司生产。作为商品用的主要是孟山都产品干燥 MHA，外观为深褐色黏液，带有硫化物的特殊气味，含水约 12%，因其成本低于蛋氨酸，而受到用户欢迎。

羟基蛋氨酸钙又称 MHA-Ca。是羟基蛋氨酸的钙盐，外观为浅褐色粉末或颗粒，带有硫化物的特殊气味，溶于水。商品羟基蛋氨酸钙含量＞97%，其中无机钙盐含量＜15%。

N-羟基蛋氨酸钙商品名为麦普伦，由德国迪高沙公司研制生产。外观为可自由流动的白色粉末，带有硫化物的特殊气味，蛋氨酸含量＞67.6%，其中钙含量＜9.1%。

蛋氨酸金属络合物随着价格的降低，将更广泛地应用于家兔饲料生产中。

一般动物性蛋白质内含有丰富的蛋氨酸，而植物性蛋白质内则缺乏蛋氨酸，故家兔饲粮中缺乏鱼粉等动物性蛋白质饲料时，要注意补充蛋氨酸添加剂。一般添加量为0.05%～0.3%。

**2. 赖氨酸** 目前作为饲料添加剂的赖氨酸主要有L-赖氨酸和DL-赖氨酸。因家兔只能利用L-赖氨酸，所以兔用赖氨酸添加剂主要为L-赖氨酸。对DL-赖氨酸产品，应注意其标明的L-赖氨酸含量保证值。

作为商品的饲用级赖氨酸，通常是纯度为98.5%以上的L-赖氨酸盐酸盐，相当于含赖氨酸(有效成分)78.8%以上，为白色至淡黄色颗粒状粉末，稍有异味，易溶于水。

除豆饼外，植物性饲料中赖氨酸含量低，特别是玉米、大麦、小麦中甚缺，且麦类中的赖氨酸利用率低。动物性饲料中鱼粉的赖氨酸含量高，肉骨粉中的赖氨酸含量低、利用率低。所以当饲料中缺乏鱼粉或蛋白质水平较低时，应注意补充赖氨酸，以节约蛋白质，促进家兔生长和改善胴体品质。一般饲料中添加L-赖氨酸量为0.05%～0.2%。

**3. 色氨酸** 作为饲料添加剂的色氨酸有DL-色氨酸和L-色氨酸，均为无色至微黄色晶体，有特异性气味。

色氨酸属第三或第四限制性氨基酸，是一种很重要的氨基酸，具有促进r-球蛋白的产生，抗应激，增强兔体抗病力等作用。一般饲粮中添加量为0.1%左右。

**4. 苏氨酸** 作为饲料添加剂的主要有L-苏氨酸，为无色至微黄色结晶性粉末，有极弱的特异性气味。在植物性低蛋白质饲粮中，添加苏氨酸效果显著。一般饲粮中添加量为0.03%左右。

### (三)维生素添加剂

维生素添加剂指人工合成的各种维生素化合物商品,不包括某种维生素含量高的青绿多汁饲料。

**1. 各种维生素的规格要求**

(1)维生素 A　常作饲料添加剂的维生素合成制品,以维生素 A 乙酸酯和维生素 A 棕榈酸酯居多。维生素 A 乙酸酯为淡黄色至红褐色球状颗粒,维生素 A 棕榈酸酯为黄色油状或结晶固体。维生素 A 添加剂型有油剂、粉剂和水乳剂。目前我国生产的饲料维生素 A 多为粉剂,主要有微粒胶囊和微粒粉剂。

维生素 A 的稳定性与饲料贮藏条件有关,在高温、潮湿以及有微量元素和脂肪酸败情况下,维生素 A 易氧化而失效。

(2)维生素 D　作为饲料添加剂,多用维生素 $D_3$,外观呈奶油色细粉,含量为 10 万～50 万国际单位/克,剂型有微粒胶囊、微粒粉剂、β-环糊精包被物和油剂等。鱼肝油中维生素 D 是维生素 $D_2$ 和维生素 $D_3$ 的混合物,维生素 AD 制剂也是常用的添加形式。

维生素 $D_3$ 稳定性也与贮藏条件有关,即在高温、高湿及有微量元素情况下,受破坏加速。

(3)维生素 E　维生素 E 添加剂多由 D-α-生育酚乙酸酯和 DL-α-生育酚乙酸酯制成,外观呈淡黄色黏稠油状液。商品剂型有粉剂、油剂和水乳剂。

维生素 E 在温度 45℃条件下可保存 3～4 个月,在配合饲料中可保存 6 个月。

(4)维生素 K　作为饲料添加剂多为维生素 K 制品,有以下剂型。

①亚硫酸氢钠甲萘醌(MSB):商品剂型有 2 种:一种是含量为 94％的高浓度产品,稳定性差,但价格低廉;另一种是含量为 50％的产品,用明胶微囊包被而成,稳定性好。

②亚硫酸氢钠甲萘复合物(MSBC):系一种晶体粉状维生素K添加剂,稳定性好,是目前使用最广泛的维生素K制剂。

③亚硫酸嘧啶甲萘醌(MPB):是最新产品,含活性成分50%,是稳定性最好的一种剂型,但具有一定毒性,应限量使用。

维生素K在粉状料中较稳定,对潮湿、高温及微量元素的存在较敏感,饲料制粒过程中有损失。

(5)B族维生素及维生素C添加剂　其规格要求见表2-50。

**表2-50　B族维生素及维生素C的规格要求　(%)**

| 种　类 | 外　观 | 含　量 | 水溶性 |
|---|---|---|---|
| 盐酸$B_1$ | 白色粉末 | 98 | 易溶于水 |
| 硝酸$B_1$ | 白色粉末 | 98 | 易溶于水 |
| 维生素$B_2$ | 橘黄色至褐色细粉 | 96 | 很少溶于水 |
| 维生素$B_6$ | 白色粉末 | 98 | 溶于水 |
| 维生素$B_{12}$ | 浅红色至浅黄色粉末 | 0.1～1 | 溶于水 |
| 泛酸钙 | 白色至浅黄色 | 98 | 易溶于水 |
| 叶　酸 | 黄色至橘黄色粉末 | 97 | 水溶性差 |
| 烟　酸 | 白色至浅黄色粉末 | 99 | 水溶性差 |
| 生物素 | 白色至浅褐色粉末 | 2 | 溶于水或在水中弥散 |
| 氯化胆碱(固态) | 白色至褐色粉末 | 50 | 部分溶于水 |
| 维生素C | 无色结晶,白色至淡黄色粉末 | 99 | 溶于水 |

**2. 使用维生素饲料应注意的事项**

第一,维生素添加剂应在避光、干燥、阴凉、低温环境下分类贮藏。

第二,目前家兔饲料中添加的维生素多使用其他畜禽所用维生素添加剂,这时应按兔营养标准中维生素的需要量,再根据所用维生素添加剂其中活性成分的含量进行折算。

第三，饲料在加工（如制粒）、贮藏过程中的损失，因维生素种类、贮藏条件不同，损失大小不同，需要量的增加比例也不同（表2-51，表 2-52，表 2-53）。

**表 2-51　影响畜禽维生素需要量的各种因素及其增加比例**

| 影响因素 | 受影响的维生素 | 维生素需要量的增加比例(%) |
|---|---|---|
| 饲料组成 | 全部维生素 | 提高 10～20 |
| 环境温度 | 全部维生素 | 提高 20-30 |
| 舍饲笼养 | B 族维生素、维生素 $K_3$ | 提高 40～80 |
| 使用未经稳定处理的过氧化脂肪 | 维生素 A、维生素 E，维生素 $D_3$、维生素 $K_3$ | 提高 100 或更多 |
| 采用亚麻籽饼 | 维生素 $B_6$ | 提高 50～100 |
| 肠道有寄生虫（球虫、线虫等） | 维生素 A，维生素 $K_3$ 和其他 | |

**表 2-52　维生素在预混料、颗粒饲料中的稳定性　（损失/月）(%)**

| 饲料种类 | 维生素 | | | | |
|---|---|---|---|---|---|
| | 氯化胆碱 | 核黄素、烟酯、叶酸、维生素 E、泛酸、维生素 $B_{12}$、生物素 | 叶酸、维生素 A、维生素 $D_3$、吡哆醇、硝酸硫素 | 盐酸硫胺素 | 甲萘醌抗坏血酸 |
| 不含微量元素和胆碱的预混料 | 0 | ＜0.5 | 0.5 | 1 | 1 |
| 含微量元素和胆碱的预混料 | ＜0.5 | 5 | 8 | 15 | 30 |
| 颗粒饲料 | 1 | 3 | 6 | 10 | 25 |
| 稳定性 | 很高 | 高 | 中 | 低 | 很低 |

表 2-53 B族维生素、维生素C添加剂在配合饲料中的稳定性

| 种 类 | 稳 定 性 |
| --- | --- |
| B族维生素 | 在饲料中每月损失1%～2%，对高温氧化剂、还原剂敏感，pH值3.5时最适宜 |
| 维生素 $B_2$ | 一般每年损失1%～2%，但有还原剂和碱存在时，稳定性降低 |
| 维生素 $B_6$ | 正常情况下每月损失不到1%，对高温、碱和光较敏感 |
| 维生素 $B_{12}$ | 每月损失1%～2%，但在高浓度氯化胆碱、还原剂及强酸条件下，损失加快，在粉料中很稳定 |
| 泛 酸 | 一般每月损失约1%，在高湿、高温和酸性条件下损失加快 |
| 烟 酸 | 正常情况下，每月损失不到1% |
| 生物素 | 正常情况下，每月损失不到1% |
| 叶 酸 | 在粉料中稳定，对光敏感，pH值<5时稳定性差 |
| 维生素C | 对制粒和微量元素敏感，室温下贮藏4～8周损失10% |

影响家兔维生素需要量及饲料中添加量的各种因素可参考表2-51，表2-52，表2-53。此外，家兔在转群、刺号、注射疫苗时，可增加维生素A、维生素E、维生素C和某些B族维生素，以增强抗病力。为此目的添加的维生素需增加1倍或更多的添加量。

**(四)抗生素及合成药物添加剂**

表2-54汇总了一些研究者对某些药物添加剂的试验结果，供参考。

表 2-54　家兔饲料中添加抗生素的剂量和作用

| 药剂名称 | 剂量（毫克/千克） | 日增重 | 饲料利用率 | 腹　泻 | 球虫病 |
|---|---|---|---|---|---|
| 黄霉素 | 5 | ± | ＋＋ | ± | ± |
| Ronicalao | 15～60 | ＋＋ | ＋＋ | ± | ± |
| 硫酸铜 | 100～200 | ＋＋ | ＋ | ＋ | ＋ |
| 盐霉素 | 25～50 | ± | ＋＋ | ± | ＋＋ |
| Taomyxin | 13 | ＋ | ＋ | ＋ | ± |
| 土霉素 | 20 | ＋ | ＋＋ | ＋ | ± |
| 维得尼霉素 | 20 | ＋ | ＋ | ± | ± |
| 杆菌肽锌 | 50 | ＋＋ | ± | ± | ± |
| 卡巴多 | 30 | ＋＋ | ＋ | ＋ | ± |

注：＋积极趋势，＋＋效果明显，±无作用或效果不明显

### (五)饲用酶制剂

酶是一种具有生物催化作用的大分子蛋白质，是一种生物催化剂。酶具有严格的专一性和特异性，动物体内的各种化学变化几乎都在酶的催化作用下进行。利用从生物中（包括动物、植物和微生物）提取出的具有酶特性的制品，称为酶制剂。酶制剂作为一种安全、无毒的新型饲料添加剂，正受到人们的关注，目前饲用酶已达 20 多个品种。

**1. 饲料中添加酶的目的**　①弥补幼兔消化酶的不足。动物对营养物质的消化是靠自身的消化酶和肠道微生物的酶共同实现的。动物在出生后的相当一段时间内，分泌消化酶的功能不完全，各种应激如断奶、刺号、注射疫苗等，造成消化道内酶的分泌量降低，因此幼兔饲粮中加入一定量的外源酶，可使其消化道较早地获得消化功能，并对外源酶进行调整，使之适应饲料的要求。②提高饲料的利用率。植物子实类是动物主要营养物质来源，但它们含

有复杂的三维结构构成的细胞壁，是营养成分的保护层，从而影响动物的消化吸收。这些植物性原料的细胞壁都是由抗营养因子非淀粉多糖(NSP)组成，包括阿拉伯，木聚糖、β-葡萄糖、戊聚糖、纤维素和果胶质等。因为单胃动物不分泌 NSP 酶，因此用外源的 NSP 酶催化细胞壁，有利于细胞内容物蛋白质、淀粉和脂肪等养分从细胞中释放，同时缓解可溶性 NSP 导致的食糜黏度过大，使之充分发挥消化道内的酶作用，提高这些养分的消化率。NSP 酶可使 NSP 分解为可利用的糖类。一般来说，饲料利用率提高达 6%～8%，幼年动物比成年动物提高的幅度大。③减少动物体内矿物质的排泄量，减轻对环境的污染。④增强幼畜对营养物质的吸收。

**2. 常用的饲用酶制剂**

(1)单一酶制剂　目前来看，最具有应用价值的单一酶制剂大致有以下 5 类：

①蛋白酶：是分解蛋白质或肽键的一类酶，有酸性、中性和碱性 3 种。

②淀粉酶：主要有淀粉酶和糖化酶。

③脂肪酶：是水解脂肪分子中甘油酯键的一类酶。

④植酸酶：可将植酸(盐)水解为正磷酸和肌醇衍生物，其中磷被动物利用。目前市场上有荷兰生产的商品名为自然磷和美国生产的澳吉美植酸酶。

⑤非淀粉多糖酶：对家兔来说，添加此类酶是有效的，分为纤维酶、半纤维素酶(包括木聚糖酶、甘露聚糖酶、阿拉伯聚糖酶和聚半乳糖酶等)、果胶酶、葡萄糖酶等。

(2)复合酶制剂　是由一种或几种单一酶制剂为主体加上其他单一酶制剂混合而成，或由一种或几种微生物发酵获得。复合酶制剂可同时降解饲料中的多种需要降解的底物(多种抗营养因子和多种养分)，可最大限度地提高饲料的营养价值。目前国内外饲用酶制剂产品多为复合酶制剂，其主要有以下几类。

①以β-葡聚糖酶为主的饲用复合酶：此类酶制剂主要应用于以大麦、燕麦为主要原料的饲料。

②以蛋白酶、淀粉酶为主的复合酶制剂：此类酶制剂主要用于补充动物内源酶的不足。

③以纤维素酶、果胶酶为主的饲用复合酶：此类复合酶主要由木霉、曲霉和青霉直接发酵而成。主要作用是破坏植物细胞壁，使细胞中的营养物质释放出来，供进一步消化吸收，并能消除饲料中抗营养因子，降低胃肠道内容物黏稠度，促进动物消化吸收。

④以纤维素酶、蛋白酶、淀粉酶、糖化酶、果胶酶为主的饲用复合酶：此类复合酶综合了各酶系的共同特点，具有更强的助消化作用。

**3. 酶制剂在家兔中的使用效果**　据报道：生长獭兔饲粮中添加0.75%～1.5%的纤维素酶(酶活性40000单位/克)，日增重提高16.88%～20.55%，效果显著；饲粮中添加0.75%纤维素酶和1.5%酸性蛋白酶(酶活性为4000单位/克)，日增重提高22.82%，效果极显著；对屠宰性能和产品质量无明显影响。

使用酶制剂时要注意：①根据产品说明、酶活性确定适宜添加量。②若加工颗粒饲料，则要选择耐热稳定性好的产品。

## (六)微生态饲料添加剂

微生态饲料添加剂又叫活菌制剂、生菌剂。是指一种可通过改善肠道菌群平衡而对动物施加有利影响的活微生物饲料添加剂。具有无残留、无副作用、不污染环境、不产生抗药性、成本低、使用方便等优点，是近年来出现的一类绿色饲料添加剂。

**1. 微生态制剂的种类**　①根据其用途及作用机制分为微生物生长促进剂和微生物生态治疗剂(益生素)。②根据制剂的组成可分为单一菌剂和复合菌剂。③依据微生物的种类可分为芽胞杆菌类、乳酸菌类和酵母菌类微生态制剂。

**2. 微生态制剂用于家兔的主要作用**

第一，维持家兔体内正常的微生态区平衡，抑制、排斥有害的病原微生物。

第二，提高消化道的吸收功能。

第三，参与淀粉酶、蛋白酶以及B族维生素的生成。

第四，促进过氧化氢的产生，并阻止肠道内细菌产生胺，减少腐败有毒物质的产生和防止腹泻。

第五，有刺激肠道免疫系统细胞提高局部免疫力及抗病力的作用。

**3. 使用微生态制剂时应注意的事项**

(1)注意制剂的保存环境　芽胞类活菌制剂在常温下保存即可，但必须保持厌氧环境，因芽胞杆菌在有氧条件下会很快繁殖。非芽胞类活菌制剂宜低温避光保存，否则微生物极易死亡。

(2)注意制剂与饲料的混合　饲料在加工过程中，如粉碎尤其是制粒时会出现短暂的高温，一些不耐热的活菌制剂如乳酸菌类和酵母制剂，应在制粒后添加使用。而芽胞杆菌类和有胶囊包被的活菌制剂，因能耐瞬间高温，可直接混合入饲料中制粒。

饲料混合时，活菌制剂会受到来自饲料原料，尤其是矿物质颗粒的挤压、摩擦，使菌体细胞膜(壁)受损而死亡。故除芽胞杆菌和胶囊包被的活菌制剂外，一般制剂均应用较软的饲料原料如玉米面等混合后再与其他原料混合。

饲料中的微量元素、矿物质、维生素等均会发生一系列的氧化—还原反应及pH值变化，从而对活菌制剂产生一定的影响，所以活菌制剂混入饲料后最好当天用完。

(3)注意菌种的选择　不同菌种其作用和效果有差异。如粪链球菌在消化道内生长速度最快，与大肠杆菌相似，且能分泌大肠杆菌干扰素，故该制剂防治腹泻效果最好。其他菌种的生长速度依次为：乳酸菌、酵母菌，而芽胞杆菌在肠道中不能繁殖，对治疗腹泻效果差。此外，动物种类不同，对菌种的要求也不同，适宜于家兔的菌株一般为乳酸菌、芽胞杆菌、真菌等。

(4)注意制剂的含菌量及保存期　我国规定，芽胞杆菌制剂每克含菌量不少于5亿个。用作治疗时，动物每天用量(以芽胞杆菌为例)为15亿～18亿个；用作饲料添加剂时，一般按配合饲料的0.1%～0.2%添加。若产品中活菌数不足，则影响使用效果。此外，随着保存期的延长，活菌数不断减少，所以产品应在保存期内使用。

(5)抗生素的预处理　如有高浓度的有害微生物栖居在肠道中或有益菌不能替代有害菌时，会使制剂的功效减弱，所以在外界条件不利或卫生条件较差的情况下，使用活菌制剂前先用抗生素作预处理，以提高作用效果。但活菌制剂不能与抗生素、消毒剂或具有抗菌作用的中草药同时使用。

(6)慎重与其他添加剂配合　活菌制剂因具有活菌的特点，不能与其他添加剂随意混合，须先进行试验，以不降低制剂的活菌数为混合的标准。

**4. 家兔使用微生态制剂的效果**　据笔者试验，肉兔饲粮中添加0.1%～0.2%益生素(山西省农业科学院生物工程室提供)，兔的腹泻发病率降低。另据报道，肉兔饲粮中添加0.2%益生素(益生素由2株腊样芽胞杆菌和1株地衣芽胞杆菌组成，每克含活菌数$1\times10^9$个)，试验35天内，日增重较对照组提高11.9%、料肉比下降约10%。

### (七)低聚糖

低聚糖又称寡糖，是由2～10个单糖通过糖苷链连接起来形成直链或支链的一类糖。由于它不仅具有低热、稳定、安全无毒等良好的理化性质，还具有整肠和提高免疫等保护功能，其作用效果优于抗生素和益生素，被称为新型绿色饲料添加剂。低聚糖是动物肠道内有益的增殖因子，大部分能被有益菌发酵，从而抑制有害菌的生长，提高动物防病能力。目前主要有低聚果糖、半乳聚糖、葡萄糖低聚糖、大豆低聚糖、低聚异麦芽糖等。

低聚果糖广泛存在于菊芋、芦笋、洋葱、大蒜、黑麦等植物体内，是一种天然生物活性物质。低聚果糖作为一种功能性低聚糖，能促进如双歧杆菌等有益菌增殖，抑制有害菌的发育，促进钙、磷等矿物质元素的吸收，提高动物的生产性能。

异麦芽寡糖(Isomalto oligosaccharides)就是α-寡葡萄糖(α-GOS)，分子中至少有一个通过G-1,6糖苷键结合的异麦芽糖，其他的葡萄糖分子可以通过α-1,2、α-1,3、α-1,4糖苷键组成寡聚糖。异麦芽寡糖因其生产原料主要是淀粉，来源丰富，是极有发展和应用前途的寡糖品种。

### (八)糖萜素

糖萜素是浙江大学生物活性中心从油茶饼粕和菜籽粕中提取的一种天然活性物质，主要是糖类、三萜皂苷类与有机酸组成的混合物，呈黄色或棕色粉末，味微苦而辣，有效成分稳当，与其他饲料添加剂和药物均无配伍忌禁。据报道，糖萜素能提高动物机体神经内分泌免疫功能，具有清除自由基和抗氧化作用。糖萜素可替代抗生素生产绿色饲料，为人类提供安全食品。据任克良等(2003)报道，饲粮中添0.04%糖萜素，兔群腹泻发病只数、死亡数较对照组(喹乙醇组)低。试验表明，家兔饲粮中糖萜素替代喹乙醇是可行的。

### (九)大蒜素

大蒜素是以大蒜鳞茎为原料提取的产品，也可化工合成，目前作为饲料添加剂使用的大蒜素绝大部分是化工合成的产物。

大蒜素作为饲料添加剂具有增加食欲、抗菌，提高畜禽成活率和增加畜禽产品风味等作用。大蒜素可抑制痢疾杆菌、伤寒杆菌繁殖，对葡萄球菌、肺炎球菌等有明显的抑制灭杀作用。临床上口服大蒜素可治疗动物肠炎、下痢、食欲不振等。家兔饲粮中添加剂量因不同目的而异，用作诱食时 50 克/吨，用作促生长时 100～200 克/吨，替代抗生素时添加 150～250 克/吨。

### (十)驱虫保健剂

**1. 抗蠕虫药**　蠕虫是一些多细胞寄生虫，其大小、外形、结构以及生理上很不相同，主要分为线虫、吸虫、绦虫。蠕虫病是家兔普遍感染也是危害较大的一类寄生虫病。大多数蠕虫通过虫体寄生夺取宿主营养，以及幼虫在移行期引起广泛组织损伤和释放蠕虫毒素对兔体造成危害，使生长速度和生产性能下降，因而严重影响家兔生产。某些蠕虫病还能危害人类健康。

抗蠕虫剂主要作用是驱除家兔体内的寄生蠕虫，保证家兔健康生长。同时降低环境中虫卵的污染，减少再次感染的机会，对其他健康家兔起到预防作用。

(1)噻苯咪唑(噻苯唑)　为苯并咪唑类驱虫药，化学名称为2-(4-噻唑)苯并咪唑。为一种稳定的白色或米黄色粉末或结晶性粉末，味微苦，无臭。

噻苯咪唑为广谱、高效、低毒驱虫药，对动物的多种胃肠线虫(图 2-2)有高效驱虫作用，对肺线虫和矛形双腔吸虫也有一定作用。

使用剂量按 30～50 毫克/千克体重，内服。

(2)甲苯咪唑　化学名 5-苯甲酰-2-苯并咪唑氨基甲酸甲酯，为淡黄色无定形粉末，无臭，无味，微溶于水，溶于甲酸。

甲苯咪唑对多种线虫有效，对兔豆状囊尾蚴也有效，用量按 30 毫克/千克体重，1 次口服。家兔用药后 7 天内不得屠宰供人食

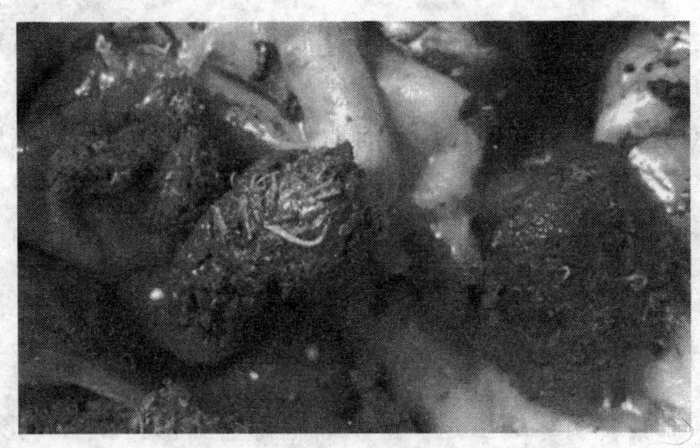

图 2-2 线虫病

用。

(3)丙硫苯咪唑 为白色粉末,无臭,无味。不溶于水,微溶于有机溶剂。

丙硫苯咪唑主要用于兔线虫、豆状囊尾蚴、肝片吸虫病等。按 20 毫克/千克体重内服,每天 2 次。用药后 10 天内不得屠宰供人食用。

(4)氟苯咪唑 为白色或类白色粉末,无臭,不溶于水、甲醇和氯仿,略溶于稀盐酸中。

氟苯咪唑用于治疗兔各种线虫病。按 5 毫克/千克体重,1 次口服。用药后 7 天内不得屠宰供人食用。

(5)左旋咪唑(左咪唑) 为噻咪唑的左旋异构体,常用其盐酸盐和磷酸盐。

左旋咪唑属广谱、高效、低毒驱虫药,用于防治兔各种线虫病。片剂,按 25 毫克/千克体重内服,每天 1 次。用药后 28 天内不得屠宰供人食用。

(6)伊维菌素(害获灭) 系由链霉菌发酵后分离提取的阿维菌素,经化学还原后制成的阿维菌素半合成衍生物。本品为白色结晶性粉末，微溶于水，易溶于乙醇等有机溶剂。

伊维菌素属广谱、高效抗寄生虫药。对各种线虫、昆虫和螨（图 2-3）均具有驱虫活性。伊维菌素剂型有注射剂（皮下注射）、粉剂、片剂、胶囊、预混剂（口服）以及浇泼剂（外用）等，可按产品使用说明用药。用于兔体内线虫以及体外螨病的治疗。

**图 2-3　螨　病**　（任克良）

(7)吡喹酮（环吡异喹酮）　为白色、类白色结晶性粉末，味苦，不溶于水，易溶于乙醇。

吡喹酮主要用于兔血吸虫病、豆状囊尾蚴病（图 2-4）等，按 100 毫克/千克体重内服，第一次给药后隔 24 小时再给药 1 次。

(8)硝氯酚（拜耳 9015）　为黄色结晶性粉末，无臭，不溶于水。用于治疗兔肝片吸虫病，具有疗效高、毒性小、用量少等特点，使用按 1～2 毫克/千克体重肌内注射。用药后 15 天内不得屠宰供人食用。

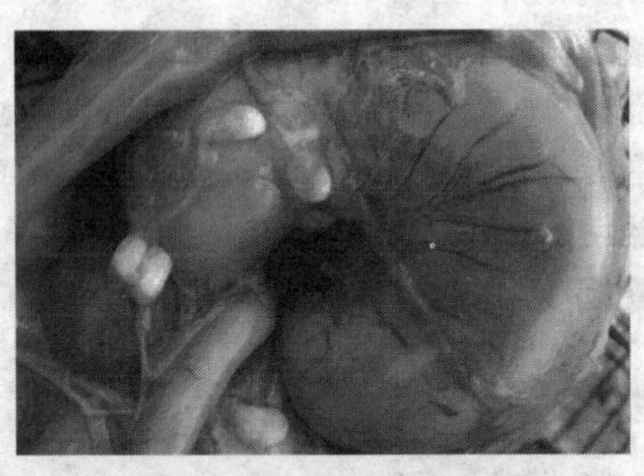

**图 2-4　兔囊尾蚴病**　(任克良)

(9)肝蛭净(三氯苯咪唑)　为白色或类白色粉末,不溶于水,能溶于甲醇。

肝蛭净是一种新型驱吸虫药,是唯一的对各期肝片吸虫均有杀灭作用的药物。剂量按 10～12 毫克/千克体重 1 次内服,对兔肝片吸虫病的幼虫、成虫有很好的驱杀作用。

(10)蛭得净(溴酚磷)　为白色结晶性粉末,易溶于甲醇、丙酮,几乎不溶于水。为新型驱肝片吸虫药,按 12 毫克/千克体重加水口服,对成虫效果较好,对幼虫效果较差。

(11)氯硝柳胺(灭绦灵)　为淡黄色粉末,无味。几乎不溶于水,微溶于乙醇等。本品为较新的灭绦虫药,对多种绦虫均有高效。也具有杀灭钉螺的作用。片剂,按 100 毫克/千克体重内服,每天 1 次,可有效治疗兔绦虫病。

**2. 抗球虫药**　兔球虫病(图 2-5)是危害家兔生产的重要疾病之一,常造成幼兔的大批死亡,给养兔业带来巨大损失。由于目前尚未研制出兔球虫疫苗,用药物防治兔球虫仍是一条重要措施。抗球虫药物种类繁多,防治效果多呈动态变化。为此,了解药物的特性和效果,选择适合的药物和用药方法,十分重要。理想药应是广谱高效、毒性小、残留量低,不影响兔对球虫产生免疫力,性能稳定、便于贮藏,适口性好,价格低廉。现将目前常用药物特殊效果、注意事项分述如下。

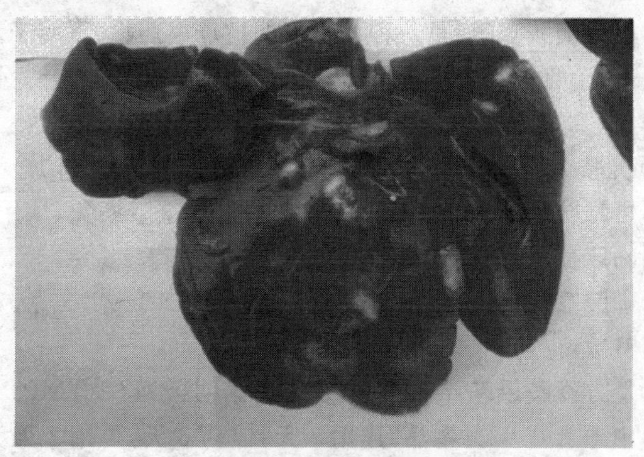

图 2-5　肝球虫病　（任克良）

(1)磺胺类药物　对治疗已发生的感染优于别的药物，临床上主要用作治疗用，不以连续方式作预防用。该类药中的 2 种合用，尤其是磺胺药和二胺嘧啶类药合用，对球虫产生协同作用。该类药物易产生耐药性，故应与其他抗球虫药交替使用。

①磺胺喹噁啉(SQ)：预防剂量：0.05%饮水；治疗量：0.1%饮水。二甲氧苄胺嘧啶(DVD)有促进 SQ 的作用，SQ 和 DVD 以 4∶1 比例按每千克体重 0.25 克剂量使用，能取得满意效果。该药使用时间过长，可引起家兔循环障碍，肝、脾出血或坏死。

②磺胺二甲氧嘧啶(SDM)：是一种新型最有效的磺胺药，特别适合于哺乳或怀孕母兔。加入饮水中使用时，治疗剂量为 0.05%～0.07%，预防剂量为 0.025%；按体重使用时，第一天每千克体重 0.2 克，以后为每千克体重 0.1 克，间隔 5 天重复 1 个疗程。药品与饲料比例为：第一天以 0.32%浓度拌料，而以后 4 天的剂量为 0.15%浓度拌料。SDM 和增效剂 DVD 按 3∶1 配合，推荐剂量：0.25%拌于饲料中，抗球虫效果更好。用于治疗兔球虫

病的程序为用药3天,停药10天。

③甲醛磺胺嘧唑:是一种相当好的抗球虫药物,不溶于水。预防剂量:每千克饲料中添加0.3～0.5克;治疗剂量:每千克饲料中添加0.5～0.8克。

④磺胺二甲嘧啶(SM):一般用药宜早。饲料加入本品0.1%,可预防兔球虫病。以0.2%饮水治严重感染兔,饮用3周,可控制临床症状,并能使兔产生免疫力。

⑤磺胺嘧啶钠:应用剂量为每千克体重0.1～0.5克,对肝球虫病有良效。

⑥复方磺胺甲基异噁唑:即复方新诺明(SMZ+TMP)。预防时饲料中加入0.02%本品,连用7天,停药3天,再用7天为1个疗程,可进行1～2个疗程;治疗时,饲料中添加0.04%本品,连用7天,停药3天,必要时再用7天,能降低病兔死亡率。

⑦磺胺氯吡嗪(SCP,$ESb_3$):又名三字球虫粉。是一种较好的抗球虫药。预防时,按0.02%饮水或按0.1%混入饲料中,从断奶至2月龄,有预防效果;治疗时,按每天每千克体重50毫克混入饲料中给药,连用10天,必要时停药1周后再用10天,该药宜早用。

(2)氯苯胍　又名盐酸氯苯胍或双氯苯胍。属低毒高效抗球虫药,白色结晶粉末,有氯化物特有的臭味,遇光后颜色变深。饲料中添加0.015%氯苯胍,从开始采食连续喂至断奶后45天,可预防兔球虫病。紧急治疗时剂量为0.03%,用药1周后改为预防量。此外,氯苯胍还有促进家兔生长和提高饲料报酬的功效。由于氯苯胍有异味可在兔肉中出现,所以屠宰前1周应停喂。值得注意的是:由于兔球虫抗药性的产生非常快,长期使用该药,易产生抗药性,因此,该药在有些地区预防效果不理想,故应几种抗球虫药交替使用。

(3)莫能霉素(Monensin)　也称莫能菌素。按0.002%混合于饲料中拌匀或制成颗粒饲料,饲喂断奶至60日龄幼兔有较好预防作用。在球虫严重污染地区或兔场，用 0.004％剂量混于饲料中饲喂，可以预防和治疗兔球虫病。

另据报道，以莫能霉素、复方磺胺甲基异恶唑、鱼肝油和酵母 4 种药物组成的合剂，对治疗兔球虫效果最佳。

(4)马杜拉霉素　又称加福、抗球王、抗球皇、杜球。属于聚醚类离子载体抗生素。预防剂量与中毒剂量十分接近，临床上随意加大剂量或搅拌不匀，均可引起中毒、死亡。兔的马杜拉霉素中毒症状见图 2-6。笔者建议养兔户禁止使用本药。

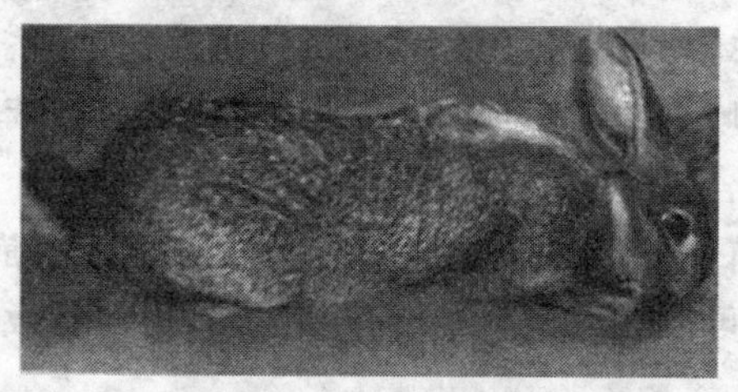

**图 2-6　马杜拉霉素中毒病兔**

食欲废绝，嘴着地　（任克良）

(5)乐百克　即 Lerbek 的中文名，由 0.02％氯羟吡啶和 0.00167％苄氧喹甲酯配合组成。预防剂量为 0.02％，治疗剂量为 0.1％。

(6)甲基三嗪酮　商品名 BayCox(百球清)，主要含甲基三嗪酮，对家兔所有球虫有效。作用于球虫生活史所有细胞内发育阶段的虫体，可作为治疗兔球虫病的特效药物。使用方法为：每天饮用药物浓度为 0.0025％的饮水，连喂 2 天，间隔 5 天，再服 2 天，即可完全控制球虫病，卵囊排出为零，对增重无任何影响。预防剂量：0.0015％饮水，连饮 21 天。但应注意，若本地区饮水硬度极高和 pH 值低于 8.5 的地区，饮水中必须加入碳酸氢钠(小苏打)以使水的 pH 值调整到 8.5～11 的范围内。

(7)扑球　其主要活性成分是氯嗪苯乙氰(Diclazuril)，商品名有Clinacox(刻利禽)、伏球、杀球灵、地克珠利、威特神球等。系20世纪80年代后期推出的抗球虫新药,由比利时杨森制药公司研制。该药在90年代中期我国也研制成功。0.0001%的浓度(饲料或饮水)连续用药是最佳选择。对预防家兔肝球虫、肠球虫均有极好的效果。卵囊计数阴性,肝重正常,无肝病变,生长正常,饲料转化率正常,在肝球虫病潜隐期以0.0001%浓度连续用药7天,导致卵囊数、病变记分剧减,肝重和兔生长发育正常。因此,饲料(或饮水)中添加0.0001%浓度,对氯苯胍有抗药性的虫株仍然对该药敏感,卵囊总数减少99.9%,而且无任何临床表现。因此,该药应作为预防兔球虫病的首选药物。另据报道,氯嗪苯乙氰是一种非常稳定的化合物,即使在60℃的过氧化氢中8小时亦无分解现象。置于100℃的沸水中5天,其有效成分也不会崩解流失。因此生产实践中可以混入饲料中制作颗粒料,而对药效无任何影响。

(8)球痢灵　学名二硝甲苯酰胺,为广谱抗球虫药。对球虫的裂殖体有强烈的抑制作用,不影响家兔对球虫的自身免疫力,是良好的预防球虫病的药物,疗效也较高。按每千克体重50毫克内服,每天2次,连用5天,可有效防止球虫病暴发。

(9)常山酮　商品名为速丹。是广谱、高效、低毒抗球虫药,是从中草药"常山"中提取出的生物碱。家兔饲料中添加0.0003%本药,可杀死全部球虫卵囊。若用常山酮、聚苯乙烯、磺酸钙,则浓度为0.004%～0.005%,对预防兔球虫病有良效。

(10)中草药

①海带粉:海带中含有碘,对球虫具有较强的杀灭和抑制功能。海带先用水浸泡5～6小时去腥味,晒干后再上锅焙炒,磨成粉剂。饲料中添加剂量为2%,可有效预防兔球虫病。

②马蔺叶:每兔每日添喂100克马蔺叶,可有效治疗兔球虫病。家兔因球虫病引起的死亡率可由71.8%下降至2%。

③硫黄粉：据报道，饲料中添加1.5%～2%的硫黄粉，可预防兔球虫病，而且有显著的促生长作用。

④球虫九味散：白僵蚕32克，生大黄16克，桃仁泥16克，土鳖虫16克，生白术10克，桂枝10克，白茯苓10克，泽泻10克，猪苓10克。混合研末，内服，每日2次，每次3克。病初服用效果显著。

⑤四黄散：黄连6克，黄柏6克，大黄5克，黄芩15克，甘草8克。混合研末，内服。每日2次，每次2克，连服喂5天。可防兔球虫病和巴氏杆菌病。

⑥常胡散：常山40%，柴胡40%，甘草20%。共研细末。每兔日喂5克，连喂5天。可防治兔球虫病。

(11)其他类抗球虫药

①碘合剂：碘1份，碘化钾3份，蒸馏水3份。将此液以1∶8比例与牛奶混合，给病兔饮水有良好效果，15～20天后球虫卵囊消失。

②鱼石脂合剂：鱼石脂2.5份，碳酸氢钠4份，茴香油10滴，水2 500份。每次取药液300～400毫升，注入饮水中，服用3天。

③克辽林合剂：克辽林25份，碳酸氢钠4份，糖浆400份、水2000份。每天取药液25毫升，加入饮水中喂给。

④呋喃西林合剂：呋喃西林1份，土霉素粉1份，克辽林10份，常水500份。配成原液，用时将原液稀释3倍。每日2次，每次2～5毫升，饮用或灌服。现用现配，以保证药效。

## (十一)中草药添加剂

中草药添加剂资源丰富，且具有促生长、提高繁殖力、防治疾病等多种功能。按用药种类的多少，又分为单方和复方。

### 1. 单方中草药添加剂

(1)大蒜　每兔日喂2～3瓣大蒜，可防治兔球虫、蛲虫、感冒及腹泻。饲料中添加10%的大蒜萁粉，不仅可提高日增重，还可预防多种疾病。

(2)黄芪粉　每兔每天喂1～2克黄芪粉，可提高日增重，增强抗病力。

(3)陈皮　即橘子皮。肉兔饲粮中添加5%橘皮粉可提高日增重，改善饲料利用率。

(4)石膏粉　每兔日添喂0.5%，产毛量可提高19.5%，也可治疗兔食毛症。

(5)蚯蚓　蚯蚓含有多种氨基酸，饲喂家兔有增重、提高产毛、提高母兔泌乳等作用。

做法是：取蚯蚓数条，洗净，切成2～3厘米长，加清水煮熟，再加适量米酒。母兔从分娩第二天起，给每只哺乳母兔每次饲料中添加2～3毫升原液，每天1～2次，连续饲喂3～5天，可有效增加母兔泌乳量。

(6)青蒿　青蒿1千克，切碎，清水浸泡24小时，置蒸馏锅中蒸馏取液1升，再将蒸馏液重蒸取液250毫升，按1%的比例拌料喂服，连服5天，可治疗兔球虫病。

(7)松针粉　取松科植物油松或马尾松等的干燥叶粉，每天给家兔添加20～50克，可使肉兔体重增加12%，毛兔产毛量提高16.5%，产仔率提高10.9%，仔兔成活率提高7%，獭兔毛皮品质提高。

(8)艾叶粉　在基础饲粮中用1.5%艾叶粉代替等量小麦麸喂兔，日增重提高18%。

(9)党参　据美国学者报道，党参根的提取物可促进兔的生长，使体重增加23%。

(10)沙棘果渣　沙棘果经榨汁后的残渣可作为兔的饲料添加剂喂兔。据报道，饲粮中添加10%～60%沙棘果渣喂兔，能使适繁母兔怀胎率提高8%～11.3%，产仔率提高10%～15.1%，畸形、死胎减少 13.6%～17.4%，仔兔成活率提高 19.8%～24.5%，仔兔初生重提高 4.7%～5.6%，幼兔日增重提高 11%～19.2%，青年兔日增重提高 20.5%～34.8%，还能提高母兔泌乳量、降低发病率，使兔的毛色发亮。

**2. 复方中药添加剂**

(1)催长剂　山楂、神曲、厚朴、肉苁蓉、槟榔、苍术各 100 克，麦芽 200 克，淫羊藿 80 克，川军 60 克，陈皮、甘草各 30 克，蚯蚓、蔗糖各 1000 克。每隔 3 天每兔添加 0.6 克，新西兰白兔、加利福尼亚兔、青紫兰兔增重率分别提高 30.7%、12.3%、36.2%。

(2)催肥散　麦芽 50 份，鸡内金 20 份，赤小豆 20 份，芒硝 10 份。共研细末，每兔每日 5 克，添加 2.5 个月，比对照兔多增重 500 克。

(3)增重剂　方 1：黄芪 60%，五味子 20%，甘草 20%。每日每兔 5 克，肉兔日增重提高 31.41%。方 2：苍术、陈皮、白头翁、马齿苋各 30 克，元芪、大青叶、车前草各 20 克，五味子、甘草各 10 克。研成细末，每日每兔 3 克，提高增重率 19%。方 3：山楂、麦芽各 20 克，鸡内金、陈皮、苍术、石膏、板蓝根各 10 克，大蒜、生姜各 5 克。以 1%添加，日增重提高 17.4%。

(4)催情散　党参、黄芪、白术各 30 克，肉苁蓉、阳起石、巴戟天、狗脊各 40 克，当归、淫羊藿、甘草各 20 克。粉碎后混合，每日每兔 4 克，连喂 1 周。对无发情表现母兔催情率 58%，受胎率显著提高。对性欲低下的公兔，催情率达 75%。

### (十二)调味剂

调味剂是为增强动物食欲，促进消化吸收，掩盖饲料组分中的不愉快气味、增加动物喜爱的气味而在饲料中加入的一种饲料添加剂。分天然调味剂和人造调味剂。剂型有固体和液体 2 种。

常用的调味剂主要有香料及其引诱剂、谷氨酸钠、甜味剂等。

据报道,家兔饲粮中添加0.2%～0.5%谷氨酸钠、2%～5%糖蜜或0.05%糖精,有增进采食、提高增重的效果。另据任克良等试验结果表明,生长兔饲料中添加0.5%甘草(甜味剂)、1%芫荽(香味剂),具有良好的诱食效果。其中添加芫荽的生长兔增重速度提高13%。

### (十三)防霉防腐剂

高温、潮湿的季节和地区,微生物繁殖迅速,易引起饲料发霉变质。如用霉变饲料喂兔,不仅影响饲料适口性,降低采食量,降低饲料的营养价值,而且霉变产生的毒素会引起家兔腹泻,生长停滞,甚至死亡。因此,应向饲料中添加防霉防腐剂。常用的防霉防腐剂有以下几种。

**1. 丙酸及其盐类** 主要包括丙酸、丙酸铵、丙酸钠和丙酸钙4种。对霉菌有较显著的抑菌效果,其抑菌效果依次为:丙酸>丙酸铵>丙酸钠>丙酸钙。添加量:配合饲料中要求丙酸0.3%以下、丙酸钠0.1%、丙酸钙为0.2%,实际添加量要视具体情况而定。

添加方法:①直接喷洒或混入饲料中。②液体的丙酸可以蛭石等为载体制成吸附型粉剂,再混入饲料中去,效果较好。

**2. 富马酸和富马酸二甲酯** 富马酸又称延胡索酸。为无色结晶或粉末,水果酸香味,溶解度低。富马酸二甲酯为白色结晶或粉末,略溶于水,对真菌、细菌均有抑制、杀灭作用,且抗菌作用不受pH值的影响,是目前广泛使用的食品饲料添加剂。在饲料中添加量一般为0.03%～0.05%,可使饲料在室温下贮存2个月不变质发霉,使用方法为用载体制成预混料。

目前商品防霉防腐剂多将不同的pH值适应范围、不同抗菌谱的防霉剂按一定比例配合,以扩大其使用范围,增加防霉效力,如克霉、霉敌、诗华抗霉素、万保香(霉敌粉剂)等,使用时按说明书介绍剂量添加。

### (十四)饲料抗氧化剂

饲料中的油脂或饲料中所含有的脂溶性维生素、胡萝卜素及类胡萝卜素等物质易被空气中的氧氧化、破坏，使饲料营养价值下降，适口性变差，甚至导致饲料酸败变质，所形成的过氧化物对动物还有毒害作用。在饲料中添加抗氧化剂，可延缓或防止饲料中物质的这种自动氧化作用。抗氧化剂大多数自身为易氧化物，常用的有以下几种。

**1. 乙氧基喹啉(EMQ)**　呈黄褐色或褐色黏性液体，稍有异味，几乎不溶于水，溶于丙酮、氯仿等有机溶剂，遇空气或受光线照射便慢慢氧化而变色。主要用作饲用油脂、苜蓿粉、鱼粉、动物副产品、维生素或配合饲料、预混料的抗氧化剂。目前饲料中应用最广泛。家兔饲料添加量每吨饲料添加量不得超过 150 克。由于 EMQ 黏滞性高，使用时将其以蛭石、氢化黑云母粉等作为吸附剂制成含量为 10%～70%的乙氧基喹啉干粉剂，这样可均匀拌入饲料中，且使用方便。

**2. 丁羟甲氧苯(BHA)**　又名丁羟基茴香醚。为白色或微黄褐色结晶或结晶性粉末。有特异的酚类刺激性气味，不溶于水，易溶于植物油和酒精等有机溶剂，可用作食物油脂、饲用油脂、黄油和维生素等的抗氧化剂，与丁羟甲苯、柠檬酸、维生素 C 等合用有相乘作用。其添加量不超过 200 克/吨。

**3. 二丁基羟基甲苯(BHT)**　无色或白色的结晶块或粉末。无味或稍有气味，易溶于植物油和酒精等有机溶剂，几乎不溶于水和丙二醇。可用于长期保存油脂和含油脂较高的食品、饲料和维生素添加剂中，用量不超过 200 克/吨。与 BHA 合用有相乘作用。二者总量不超过 200 克/吨。

### (十五)黏合剂

黏合剂又称为颗粒饲料制粒添加剂。家兔属草食性动物,饲料中粗纤维比例较高,当加工颗粒饲料不易成型时须添加黏合剂,有助于颗粒的成型,提高生产能力,改善颗粒饲料质量,延长制粒机压模寿命,减少加工过程中的粉尘和运输中的粉碎现象。常用的黏合剂有以下几种。

**1. 膨润土** 是一种以蒙脱石为主要成分的黏土。蒙脱石一般呈白色,质地细腻,可塑性与黏结性能好。膨润土含几十种矿物质元素,主要有铝、硅、镁、钙、磷、钾、钠、铬、锰、铁、铜、锶、钒、钼、钴、镍等,是家兔良好的矿物质元素添加剂,其产生黏合性的主要来源是其中的蒙脱石,用量以不超过饲料2%为宜,细度要求至少90%～95%通过200目筛。

**2. 糖蜜** 可分为甘蔗糖蜜、甜菜糖蜜,均为制糖的副产物,因其具有一定的黏度,也可作为家兔颗粒饲料黏结剂。

**3. 海泡石** 除可作饲料添加剂、稀释剂外,还可作为黏合剂。

### (十六)除臭剂

为了防止兔尿粪的臭味污染兔舍环境,可在饲料中添加除臭剂。除臭剂主要是一些吸附性强的物质,如凹凸棒石粉、细沸石粉(或煤灰)和 $FeSO_4 \cdot 7H_2O$ 7份+煤灰(或细沸石粉)3.5份,饲粮中添加0.5%～1%,可防止恶臭。

(任克良)

# 第三章　家兔的营养需要和饲养标准

## 一、家兔的营养需要

### (一)蛋白质的需要

**1. 蛋白质的作用及品质**　蛋白质是构成兔体的重要成分，不但组成各种兔体组织，而且也是兔体内的酶、激素、抗体、色素及肉、皮、毛等的主要成分。蛋白质是维持生命活动的基本物质，其作用是脂肪、碳水化合物等营养物质所不能代替的，但是蛋白质可以替代脂肪、碳水化合物的产热作用。当产热物质不足时，蛋白质可以分解、氧化释放热量。

蛋白质品质好坏取决于组成蛋白质的氨基酸种类、数量及各种氨基酸之间的比例合适与否。一般来说，动物性蛋白质优于植物性蛋白质。

蛋白质的基本单位是氨基酸。依据氨基酸对兔体的营养作用，通常分为必需氨基酸和非必需氨基酸。前者在兔体内不能合成，或虽能合成但不能满足正常生长需要，必须由饲料来供给。后者在兔体内能够合成，不需要从饲料中获取。家兔的必需氨基酸有精氨酸、组氨酸、苏氨酸、异亮氨酸、蛋氨酸、亮氨酸、赖氨酸、苯丙氨酸、色氨酸、缬氨酸。兔可以合成甘氨酸，但对生长发育快的兔必须补充。非必需氨基酸有丙氨酸、胱氨酸、酪氨酸、天门冬氨酸、脯氨酸、羟脯氨酸、丝氨酸、谷氨酸等。在饲料蛋白质中，必需氨基酸含量充足且相互间比例符合兔的需要时，蛋白质的消化率和利用效率就高。因此，兔对蛋白质的需要不仅要求一定的数量，而且要求一定的品质。

研究表明，体重 0.75～2.5 千克的生长兔，饲喂含粗蛋白质 15%的饲粮，其必需氨基酸的需要量占饲粮的百分数见表 3-1。

**表 3-1 生长兔必需氨基酸需要量 (%)**

| 种类 | 精氨酸 | 甘氨酸 | 组氨酸 | 异氨酸 | 亮氨酸 | 赖氨酸 | 蛋氨酸＋胱氨酸 | 苯丙氨酸＋酪氨酸 | 苏氨酸 | 色氨酸 | 缬氨酸 |
|---|---|---|---|---|---|---|---|---|---|---|---|
| 需要量 | 0.7 | 0.5 | 0.3 | 0.6 | 1.1 | 0.9 | 0.55 | 0.2 | 0.6 | 0.2 | 0.7 |

**2. 蛋白质的需要量**

(1)维持需要量　家兔维持饲粮应有 12%粗蛋白质。维持需要量因体重大小而不同(表 3-2)。

**表 3-2 不同体重兔维持所需蛋白质量**

| 体重(千克) | 0.9 | 1.3 | 1.8 | 2.2 | 2.7 | 3.1 | 3.6 | 4.0 | 4.5 | 4.9 |
|---|---|---|---|---|---|---|---|---|---|---|
| 可消化蛋白质(克/天) | 4.1 | 5.7 | 7.3 | 8.4 | 9.2 | 10.3 | 11.1 | 12.1 | 13.0 | 14.1 |

(2)生长需要量　生长兔(无论是肉兔、皮兔或毛兔)饲粮中比较适宜的粗蛋白质水平为 15%～16%，但同时要求赖氨酸和其他几种必需氨基酸的含量满足要求，低于这个要求，生长潜力得不到最大的发挥。许多试验试图通过提高饲粮粗蛋白质水平来提高增重和饲料利用率，几乎都未能如愿以偿。

(3)怀孕需要量　据测定，孕兔体中的胎儿以怀孕后期生长速度最快，重量达整个胚胎的 90%左右。因此，家兔怀孕的后 10 天对蛋白质的需要多于前 20 天。妊娠母兔饲粮需含 15%～16%的粗蛋白质。

(4)泌乳需要量　兔乳中蛋白质、脂肪含量丰富，为牛乳的3～4 倍，其能值差不多有 1/3 由蛋白质来提供。因此泌乳母兔饲粮中含有充足的、高品质的蛋白质是十分必要的，否则产奶量下降，仔兔生长发育受阻，其成活率也下降。一般哺乳母兔饲粮粗蛋白质含量不应低于18%。

(5)产毛需要量 兔毛的主要成分是蛋白质，其中大部分是胱氨酸。据报道，1只长毛兔每年生产的兔毛中的蛋白质干重超过2千克，而且毛兔对蛋氨酸、胱氨酸等含硫氨基酸的需要量很高。因此产毛兔饲粮中应含17%的粗蛋白质，并且要有0.6%～0.7%的含硫氨基酸。

表3-3中列出了Maertebs推荐的饲粮粗蛋白质、最低氨基酸最新研究结果。

**表3-3 家兔饲粮蛋白质和氨基酸的最低推荐量**

| 饲粮水平(89%～90%的干物质) | 繁殖母兔 | 断奶小兔 | 肥育兔 |
|---|---|---|---|
| 消化能(兆焦/千克) | 10.46 | 9.52 | 10.04 |
| 粗蛋白质(%) | 17.5 | 16.0 | 15.5 |
| 可消化蛋白质(%) | 12.7 | 11.0 | 10.8 |
| 精氨酸(%) | 0.85 | 0.90 | 0.90 |
| 组氨酸(%) | 0.43 | 0.35 | 0.35 |
| 异亮氨酸(%) | 0.70 | 0.65 | 0.60 |
| 亮氨酸(%) | 1.25 | 1.10 | 1.05 |
| 赖氨酸(%) | 0.85 | 0.75 | 0.70 |
| 蛋氨酸+胱氨酸(%) | 0.62 | 0.65 | 0.65 |
| 苯丙氨酸+酪氨酸(%) | 0.62 | 0.65 | 0.65 |
| 苏氨酸(%) | 0.65 | 0.60 | 0.60 |
| 色氨酸(%) | 0.15 | 0.13 | 0.13 |
| 缬氨酸(%) | 0.85 | 0.70 | 0.70 |

**3. 氨基酸的需要量** 家兔饲粮中不仅要满足一定量的粗蛋

白质水平,而且还必须供给10种必需氨基酸。其中对赖氨酸、含硫氨基酸(蛋氨酸和胱氨酸)、精氨酸、色氨酸、苏氨酸等研究较多,需要量也基本清楚。

试验研究表明,生长兔饲粮中赖氨酸和含硫氨基酸的最佳水平应为0.6%~0.65%,过量的赖氨酸供应造成的不良影响并不严重。但含硫氨基酸一旦添加过量,很容易引起生产性能下降。在低蛋白质饲粮中添加赖氨酸和含硫氨基酸可提高生长兔的生产性能。

含硫氨基酸包括蛋氨酸和胱氨酸,对兔毛的生长也有重要作用。兔毛是蛋白质纤维,其蛋白质含量约为93%,特别是含硫氨基酸高。如果家兔的饲料中含硫氨基酸低于0.6%,兔毛的生长速度就会受到限制。如果含硫氨基酸提高到0.6%,家兔产毛量就会显著提高。胱氨酸不足时可由蛋氨酸替代,但蛋氨酸不能被胱氨酸代替。饲粮中缺硫时,则胱氨酸中的一部分转化为硫,降低了胱氨酸水平。饲料中适当添加无机硫(如硫酸钠、硫酸钾),可以节省胱氨酸。

根据我国的饲料条件,用常规饲料配制的家兔饲粮中的含硫氨基酸量一般为0.4%~0.5%,为此需要常规性地添加0.2%~0.3%,即可满足兔对含硫氨基酸的需要。

兔体内可合成精氨酸。生长兔饲粮中精氨酸含量应达到0.56%以上,即可获得良好的增重。生长兔饲粮中苏氨酸含量应达到0.55%为宜。

**4. 粗蛋白质水平不足、过量对兔体的影响** 饲粮中蛋白质不足时,家兔表现为体重减轻、生长率下降,换毛期延长、被毛生长缓慢。公兔精子数量减少,品质降低。母兔泌乳量下降,发情不正常,不易受孕,即使受孕也会导致胎儿生长发育不良,甚至产生怪胎、弱胎和死胎。反之,饲粮蛋白质水平过高,不仅造成浪费,还会产生不良影响。过多蛋白质产物在兔体内脱去氨基,并在肝脏合成尿素，由肾脏排出，从而加重了器官的负担，对健康不利，严重的会引起蛋白质中毒。同时家兔摄入蛋白质过多，由于蛋白质在胃、小肠内的消化不充分，大量进入盲肠和结肠，使正常的微生物区系遭到破坏，而非营养性微生物特别是魏氏梭菌等病原微生物大量繁殖，产生毒素，引起腹泻，导致死亡。

**（二）能量的需要**

家兔的生命及生产活动（生长、繁殖、泌乳、产毛等）需要消耗大量的能量，保证能量供应是家兔正常生长发育、获得最佳生产性能的首要条件。

**1. 能量的表示方法**　饲料总能是指饲料燃烧完全氧化后释放出的能量。家兔饲养标准中能量多用消化能表示，饲料中的总能减去粪便所含的能量称为消化能（DE）。粪能包括饲料中未消化的部分和肠道中一些内源性有机物，如消化酶、肠壁脱落细胞等所含的能量。消化能可以通过查表（家兔饲料成分表）或下列公式计算得出。

消化能（千焦/千克）：24.18a＋39.41b＋18.41c＋17.03d

式中：a 为粗蛋白质（克），b 为粗脂肪（克），c 为粗纤维（克），d 为无氮浸出物（克）。

**2. 饲料中的供能物质**　家兔所需的能量主要由碳水化合物供给，少量由脂肪提供，有时也可由过量的蛋白质提供。对家兔来说，最主要的来源是从玉米、大麦等谷物饲料中多糖体（淀粉和纤维素）的分解产物葡萄糖中取得。体内能量贮存的主要形式是糖元和脂肪。家兔具有根据饲粮的能量浓度调整采食量的能力。然而，只有在饲粮的消化能（DE）浓度超过 2250 大卡/千克时，兔才可能通过调节采食量来实现稳定的饲粮能量摄入量。

**3. 能量的需要量**

**（1）生长需要量**　绝大多数试验都证实，生长兔饲粮中消化能含量以 10.46～10.88 兆焦/千克为宜，低于此浓度，消化能摄入量不足，兔的生长速度相应减慢；生长兔能量最高界限为 11.3 兆焦/千克，高于此界限，生长速度反而下降。

(2)妊娠需要量　妊娠的能量需要指胎儿、子宫、胎衣等中沉积的能量和母兔本身沉积的能量。一般认为，妊娠母兔能量以 10.46 兆焦/千克为宜，提高能量水平虽可增加母体的营养贮备，有利于产后哺乳，但对繁殖性能不利。高营养水平会使母兔肥胖，发情紊乱，不孕、难产或死胎，仔幼兔死亡率上升等。另一方面，饲粮能量浓度太低，妊娠期间母兔体况不良或有失重，配种、受胎率、仔兔成活率也会受到影响。因此，妊娠期间的能量供应应控制在母体有少量营养物质贮备即可。

(3)哺乳期需要量　哺乳期母兔分泌出的乳中能量为哺乳的能量需要，能量需要高低取决于哺乳量的高低和哺乳仔兔数。哺乳仔兔数越多，母兔的哺乳量相应会提高，当然也有一定限度。根据哺乳期能量需要，饲粮能量浓度最少应达到 10.88 兆焦/千克。同时，提高饲粮适口性(如加入糖蜜、香味素等)以及在任其采食颗粒饲料的同时加喂一定的优质青绿饲料，因为家兔能够在采食颗粒饲料达到最大量时，还可采食一定量的优质青饲料，总的营养摄入量超过单喂颗粒饲料。

(4)产毛需要量　据报道，每产 1 克毛需要供应大约 113 千焦的消化能，产毛兔的饲粮消化能宜为 9.82～11.5 兆焦/千克。家兔一般能够自动地调节采食量以满足其能量的需要，不过这种调节能力是有限的。当饲粮能量水平过低时，采食量虽然增加，但由于消化道的容积是有限的，仍不能满足其对能量的需要。若饲粮能量过高、谷物饲料比例过大，大量易消化的碳水化合物进入大肠，增加大肠的负担，出现异常发酵，会导致消化道功能障碍，给生产带来损失。

### (三)粗纤维的需要

粗纤维(CF)是指不溶于规定酸碱的纤维性组成部分,包括纤维素、半纤维素、木质素等,它是植物细胞壁的主要成分,也是饲料中难消化的营养物质。饲料中的粗纤维含量越高,其营养价值越低。

家兔属单胃草食动物,其消化道能有效地利用植物性饲料,同时也产生对植物纤维的生理需要。

**1. 生理功能** 粗纤维对兔有以下3种作用。

(1)提供能量 家兔本身没有消化粗纤维的能力,但家兔具有发达的盲肠,其中孳生的微生物可将粗纤维发酵产生挥发性脂肪酸,这些低级脂肪酸在大肠被吸收,在体内氧化或合成兔体物质的原料。不过家兔利用粗纤维能力有限、仅为10%~20%,兔从粗纤维分解吸收的能量仅相当于每日能量需要量的10%~20%。

此外,粗纤维因不易消化、吸水量大,能起到填充胃肠道容积的作用,使兔有饱感。

(2)维持正常胃肠道消化生理功能 粗纤维在保持消化物稠度、形成粪便以及食物在消化道运转过程中起一定的作用。理论和生产实践证明,饲粮中适量的粗纤维水平,可加快生长速度,降低消化道疾病的发生率。相反,如以高能量、高蛋白质、低纤维饲粮(即以精料为主)饲喂家兔,不仅不能加快生长速度,反而会导致消化功能紊乱,出现腹泻,死亡率增高。同时还会诱发魏氏梭菌病等,繁殖母兔则易引起乳腺炎、子宫炎等。

(3)预防毛球病 兔胃壁肌肉收缩力弱,胃内容物排空相当困难,因此误食入胃内的兔毛易黏结成团在胃内积存,引发毛球病(图3-1)。饲粮中保持适宜的粗纤维,可促使胃肠道的蠕动,将兔毛排到体外。

**2. 需要量** 家兔饲粮中粗纤维主要根据兔的年龄、生理状态

图 3-1 胃内取出的毛球 （任克良）

而定。一般生长兔饲粮中粗纤维应少些，成年兔可适当高些，一般粗纤维含量为 12%～20%为宜。但必须注意，饲料粗纤维含量低于 6%会引起腹泻，添加 10%就能消除腹泻。但粗纤维含量过高，消化能浓度下降，加上体积膨大的影响，导致家兔能量摄入不足，同时降低饲粮中营养物质的消化和吸收，生产性能下降。

一般传统的观点认为，家兔饲粮中粗纤维含量以 12%～16%为宜。粗纤维含量低于 6%会引起腹泻。粗纤维含量过高，生产性能下降。

现代家兔营养研究结果表明，传统的"粗纤维"已经不能评价饲料的纤维营养状态，取而代之的是膳食纤维的营养概念。纤维推荐量应以中性洗涤纤维（NDF）、酸性洗涤纤维（ADF）、酸性洗涤木质素（ADL）、淀粉和纤维颗粒大小等指标来表示。

（1）中性洗涤纤维、酸性洗涤纤维、酸性洗涤木质素　研究表明，细胞壁成分（粗纤维或 ADF）含量高的饲粮可以降低兔的死亡率。纤维的保护性作用表现为刺激回肠-盲肠运动，避免食糜存留时间过长。饲粮中的纤维不仅在调节食糜流动中起重要作用，而且也决定了盲肠微生物增殖的范围。

饲粮中不仅要有一定量的粗纤维，其中木质素要有一定的水平。饲粮中 ADL 含量对维持消化道具有重要的作用。法国研究小组已经证实了饲粮中木质素对食糜流通速度的重要作用及其防止腹泻的保护作用。消化紊乱所导致的死亡率与它们试验饲粮中的 ADL 水平密切相关(r=0.99)。关系式表示如下：

死亡率(%)=15.8−1.08ADL(%)(n>2 000 只兔)

以上关系式表示,饲粮中的木质素越高,家兔因消化道疾病导致的死亡率呈现下降趋势。

不同生理阶段的家兔中性洗涤纤维、酸性洗涤纤维、酸性洗涤木质素的适宜水平见表 3-4。

(2)淀粉含量　除了饲粮纤维,淀粉在营养与肠炎的互作中也起着重要的作用。青年兔的胰腺酶系统还不完善,当饲喂淀粉含量高的饲粮时可能会导致大量淀粉进入盲肠。尤其是抗水解能力很强的饲粮淀粉(玉米)可能会导致淀粉在盲肠中过量。在回肠中,如果纤维摄入量的增加不能与淀粉的增加同步,就可能造成盲肠微生物区系的不稳定。因此饲粮中淀粉含量高的玉米比例不宜过高。

淀粉推荐量见表 3-4。

(3)较大纤维颗粒的比例　家兔对纤维的需要,同时也包括对颗粒大小的推荐值。养兔实践中由于粉碎条件或使用一些颗粒细小的木质化副产品(如稻壳或红辣椒粉),饲粮中含有大量木质素,也可能会出现大颗粒(<0.315 毫米)含量的不足。因此为达到兔的最佳生产性能、降低消化紊乱的风险,饲粮中必须有足够数量的较大颗粒。据 De Blas 结果得出,饲粮中大颗粒的最低比例是 25%。生产中经常出现饲粮中粗饲料比例很高也会导致消化紊乱的情况,可能是粗饲料粉碎的粒度过小所致。

为确保食糜以正常流通速度通过消化道,表 3-4 中给出了饲粮中纤维含量的最小值。纤维推荐量以平均水平为基础。根据健康状况,这个值可适当增加或减少。

**表 3-4 饲粮中纤维和淀粉的推荐量 (%)**

| 饲粮水平(85%～90%干物质) | 繁殖母兔 | 断奶青年兔 | 肥育兔 |
|---|---|---|---|
| 淀 粉 | 自由采食 | 13.5 | 18.0 |
| 酸性洗涤纤维(ADF) | 16.5 | 21 | 18 |
| 酸性洗涤木质素(ADL) | 4.2 | 5.0 | 4.5 |
| 纤维素(ADF-ADL) | 12 | 16 | 13.5 |

资料来源:Maertens

## (四)脂肪的需要

脂肪的能值较高,是相同重量的碳水化合物能量的 2.25 倍。脂肪是家兔能量的重要来源,也是必需脂肪酸(亚麻油酸、次亚麻油酸和花生油酸)和脂溶性维生素 A、维生素 D、维生素 E 和维生素 K 溶剂的来源。因此,脂肪对家兔代谢有重要的作用。

家兔饲粮中添加适量的脂肪,可提高饲料适口性、减少粉尘,在饲料制粒过程中起润滑作用,而且有利于脂溶性维生素的吸收,同时增加被毛的光泽。家兔饲粮中脂肪适宜量为 2%～5%。最新研究表明,肥育兔饲粮脂肪比例可增加到 5%～8%,这样可促进兔肥育性能的提高。

饲粮中添加脂肪以植物油为好,如玉米油、大豆油和葵花籽油等。兔体内脂肪主要由饲料中碳水化合物转变为脂肪后合成。但对兔体内不能合成的必需脂肪酸,必须从饲料中获得。植物油和牧草(如苜蓿等)中含有这些必需脂肪酸。家兔缺乏这些必需脂肪酸,则出现发育不良、生长缓慢、皮肤干燥、掉毛及公兔生殖功能衰退。

饲粮中脂肪过低,会引起维生素 A、维生素 D、维生素 E 和维生素 K 营养缺乏症。脂肪过高,不仅成本高,饲料也不易颗粒化和贮存。而且会引起采食量降低,生产性能下降。

## (五)水的需要

兔体所含水分占体重的60%～70%。水对饲料的消化、吸收,机体内的物质代谢,体温调节都是必需的。家兔依靠饮水、饲料水及代谢水来满足对水的需要。在适宜温度下,家兔的需水量一般为食入干物质量的1.5～2.5倍,但也受年龄、生理状态、季节和饲料种类的影响。如幼兔、妊娠母兔和泌乳母兔需水量增加,高温季节需水量可达食入干物质的4倍;喂粗蛋白质、粗纤维和矿物质含量高的饲料,其需水量增加。各种兔每天适宜的需水量见表3-5。兔饮用水水质的一些要求见表3-6。

**表3-5　家兔不同生理阶段的需水量**　(升/天)

| 种　类 | 需水量 | 种　类 | 需水量 |
|---|---|---|---|
| 未孕和怀孕初期母兔 | 0.25 | 哺乳母兔 | 0.60 |
| 成年公兔 | 0.28 | 母兔加1窝<br>7只仔兔(6日龄) | 4.50 |
| 怀孕后期母兔 | 0.57 | | |

**表3-6　兔饮用水质的要求**　(NRC. 1974)

| 物　质 | 上限含量(升) | 物　质 | 上限含量(升) |
|---|---|---|---|
| 砷 | 0.2 | 银 | 0.01 |
| 镉 | 0.05 | 镍 | 1.0 |
| 铬 | 1.0 | 硝酸盐 | 100 |
| 钴 | 1.0 | 亚硝酯盐 | 10 |
| 铜 | 0.5 | 钒 | 0.1 |
| 氟 | 2.0 | 锌 | 25 |
| 铅 | 0.1 | | |

据报道,家兔长期缺水时脾增大、肝脏萎缩、肾增大,食欲下

降，体重减轻，兔毛的生长速度降低20%。母兔产仔期间常因缺水和口渴吃掉仔兔。因此，每天应保证供给家兔充足、清洁的饮水，尤其是喂颗粒饲料时更需要大量饮水。喂水用具除用自动饮水器(图3-2)外，也可用水盆，但要注意必须保持水盆等饮水用具清洁卫生。

图3-2 兔用自动饮水器

目前多数养兔生产者多采用自动饮水器供水，其特点是能不断供给清洁的饮水、省工，但对水质要求高。自动饮水器主要由过滤器(图3-3)、自动水嘴、三通、输水管、弹簧等组成。使用饮水器应注意事项：①水箱位于低压饮水器(即最顶层饮水器)上不得超过10厘米。以防下层水压太大。箱内装有自动上水装置。②水箱出水口应安在水箱上方5厘米处，以防沉淀杂质直接进入饮水器。箱底设排水管，以便定期清洗、排泻。③水箱应设活动箱盖。④供水管必须使用颜色较深(如黑色、黄色)的塑料管或普通橡皮管，以防苔藓孳生，堵住水管。使用透明塑料软管，应定期或至少2周清除管内苔藓。也可以在饮水中加一些无害的消除水藻的药物。⑤供水管与笼壁要有一定距离，以防兔只咬破水管。⑥发现乳头滴漏时，用手反复压活塞乳头，以检查弹簧弹性，橡皮垫是否破损、凸凹不平。对无法修复的应立即拆换。⑦饮水嘴应安在距离笼底 8～10 厘米处，靠近笼角处，以保证大小兔均能饮用，防止触碰滴漏。

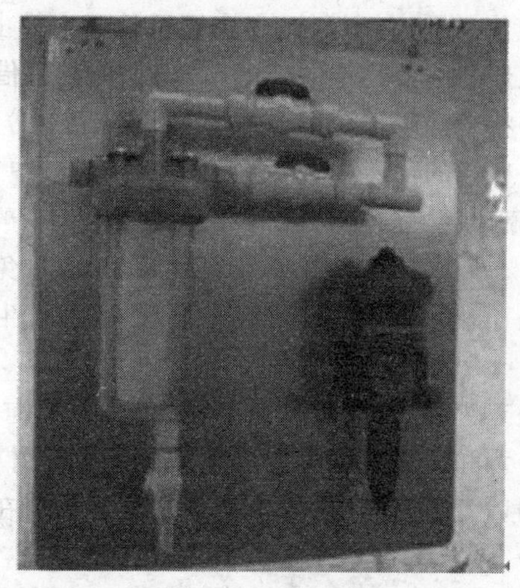

图 3-3　饮水过滤器

### (六)矿物质的需要

矿物质是家兔机体的重要组成成分，也是机体不可缺少的营养物质，其含量占机体 5%左右。

**1. 钙和磷**　为兔体内矿物质含量最多的 2 种元素，可占体内总矿物质的 65%～70%。大部分存在于骨骼和牙齿中，是骨骼的主要成分。通常以羟基磷石灰的形式参与骨骼的形成。此外，钙在血液凝固、调节神经和肌肉组织的兴奋性及维持体内酸碱平衡中起重要作用，还参与磷、镁、氮的代谢。磷则是细胞核中核酸，神经组织中磷脂、磷蛋白和其他化合物的成分，参与调节蛋白质、碳水化合物和脂肪代谢。磷还是血液中重要的缓冲物质成分。

家兔在钙、磷代谢上与其他动物明显不同。①血清钙水平可以反映出饲粮中钙的含量，而不像其他动物血钙水平较为稳定。②钙的排泄主要通过泌尿系统进行，而其他动物则主要通过消化道排泄。家兔能忍受高钙饲粮，多余钙可从尿中排出。③非反刍动物不能有效地利用植物中的植酸磷，而家兔则可借助盲肠和结肠中的微生物将植酸磷转变为有效磷，使其得到充分利用。

钙和磷在机体的代谢中关系十分密切。饲粮中钙、磷应有适宜的比例，一般为 2∶1。饲粮钙和磷的含量，一般为 0.5%～1.1%和 0.22%～0.8%。但最近研究表明，泌乳母兔采食过量的钙(4%)或磷(1.9%)会导致繁殖能力显著变化，发生多产性或增加死胎率。

饲粮中缺乏钙、磷和维生素 D 时，幼兔可引起佝偻病、关节肿大、腿弯曲、弓背和念珠状肋骨。成年兔可发生溶骨作用，直到骨骼变薄和脆弱，背部骨很容易发生断裂。怀孕母兔在产前和产后发生瘫痪。

兔能忍受高钙，但饲粮中磷的含量不宜过高。一方面高磷对环境造成污染，另一方面高磷使饲粮适口性下降甚至招致兔拒食。饲粮低磷含量对兔生产性能无影响(表 3-7)。

**表 3-7　饲粮磷水平对肥育兔生长和屠宰性能的影响**

**(Lebas 等，1998)**

| 项　目 | 饲粮磷水平(%) | | | | |
|---|---|---|---|---|---|
| | 0.3 | 0.39 | 0.48 | 0.57 | 0.66 |
| 日生长速度(克) | 33.9 | 34.8 | 33.9 | 34.2 | 34.0 |
| 料肉比 | 2.93 | 2.88 | 2.82 | 2.92 | 2.75 |
| 屠宰率(%) | 58.5 | 58.9 | 58.6 | 58.9 | 58.0 |
| 股骨长度(厘米) | 78.9 | — | 78.6 | — | 76.6 |
| 股骨机械拉性 | 小 | — | 中 | — | 大 |

钙、磷补充料可用骨粉、磷酸盐等。

**2. 钠和氯** 在维持细胞外液的渗透压中起重要作用。钠和其他离子一起参与维持肌肉、神经正常的兴奋性,参与肌体组织的传递过程,并保持消化液呈碱性。氯则参与胃酸的形成,保证胃蛋白酶作用所必需的 pH 值,故与消化功能有关。除鱼粉中含有食盐外,一般植物性饲料中钠、氯不能满足需要,尤其是钠在体内又没有贮存的能力,必须经常供给。通常家兔饲粮中添加食盐达 0.5%可满足需要(表 3-8),高于 1%时对家兔生长有抑制作用。

**表 3-8 饲粮中食盐添加量对生长兔的影响**

| 食盐添加量(%) | 日增重(克) | 采食量(克) | 料肉比 |
|---|---|---|---|
| 0 | 37.5 | 115 | 3.06 |
| 0.5 | 39.5 | 111 | 2.81 |
| 1.0 | 38.1 | 114 | 3.02 |
| 1.5 | 34.1 | 102 | 3.10 |
| 2.0 | 35.9 | 111 | 3.10 |

在长期缺乏钠和氯的情况下,影响仔兔的生长发育和母兔的泌乳量,并使饲料的利用率降低。饲粮中食盐含量过高时会引起家兔中毒,病初食欲减退、精神沉郁、结膜潮红、腹泻、口渴;随即兴奋不安,头部震颤,步履蹣跚;严重时呈癫痫样痉挛,呼吸困难;最后因全身麻痹而站立不稳,昏迷而死亡。

**3. 镁** 是构成骨骼和牙齿的成分,为骨骼正常发育所必需。作为多种酶的活化剂,在糖、蛋白质代谢中起重要作用。保证神经、肌肉的正常功能。镁的需要量为每千克饲粮 300～400 毫克。饲粮中镁不足,家兔生长停滞,嚼毛,神经、肌肉兴奋性提高发生痉挛。每千克饲粮中含镁量低至 5.6 毫克时则会发生脱毛,耳朵苍白,被毛结构与光泽变差。饲料中补充氧化镁,按 2.27 千克/吨进行控制。缺镁可在饲料中添加硫酸镁、氧化镁、碳酸镁、醋酸镁、柠檬酸镁等,但若以硫酸镁形式加入过量镁,可引起严重的腹泻。氧化镁是最常用的添加剂，其生物学利用率高达75%。

**4. 钾** 在维持细胞内液渗透压、酸碱平衡和神经、肌肉兴奋中起重要作用，同时还参与糖的代谢。

兔对钾的需求量高，缺钾时会发生严重的进行性肌肉不良等病理变化。一般饲粮中钾含量为0.6%即可满足，超过0.8%～1%时对肾脏有损害。一般植物性饲料都富含钾元素，通常很少出现钾不足。

**5. 硫** 机体内的硫主要以蛋氨酸、胱氨酸、半胱氨酸等含硫氨基酸形式存在。此外，硫胺素、生物素、黏多糖、性激素、谷胱甘肽过氧化酶中也含有硫。硫的作用主要通过体内的含硫有机物来实现，如含硫氨基酸合成体蛋白、被毛和多种激素。硫胺素参与碳水化合物代谢。硫作为黏多糖的成分参与胶原和结缔组织的代谢等。硫对毛、皮生长有重要的作用，故长毛兔、獭兔对硫的需要具有特殊的意义。

成年兔的肠道微生物具有一定转化无机硫（硫酸盐等）为有机硫的能力，所以饲粮中补充无机硫，可以减少机体对有机硫的需要。一般每千克饲粮添加15毫克硫可满足其需要。

硫的补充可用硫酸盐和蛋氨酸等。

**6. 铁** 为形成血红蛋白和肌红蛋白所必需，是细胞色素类和多种氧化酶的成分。兔缺铁时则发生低血红蛋白性贫血和其他不良现象。天然饲料中和普通矿物质补充物中含有丰富的铁，兔肝脏又具有高度的贮铁能力，因此生产实践中通常不会发生缺铁。此外，兔初生时机体就贮有铁，一般断乳前是不会患缺铁性贫血的。

铁的需要量为每千克饲粮中需含50～100毫克。

**7. 铜** 是多种氧化酶的组成成分，参与机体许多代谢过程。铜在造血、促进血红素的合成过程中起重要作用。此外，铜与骨骼的正常发育、繁殖和中枢神经系统功能密切相关，还参与毛中蛋白质的形成。

铜的需要量为每千克饲粮含3～5毫克。

铜缺乏时，会引起家兔贫血，生长发育受阻，有色毛脱色，毛质粗硬，骨骼发育异常，异嗜，运动失调和神经症状，腹泻及生产能力下降。

近年来的研究表明，高铜饲粮具有抑制肠道细菌繁殖的效能，因此采用高铜作为生长促进剂使用，能获得良好的效果。如每千克饲料中加入200毫克硫酸铜，兔的生长速度、饲料利用率有明显的提高，因腹泻引起的死亡率降低。

铜的补充可用硫酸铜、氧化铜、碳酸铜、碱式碳酸铜等。

**8. 锌**　为体内多种酶的成分，其功能与呼吸有关，为骨骼正常生长和发育所必需，也是上皮组织形成和维持其正常功能所不可缺少的。锌对性腺的发育和提高性激素的活性及促进精子的成熟有影响，因此锌对兔的繁殖有重要的作用。

锌的需要量为每千克饲粮含50～70毫克。但当饲粮中植酸含量较高时，可适当增加锌的补充量。

饲粮中缺锌时家兔表现为掉毛，皮炎，体重减轻，食欲下降，嘴周围肿胀，下颏及颈部毛湿而无光泽，繁殖功能受阻。母兔拒配、不排卵，自发流产率增高，分娩过程出现大量出血。公兔睾丸和副性腺萎缩等。饲料中含有大量钙时，极易出现锌的缺乏症。

锌的补充可用硫酸锌、氧化锌、碳酸锌、氯化锌等。

**9. 锰**　参与骨骼基质中硫酸软骨素的形成，为骨骼正常发育所必需。锰与繁殖、神经系统及碳水化合物和脂肪代谢有关。

锰的需要量为每千克饲粮含2.5～8.5毫克。

饲粮缺锰，家兔骨骼发育不正常，繁殖功能降低。表现为腿弯曲，骨脆，骨骼重量、密度、长度及灰分量减少等症状。母兔缺锰后不易受胎或生产弱小的仔兔。饲粮中含有过量的锰（1000～2000毫克/千克）能抑制血红蛋白的形成，甚至还可能产生其他毒副作用。

锰的补充可用硫酸锰、碳酸锰、氧化锰等。

**10. 钴** 是维生素 $B_{12}$ 的组成成分，也是很多酶的成分，与蛋白质、碳水化合物代谢有关。家兔消化道微生物利用无机钴合成维生素 $B_{12}$ 的效率比反刍动物高，而且吸收率也高。一般情况下，家兔很少缺钴，不过应经常在成年兔、哺乳母兔及肥育兔的每千克饲粮中添加 0.1～1 毫克钴，以保证生长发育不因维生素 $B_{12}$ 的缺乏而受到限制。

缺钴现象一般多发生在土壤缺钴的地区，补饲可用硫酸钴、氯化钴、碳酸钴、醋酸钴、氧化钴等。

**11. 碘** 是甲状腺素的组成部分，还参与机体几乎所有的物质代谢过程。兔体内的碘 70％～80％集中在甲状腺中。缺碘时，表现甲状腺明显肿大，母兔生产的仔兔体弱或死胎，仔兔生长发育受阻等。过量碘(250～1 000 毫克/千克)能使新生的仔兔死亡率增长并引起碘中毒。

碘的需求量为每千克饲粮含 0.2 毫克。

碘的补充可用含碘的食盐、碘化钾、碘化钠、碘酸钾、碘酸钙等。

**12. 硒** 是机体内过氧化酶的成分，它参与组织中过氧化物的解毒作用。但家兔防止过氧化物损害方面，主要依赖于维生素 E 而不是硒。

缺硒症状是肌肉营养不良，只能通过加入维生素 E 才能缓解和治疗，加入硒则无任何效果。

值得注意的是：为减少环境污染，应避免饲粮中矿物质的过量。表 3-9 中给出了不同矿物质的最低饲粮推荐量。

表 3-9 兔饲粮中的最低矿物质需要量

| 矿物质 | 生 长 | 泌 乳 | 矿物质 | 生 长 | 泌 乳 |
|---|---|---|---|---|---|
| 钙(%) | 0.80 | 1.2 | 镁(毫克/千克) | 0.30 | 0.30 |
| 磷(%) | 0.50 | 0.55 | 钴(毫克/千克) | 0.1 | 0.1 |
| 钾(%) | 0.8 | 1.0 | 铜(毫克/千克) | 10 | 10 |
| 钠(%) | 0.25 | 0.25 | 锌(毫克/千克) | 25 | 50 |
| 氯化物(%) | 0.30 | 0.30 | 碘(毫克/千克) | 0.2 | 0.2 |
| 锰(毫克/千克) | 8.5 | 8.5 | | | |

资料来源:选自 Lebas

## (七)维生素的需要

维生素是维持家兔正常生命活动过程中所必需的一类低分子有机化合物。它既不是构成组织的原料,也不是提供能量的物质,而主要是某些酶的辅酶组成成分,在体内物质代谢过程中起重要作用。兔体虽对维生素需要量不大,但不能缺乏,否则会引起生产性能降低或某些疾病。目前已知维生素有 14 种,按其溶解特性分为脂溶性维生素和水溶性维生素。脂溶性维生素有维生素 A、维生素 D、维生素 E、维生素 K,水溶性维生素有维生素 $B_1$、维生素 $B_2$、维生素 PP、维生素 $B_6$、维生素 $B_{12}$、维生素 C、泛酸、叶酸和生物素等。

家兔肠道微生物(主要是盲肠细菌)能利用食糜中的有机物合成维生素 K 和 B 族维生素。家兔通过食粪,能全部或部分地满足对这些维生素的需要。此外,家兔皮肤在光照条件下能合成维生素 D,满足本身对维生素 D 的部分需要。还可利用单糖合成维生素 C。所需的其他维生素如维生素 A 和维生素 E 则完全依赖于饲粮的供给。

**1. 脂溶性维生素** 包括维生素 A、维生素 D、维生素 E 和维生素K。脂溶性维生素一般可在体内贮存,故短期内供应不足家兔不表现缺乏症状,但长期供应不足就会出现临床症状。

(1)维生素A　又称抗干眼病维生素。兔体内维生素A是由饲料中吸收的维生素A原(胡萝卜素)转化而成的。维生素A的主要功能是防止夜盲症和干眼病,保证家兔正常生长,骨骼、牙齿正常发育,保护皮肤、消化道、呼吸道和生殖道的上皮细胞完整,增强兔体抗病能力。

维生素A的需要量为每千克饲料中含6000～12000国际单位。可用市售维生素AD添加剂来补充。在家兔大量采食青绿多汁饲料情况下一般不缺乏,但在舍饲规模化饲养条件下易缺乏。

家兔缺乏维生素A时,抗病力下降,易受病原微生物感染,生长速度降低,运动失调,视觉障碍或失明,上皮组织干燥或过度角质化,易发生细菌感染。眼和繁殖器官影响较为明显,表现为干眼病和繁殖功能下降。公兔睾丸发生变质性退化,精子生成受阻,精液品质下降,屡配不孕;母兔性功能紊乱,受胎率低,胎儿易被母体吸收、易流产,胎儿弱小、畸形、脑积水,母性减弱、缺奶,仔兔成活率低等。如果严重缺乏维生素A,可导致死亡。高剂量的维生素A也会引起中毒。

植物性饲料如黄绿植物(如黄玉米)、胡萝卜中含有丰富的维生素A或胡萝卜素。

(2)维生素D　亦称抗佝偻病维生素。对钙、磷平衡起重要作用。因小肠黏膜中运载钙离子的蛋白质是在维生素D参与下形成的。维生素D缺乏时,这种蛋白质合成受阻,钙吸收困难,钙的吸收困难又间接影响磷的吸收。此外,维生素D具有促进磷在肾小管重吸收的作用,故生产实践中,机体缺乏维生素D,可使钙、磷缺乏,导致一系列骨组织疾病。幼兔表现为骨质松软,骨骼变形,称为佝偻病。成年兔表现为骨质软化,称为软骨病。

饲粮中维生素D过量可引起家兔中毒,表现为进行性的消瘦和虚弱、食欲下降、腹泻、共济失调，最后导致死亡、软组织发生钙化。

家兔皮肤在阳光照射下可合成维生素 $D_3$。阳光照射下的植物性饲料，也可形成维生素 $D_2$。尽管如此，家兔经常发生缺乏维生素 D 的现象，尤其是始终在室内饲养时，更为明显。每千克饲粮含 900～1 000 国际单位维生素 D 时才可满足其需要，可用维生素 $D_3$ 来补充。

(3)维生素 E　又称生育酚。具有多种生理功能，主要参与维持正常繁殖功能和肌肉的正常发育。在细胞内具有抗氧化作用。

维生素 E 的需要量为每千克饲粮含 40～60 毫克。影响维生素 E 需要量的因素很多，如饲粮中不饱和脂肪酸含量高、含硒量低或维生素 A 含量过高。家兔患球虫病时，应适当提高饲粮中维生素 E 的含量。

饲粮中缺乏维生素 E，家兔表现强直、进行性肌肉无力，不爱运动，喜卧地，全身紧张性降低；肌肉萎缩并引起运动障碍，步样不稳，平衡失调；食欲减退至废绝，体重逐渐减轻，最后导致骨骼肌和心肌变性，全身衰竭、直至死亡。幼兔表现生长发育停滞。母兔缺乏维生素 E 时，受胎率下降，发生流产或死胎；公兔缺乏维生素 E 时，睾丸损伤，精子产生减少。剖检时骨骼肌、心肌、咬肌、膈肌萎缩，外观极度苍白，呈透明样变性。

(4)维生素 K　与凝血、繁殖有关。兔肠道内微生物可合成维生素 K，一般能满足正常的需要。但对繁殖母兔应适当给予补充，一般每千克饲粮含 1～2 毫克维生素 K 即可满足。母兔缺乏维生素 K 时，会发生胎盘出血及流产。肝型球虫病和某些含有双香豆素的饲料(如草木犀)能影响维生素 K 的吸收和利用。遇到以上情况时，应适当提高饲粮中维生素 K 的水平。

**2. 水溶性维生素**

(1)维生素 $B_1$　又称硫胺素。是糖和脂肪代谢过程中某些酶的辅酶。硫胺素不足，神经组织、心肌代谢及其功能受到严重影响，导致神经炎，食欲下降，痉挛，运动失调，消化不良，母兔繁殖障碍。肠道微生物合成的硫胺素不能满足家兔需要，但常用饲料中一般富含硫胺素，故较少发生硫胺素不足。

(2)维生素 $B_2$　又称核黄素。是构成一些氧化还原酶的辅酶，参与各种物质代谢。缺乏时，会引起碳水化合物、蛋白质代谢紊乱，表现为生长受阻、饲料消耗增加、繁殖性能降低。因家兔肠道内细菌可以合成，且动、植物饲料中维生素 $B_2$ 含量丰富，一般不会发生缺乏症，不过生长兔每千克饲粮中应含 6 毫克核黄素。

(3)维生素 $B_3$　又称泛酸、遍多酸。因广泛存在于一切植物中，因此而得名。泛酸是辅酶 A 的组成成分，辅酶 A 在碳水化合物、脂肪和蛋白质代谢过程中有着重要的作用。泛酸缺乏时，兔常发生皮肤和眼的疾病。生长兔每千克饲粮应含 20 毫克泛酸。

(4)维生素 $B_4$　又称生物素。参与体内脂肪酸的代谢。肠道微生物可合成大量生物素，家兔饲粮中不需要添加。缺乏生物素，家兔表现皮肤发炎和脱毛等。

(5)维生素 $B_5$　又称烟酸、尼克酸、维生素 PP、抗癞皮病维生素。与体内脂类、碳水化合物、蛋白质代谢有关。缺乏时，引起食欲下降，生长不良，腹泻，被毛粗糙(癞皮病)。维生素 $B_5$ 可在兔肠道内合成，亦可在组织内由色氨酸生产。生长兔每千克饲粮中应含烟酸 180 毫克。

(6)维生素 $B_6$　又名吡哆醇。参与有机体氨基酸、脂肪和碳水化合物的代谢。缺乏时表现为生长速度下降，皮肤发炎，脱毛及毛囊出血，死亡率升高。每千克饲粮加入 39 毫克吡哆醇可防止缺乏症的发生。吡哆醇主要存在于酵母、糠麸及植物性蛋白质饲料中。

(7)胆碱　为卵磷脂及乙酰胆碱的组成成分。卵磷脂参与脂肪代谢，故胆碱可以防止脂肪肝的发生。作为乙酰胆碱的成分则和神经冲动的传导有关。缺乏症表现为生长迟缓，脂肪肝和肝硬化，以及肾小管坏死，发生进行性肌肉营养不良。胆碱可由蛋氨酸合成，但合成量不能满足家兔需要，一般每千克饲粮中添加1300～1 500毫克的胆碱可满足其需要。添加胆碱可用市售的氯化胆碱。

(8)叶酸　其作用与核酸代谢有关，对正常血细胞的生长有促进作用。缺乏叶酸时，血细胞的发育和成熟受到影响，发生贫血和血细胞减少症。

(9)维生素 $B_{12}$　又称钴胺素、钴维生素。是含钴的暗红色维生素，是一切动物代谢所必需的，有增强蛋白质的效率、促进幼小动物的生长作用。维生素 $B_{12}$ 对维持骨髓的正常造血功能起重要作用。维生素 $B_{12}$ 不足则生长停滞，贫血，被毛蓬松，皮肤发炎及后肢运动失调，对母兔受胎率、繁殖率及泌乳有影响。家兔饲粮中含钴足量的情况下，其大肠合成的维生素 $B_{12}$ 能满足需要，但生长兔每千克饲粮中应含0.01毫克维生素 $B_{12}$。

(10)维生素C　又称抗坏血酸。参与细胞间质的生成及体内氧化还原反应。缺乏维生素C则发生坏血病，生长停滞，体重降低，关节变软，身体各部出血导致贫血。

兔体内可以合成维生素C，不需由饲粮供给，但遇夏季高温、生理紧张、断奶、转群、运输等应激，不仅会降低机体内维生素C的合成能力，同时对机体维生素C需要量也随之提高，这时应补给维生素C。

## 二、饲养标准

家兔饲养标准，也叫营养需要量。它是通过长期试验研究，给不同品种、不同生理状态下、不同生产目的和生产水平的家兔，科学地规定出每只应当喂给的能量及各种营养物质的数量和比例，这种按家兔的不同情况规定的营养指标,就称为饲养标准。目前家兔的饲养标准内容包括:能量、蛋白质、氨基酸、粗纤维、矿物质、维生素等指标的需要量,并且通常以每千克饲粮的含量和百分比数表示。

使用家兔饲养标准中应注意以下问题:第一,因地制宜,灵活应用。家兔饲养标准的建议值一般是在特定种类的家兔,在特定年龄、特定体重及特定生产状态下的营养需要量。它所反映的是在正常饲养管理条件下整个群体的营养水平。当条件改变,如温度、湿度偏高或过低,卫生条件差等,就得在建议值的基础上适当变动。此外,饲养标准中的微量元素及维生素的规定采用最低需要量,以不出现缺乏症为依据,若兔群是在高度集约化条件下进行生产,则应予以适当增加。第二,应用饲养标准时,必须与观察饲养效果相结合,并根据使用效果进行适当调整,以求饲养标准更接近于准确。第三,饲养标准本身不是一个永恒不变的指标,它是随着科学研究的深入和生产水平的提高,不断地进行修订、充实和完善的。

国外对家兔研究较多的国家有美国、法国、德国和前苏联,我国进入 20 世纪 80 年代后才开始研究家兔营养需要量。现将我国及世界养兔研究较先进国家及著名学者提出的家兔饲养标准介绍如下。

### (一)南京农业大学等单位推荐的家兔饲养标准

该饲养标准见表 3-10。

表 3-10　家兔推荐营养供给量

| 营养成分 | 生长兔 3～12周龄 | 生长兔 12周龄后 | 妊娠兔 | 哺乳兔 | 成年产毛兔 | 生长肥育兔 |
|---|---|---|---|---|---|---|
| 消化能(兆焦/千克) | 12.12 | 11.29～10.45 | 10.45 | 10.87～11.29 | 10.03～10.87 | 12.12 |
| 粗蛋白质(%) | 18 | 16 | 15 | 18 | 14-16 | 18-16 |
| 粗纤维(%) | 8～10 | 10～14 | 10～14 | 10～12 | 10～14 | 8～10 |
| 粗脂肪(%) | 2～3 | 2～3 | 2～3 | 2～3 | 2～3 | 2～5 |
| 钙(%) | 0.9～1.1 | 0.5～0.7 | 0.5～0.7 | 0.8～1.1 | 0.5～0.7 | 1.0 |
| 磷(%) | 0.5～0.7 | 0.3～0.5 | 0.3～0.5 | 0.5～0.8 | 0.3～0.5 | 0.5 |
| 铜(毫克/千克) | 15 | 15 | 10 | 10 | 10 | 20 |
| 铁(毫克/千克) | 100 | 50 | 50 | 100 | 50 | 100 |
| 锰(毫克/千克) | 15 | 10 | 10 | 10 | 10 | 15 |
| 锌(毫克/千克) | 70 | 40 | 40 | 40 | 40 | 40 |
| 镁(毫克/千克) | 300～400 | 300～400 | 300～400 | 300～400 | 300～400 | 300～400 |
| 碘(毫克/千克) | 0.2 | 0.2 | 0.2 | 0.2 | 0.2 | 0.2 |
| 赖氨酸(%) | 0.9～1.0 | 0.7～0.9 | 0.7～0.9 | 0.8～1.0 | 0.5～0.7 | 1.0 |
| 胱氨酸＋蛋氨酸(%) | 0.7 | 0.6～0.7 | 0.6～0.7 | 0.6～0.7 | 0.6～0.7 | 0.4～0.6 |
| 精氨酸(%) | 0.8～0.9 | 0.6～0.8 | 0.6～0.8 | 0.6～0.8 | 0.6 | 0.6 |
| 食盐(%) | 0.5 | 0.5 | 0.5 | 0.5～0.7 | 0.5 | 0.5 |
| 维生素 A(单位/千克) | 6000～10000 | 6000～10000 | 6000～10000 | 8000～10000 | 6000 | 8000 |
| 维生素 D(单位/千克) | 1000 | 1000 | 1000 | 1000 | 1000 | 1000 |

## (二)中国农业科学院兰州畜牧研究所推荐的肉兔饲养标准

该饲养标准见表3-11。

表3-11 肉兔饲养标准

| 项　目 | 生长兔 | 妊娠母兔 | 哺乳母兔及仔兔 | 种公兔 |
|---|---|---|---|---|
| 消化能(兆焦/千克) | 10.46 | 10.46 | 11.30 | 10.04 |
| 粗蛋白质(%) | 15～16 | 15 | 18 | 18 |
| 蛋能比(克/兆焦) | 14～15 | 14 | 16 | 18 |
| 钙(%) | 0.5 | 0.8 | 1.1 | — |
| 磷(%) | 0.3 | 0.5 | 0.8 | — |
| 钾(%) | 0.8 | 0.9 | 0.9 | — |
| 钠(%) | 0.4 | 0.4 | 0.4 | — |
| 氯(%) | 0.4 | 0.4 | 0.4 | — |
| 含硫氨基酸(%) | 0.5 | — | 0.6 | — |
| 赖氨酸(%) | 0.66 | — | 0.75 | — |
| 精氨酸(%) | 0.9 | — | 0.8 | — |
| 苏氨酸(%) | 0.55 | — | 0.70 | — |
| 色氨酸(%) | 0.18 | — | 0.22 | — |
| 组氨酸(%) | 0.35 | — | 0.43 | — |
| 苯丙氨酸+酪氨酸(%) | 1.20 | — | 1.40 | — |
| 缬氨酸(%) | 0.70 | — | 0.85 | — |
| 亮氨酸(%) | 1.05 | — | 1.25 | — |

## (三)江苏省农业科学院饲料食品所推荐的长毛兔饲养标准

该饲养标准见表3-12,表3-13。

表 3-12 长毛兔饲养标准

| 项 目 | 生长幼兔（5～12 周龄） | 妊娠母兔 | 哺乳母兔 | 产毛兔 | 种公兔（配种期） |
|---|---|---|---|---|---|
| 消化能（兆焦/千克） | 10.38 | 10.78 | 10.56 | 11.50 | 11.29 |
| 粗蛋白质（%） | 17.8 | 15.7 | 18.0 | 16.8 | 17.9 |
| 可消化粗蛋白质（%） | 12.5 | 10.7 | 12.9 | 11.8 | 12.9 |
| 粗纤维（%） | 14.8 | 12.0 | 11.0 | 12.0 | 11.0 |
| 粗脂肪（%） | 3.0 | 2.0 | 3.0 | 3.0 | 3.0 |
| 收白/能量（克/兆焦） | 12.92 | 9.93 | 12.20 | 10.29 | 11.48 |
| 钙（%） | 1.0 | 0.8 | 1.0 | 0.8 | 1.0 |
| 磷（%） | 0.6 | 0.5 | 0.9 | 0.6 | 0.5 |
| 食盐（%） | 0.3 | 0.3 | 0.3 | 0.3 | 0.3 |
| 铁（毫克/千克） | 50 | 50 | 100 | 50 | 50 |
| 锌（毫克/千克） | 50 | 70 | 70 | 70 | 70 |
| 铜（（毫克/千克） | 5 | 5 | 5 | 5 | 5 |
| 锰（毫克/千克） | 0.1 | 0.1 | 0.1 | 0.1 | 0.1 |
| 蛋氨酸（%） | 8.5 | 8.5 | 2.5 | 2.5 | 2.5 |
| 赖氨酸（%） | 0.6 | 0.8 | 0.8 | 0.9 | 0.8 |
| 精氨酸（%） | 1.0 | 1.0 | 1.0 | 1.0 | 1.0 |
| 维生素 A（单位/千克） | 6000 | 6000 | 6000 | 6000 | 8000 |
| 维生素 D（单位/千克） | 900 | 900 | 900 | 900 | 1000 |
| 维生素 E（毫克/千克） | 50 | 60 | 50 | 50 | 60 |

表 3-13　长毛兔每日营养需要量

| 类　别 | 体重（千克） | 日增重（克/天） | 产毛量（克/天） | 采食量（千焦） | 消化能（克） | 粗蛋白质（克） | 可消化粗蛋白质（克） |
|---|---|---|---|---|---|---|---|
| 生长兔(5 周龄断奶至4 月龄) | 0.5 | 20 | — | 65～85 | 739.86 | 12.8 | 9.7 |
| | — | 25 | | | 773.30 | 12.3 | 10.1 |
| | — | 30 | | | 836.00 | 14.2 | 10.5 |
| | 1.0 | 20 | | 95～105 | 973.94 | 16.7 | 12.7 |
| | — | 25 | | | 585.20 | 17.2 | 13.1 |
| | | 30 | | | 627.00 | 18.0 | 13.7 |
| | 1.5 | 20 | | 100～115 | 1203.84 | 20.5 | 15.5 |
| | — | 25 | | | 1233.10 | 21.0 | 16.0 |
| | — | 30 | | | 1266.54 | 21.5 | 16.5 |
| 产毛兔(8 月龄以上) | 3.0～4.0 | 30 以上 | 2.0 | 150～180 | 1708.14 | 25.0 | 17.2 |
| | — | 2.5 | | 2002.22 | 28.2 | 19.4 | |
| | — | — | 3.0 | | 2236.30 | 31.3 | 21.6 |
| 妊娠母兔,平均窝产仔兔 6～7 只 | 3.0～4.0 | 15.0 | 2.0 | 260～280 | 2926.0 | 40.0 | 28 |
| 种公兔,配种期 | 3.5 | 不减量 | 2.0 | 不少于 150 | 2090.00 | 30.0 | 20.0 |
| 哺乳母兔,每日产毛 2 克,不减重(断奶时) | 3.0 | 15.0（仔兔） | 125（泌乳量） | ≥350 | 3427.60 | 57.3 | 39.3 |
| | 3.5 | 17.7（仔兔） | 150（泌乳量） | ≥350 | 3757.82 | 62.3 | 44.0 |
| | 4.0 | 20.0（仔兔） | 175（泌乳量） | ≥350 | 4062.96 | 66.8 | 48.1 |

### (四)中国农业科学院兰州畜牧研究所推荐的长毛兔饲养标准

该饲养标准见表 3-14,表 3-15。

**表 3-14 长毛兔饲粮营养成分**

| 项 目 | 幼兔(断奶至3月龄) | 青年兔 | 妊娠母兔 | 哺乳母兔 | 产毛兔 | 种公兔 |
|---|---|---|---|---|---|---|
| 消化能(兆焦/千克) | 10.45 | 10.03～10.45 | 10.03 | 10.87 | 9.82 | 10.03 |
| 粗蛋白质(%) | 16 | 15～16 | 16 | 18 | 15 | 17 |
| 可消化粗蛋质(%) | 12 | 10～11 | 11.5 | 13.5 | 10.5 | 13 |
| 粗纤维(%) | 14 | 16～17 | 15 | 13 | 17 | 16～17 |
| 蛋能比(克/兆焦) | 11.48 | 10.77 | 11.48 | 12.44 | 11.00 | 12.68 |
| 钙(%) | 1.0 | 1.0 | 1.0 | 1.2 | 1.0 | 1.0 |
| 磷(%) | 0.5 | 0.5 | 0.5 | 0.8 | 0.5 | 0.5 |
| 铜(毫克/千克) | 20～200 | 20 | 10 | 10 | 30 | 10 |
| 锌(毫克/千克) | 50 | 50 | 70 | 70 | 50 | 70 |
| 锰(毫克/千克) | 30 | 30 | 50 | 50 | 30 | 50 |
| 含硫氨基酸(%) | 0.6 | 0.6 | 0.8 | 0.8 | 0.8 | 0.6 |
| 赖氨酸(%) | 0.7 | 0.65 | 0.7 | 0.9 | 0.5 | 0.6 |
| 精氨酸(%) | 0.6 | 0.6 | 0.7 | 0.9 | 0.6 | 0.6 |
| 维生素 A(单位/千克) | 8000 | 8000 | 8000 | 10000 | 6000 | 12000 |
| 胡萝卜素(毫克/千克) | 0.83 | 0.83 | 0.83 | 1.0 | 0.6 | 1.2 |

表 3-15 长毛兔每日营养需要量

| 类别 | 体重(千克) | 日增重(克) | 颗粒料采食量(克) | 消化能(千焦耳) | 粗蛋白质(克) | 可消化粗蛋白质(克) |
|---|---|---|---|---|---|---|
| 断奶至3月龄 | 0.5 | 20 | 60～80 | 493.24 | 10.1 | 7.8 |
| | — | 35 | — | 581.20 | 11.7 | 9.1 |
| | — | 30 | — | 668.80 | 12.3 | 10.4 |
| | 1.0 | 20 | 70～100 | 739.86 | 12.4 | 9.3 |
| | — | 25 | — | 827.64 | 14.0 | 10.3 |
| | — | 30 | — | 915.42 | 15.6 | 11.8 |
| | 1.5 | 20 | 95～110 | 990.66 | 14.7 | 10.7 |
| | — | 25 | — | 1078.44 | 16.3 | 12.0 |
| | — | 30 | — | 1166.22 | 17.9 | 12.3 |
| 青年兔 | 2.5 | 10 | 115 | 1546.60 | 23 | 16 |
| | — | 15 | — | 1613.48 | 24 | 17 |
| | 3.0 | 10 | 160 | 1588.40 | 25 | 17 |
| | — | 15 | — | 1655.28 | 26 | 18 |
| | 3.5 | 10 | 165 | 1630.20 | 27 | 18 |
| | — | 15 | | 1697.06 | 28 | 19 |
| 妊娠母兔,平均每窝产仔6只,每日产毛2克 | 3.5～4.0 | 母兔不少于2 | 不低于165 | 1672.00 | 27 | 19 |
| 哺乳母兔,每窝哺仔5～6只,每日产毛2克 | 3.5 | 3 | 不低于210 | 2215.40 | 36 | 27 |
| | 4.0 | 3 | | 2319.90 | | |
| 产毛兔每日产毛2～3克 | 3.5～4.0 | 3 | 150 | 1463.00 | 23 | 16 |
| 种公兔配种期,每日产毛2克 | 3.5 | 3 | 150 | 1463.00 | 26 | 19 |

### (五)法国农业研究院(INRA)1984年公布的家兔营养需要量

该饲养标准见表3-16。

表3-16　法国家兔营养需要量

| 营养物质 | 生长兔 | 哺乳兔 | 妊娠兔 | 维　持 | 母仔混养 |
|---|---|---|---|---|---|
| 消化能(兆焦/千克) | 10.40 | 10.88 | 10.46 | 9.21 | 10.46 |
| 代谢能(兆焦/千克) | 10.00 | 10.46 | 10.05 | 8.87 | 10.05 |
| 脂肪(%) | 3 | 3 | 3 | 3 | 3 |
| 粗纤维(%) | 14 | 12 | 14 | 15～16 | 14 |
| 难消化粗纤维(%) | 11 | 10 | 12 | 13 | 11 |
| 粗蛋白质(%) | 16 | 18 | 16 | 13 | 17 |
| 赖氨酸(%) | 0.65 | 0.90 | — | — | 0.75 |
| 含硫氨基酸(%) | 0.60 | 0.60 | — | — | 0.60 |
| 色氨酸(%) | 0.13 | 0.15 | — | — | 0.15 |
| 苏氨酸(%) | 0.55 | 0.70 | — | — | 0.60 |
| 亮氨酸(%) | 1.05 | 1.25 | — | — | 1.20 |
| 异亮氨酸(%) | 0.60 | 0.70 | — | — | 0.65 |
| 缬氨酸(%) | 0.70 | 0.85 | — | — | 0.80 |
| 组氨酸(%) | 0.35 | 0.43 | — | — | 0.40 |
| 精氨酸(%) | 0.90 | 0.80 | — | — | 0.90 |
| 苯丙氨酸+酪氨酸(%) | 1.20 | 1.40 | — | — | 1.25 |
| 钙(%) | 0.5 | 1.10 | 0.80 | 0.40 | 1.10 |
| 磷(%) | 0.30 | 0.70 | 0.50 | 0.30 | 0.70 |
| 钠(%) | 0.30 | 0.30 | 0.30 | — | 0.30 |
| 钾(%) | 0.60 | 0.90 | 0.90 | — | 0.90 |
| 氯(%) | 0.30 | 0.30 | 0.30 | — | 0.30 |

续表 3-16

| 营养物质 | 生长兔 | 哺乳兔 | 妊娠兔 | 维　持 | 母仔混养 |
|---|---|---|---|---|---|
| 镁(%) | 0.03 | 0.04 | 0.04 | — | 0.04 |
| 硫(%) | 0.04 | — | — | — | 0.04 |
| 铁(毫克/千克) | 50 | 100 | 50 | 50 | 100 |
| 铜(毫克/千克) | 5 | 5 | — | — | 5 |
| 锌(毫克/千克) | 50 | 70 | 70 | — | 70 |
| 锰(毫克/千克) | 8.5 | 2.5 | 2.5 | 2.5 | 2.5 |
| 钴(毫克/千克) | 0.1 | 0.1 | — | — | 0.1 |
| 碘(毫克/千克) | 0.2 | 0.2 | 0.2 | 0.2 | 0.2 |
| 氟(毫克/千克) | 0.5 | — | — | — | 0.5 |
| 维生素 A(单位/千克) | 6000 | 12000 | 12000 | 6000 | 10000 |
| 维生素 D(单位/千克) | 900 | 900 | 900 | 900 | 900 |
| 维生素 E(单位/千克) | 50 | 50 | 50 | 50 | 50 |
| 维生素 K(单位/千克) | 0 | 2 | 2 | 0 | 2 |
| 硫胺素(毫克/千克) | 2 | — | 0 | 0 | 2 |
| 核黄素(毫克/千克) | 6 | — | 0 | 0 | 2 |
| 泛酸(毫克/千克) | 20 | — | 0 | 0 | 20 |
| 吡哆醇(毫克/千克) | 2 | — | 0 | 0 | 2 |
| 维生素 $B_{12}$(毫克/千克) | 0.01 | 0 | 0 | 0 | 0.01 |
| 烟碱酸(毫克/千克) | 50 | — | — | — | 50 |
| 叶酸(毫克/千克) | 5 | — | 0 | 0 | 5 |
| 生物素(毫克/千克) | 0.2 | — | — | — | 0.2 |

## (六)著名的法国营养学家 F. Lebas 推荐的饲养标准

该饲养标准见表 3-17。

表 3-17　F. Lebas 推荐的饲养标准

| 营养成分 | 4～12周龄生长兔 | 空怀母兔（包括公兔） | 妊娠兔 | 泌乳兔 | 肥育兔 |
|---|---|---|---|---|---|
| 消化能(兆焦/千克) | 10.46 | 9.20 | 10.46 | 11.3 | 10.46 |
| 代谢能(兆焦/千克) | 10.00 | 8.86 | 10.00 | 10.88 | 10.00 |
| 粗蛋白质(%) | 15 | 18 | 18 | 18 | 17 |
| 粗纤维(%) | 14 | 15～16 | 14 | 12 | 14 |
| 非消化粗纤维(%) | 12 | 13 | 12 | 10 | 12 |
| 粗脂肪(%) | 3 | 3 | 3 | 5 | 3 |
| 钙(%) | 0.5 | 0.5 | 0.8 | 1.1 | 1.1 |
| 磷(%) | 0.3 | 0.4 | 0.5 | 0.8 | 0.8 |
| 钾(%) | 0.8 | — | 0.9 | 0.9 | 0.9 |
| 钠(%) | 0.4 | — | 0.4 | 0.4 | 0.4 |
| 氯(%) | 0.4 | — | 0.4 | 0.4 | 0.4 |
| 镁(%) | 0.03 | — | 0.04 | 0.04 | 0.04 |
| 硫(%) | 0.04 | — | — | — | 0.04 |
| 钴(毫克/千克) | 1 | — | — | — | 1 |
| 铜(毫克/千克) | 5 | — | — | — | 5 |
| 锌(毫克/千克) | 50 | — | 70 | 70 | 70 |
| 铁(毫克/千克) | 50 | 50 | 50 | 50 | 50 |
| 锰(毫克/千克) | 8.5 | 2.5 | 2.5 | 2.5 | 8.5 |
| 碘(毫克/千克) | 0.2 | 0.2 | 0.2 | 0.2 | 0.2 |
| 含硫氨基酸(%) | 0.5 | — | — | 0.6 | 0.55 |
| 赖氨酸(%) | 0.6 | — | — | 0.75 | 0.7 |
| 精氨酸(%) | 0.9 | — | — | 0.8 | 0.9 |
| 苏氨酸(%) | 0.55 | — | — | 0.7 | 0.6 |
| 组氨酸(%) | 0.35 | — | — | 0.43 | 0.4 |

续表 3-17

| 营养成分 | 4～12 周龄生长兔 | 空怀母兔（包括公兔） | 妊娠兔 | 泌乳兔 | 肥育兔 |
|---|---|---|---|---|---|
| 异亮氨酸(%) | 0.6 | — | — | 0.7 | 0.65 |
| 苯丙氨酸+酪氨酸(%) | 1.2 | — | — | 1.4 | 1.2 |
| 缬氨酸(%) | 0.7 | — | — | 0.85 | 0.8 |
| 亮氨酸(%) | 1.5 | — | — | 1.25 | 1.2 |
| 维生素 A(单位/千克) | 6000 | — | 12000 | 12000 | 10000 |
| 胡萝卜素(毫克/千克) | 0.83 | — | 0.83 | 0.83 | 0.83 |
| 维生素 D(单位/千克) | 900 | — | 900 | 900 | 900 |
| 维生素 E(毫克/千克) | 50 | 50 | 50 | 50 | 50 |
| 维生素 K(毫克/千克) | — | — | 2 | 2 | 2 |
| 维生素 C(毫克/千克) | — | — | — | — | — |
| 维生素 $B_1$(毫克/千克) | 2 | — | — | — | 2 |
| 维生素 $B_2$(毫克/千克) | 6 | — | — | — | 4 |
| 维生素 $B_6$(毫克/千克) | 40 | — | — | — | 2 |
| 维生素 $B_{12}$(毫克/千克) | 0.01 | — | — | — | — |
| 叶酸(毫克/千克) | 1 | — | — | — | — |
| 泛酸(毫克/千克) | 20 | — | — | — | — |

### (七)德国 W. Scholaut 推荐的饲养标准

该饲养标准见表 3-18。

表 3-18　家兔混合料营养推荐量　(风干饲料)

| 营养成分 | 肥育兔 | 繁殖兔 | 产毛兔 |
| --- | --- | --- | --- |
| 消化能(兆焦/千克) | 12.14 | 10.89 | 9.63～10.89 |
| 粗蛋白质(%) | 16～18 | 15～17 | 15～17 |
| 粗纤维(%) | 9～12 | 10～14 | 14～16 |
| 粗脂肪(%) | 3～5 | 2～4 | 2 |
| 钙(%) | 1.0 | 1.0 | 1.0 |
| 磷(%) | 0.5 | 0.5 | 0.3～0.5 |
| 镁(毫克/千克) | 300 | 300 | 300 |
| 氯化钠(%) | 0.5～0.7 | 0.5～0.7 | 0.5 |
| 钾(毫克/千克) | 1.0 | 0.7 | 0.7 |
| 铜(毫克/千克) | 20～200 | 10 | 10 |
| 铁(毫克/千克) | 100 | 50 | 50 |
| 锰(毫克/千克) | 30 | 30 | 10 |
| 锌(毫克/千克) | 50 | 50 | 50 |
| 赖氨酸(%) | 1.0 | 1.0 | 0.5 |
| 蛋氨酸＋胱氨酸(%) | 0.4～0.6 | 0.7 | 0.7 |
| 精氨酸(%) | 0.6 | 0.6 | 0.6 |
| 维生素 A(单位/千克) | 8000 | 8000 | 6000 |
| 维生素 D(单位/千克) | 1000 | 800 | 500 |
| 维生素 E(单位/千克) | 40 | 40 | 20 |
| 维生素 K(单位/千克) | 1 | 2 | 1 |
| 胆碱(毫克/千克) | 1500 | 1500 | 1500 |
| 烟酸(毫克/千克) | 50 | 50 | 50 |
| 吡哆醇(毫克/千克) | 400 | 300 | 300 |
| 生物素(毫克/千克) | — | — | 25 |

## (八)美国 NRC 推荐的家兔饲养标准

该饲养标准见表 3-19。

**表 3-19 家兔饲养标准 (自由采食)**

| 营养成分 | 生 长 | 维 持 | 妊 娠 | 泌 乳 |
|---|---|---|---|---|
| 消化能(兆焦/千克) | 10.46 | 8.78 | 10.46 | 10.46 |
| 总可消化养分(%) | 65 | 55 | 58 | 70 |
| 粗蛋白质(%) | 16 | 12 | 15 | 17 |
| 粗纤维(%) | 10～12 | 14 | 10～12 | 10～12 |
| 粗脂肪(%) | 2 | 2 | 2 | 2 |
| 钙(%) | 0.4 | — | 0.45 | 0.75 |
| 磷(%) | 0.22 | — | 0.37 | 0.5 |
| 钾(%) | 0.6 | 0.6 | 0.6 | 0.6 |
| 钠(%) | 0.2 | 0.2 | 0.2 | 0.2 |
| 氯(%) | 0.3 | 0.3 | 0.3 | 0.3 |
| 镁(毫克/千克) | 300～400 | 300～400 | 300～400 | 300～400 |
| 铜(毫克/千克) | 3 | 3 | 3 | 3 |
| 碘(毫克/千克) | 0.2 | 0.2 | 0.2 | 0.2 |
| 锰(毫克/千克) | 8.5 | 2.5 | 2.5 | 2.5 |
| 赖氨酸(%) | 0.65 | — | — | — |
| 蛋氨酸+胱氨酸(%) | 0.6 | — | — | — |
| 精氨酸(%) | 0.6 | — | — | — |
| 组氨酸(%) | 0.3 | — | — | — |
| 亮氨酸(%) | 1.1 | — | — | — |
| 异亮氨酸(%) | 0.6 | — | — | — |
| 苯丙氨酸+酪氨酸(%) | 1.1 | — | — | — |
| 色氨酸(%) | 0.2 | — | — | — |
| 缬氨酸(%) | 0.7 | — | — | — |
| 维生素 A(单位/千克) | 500 | — | — | — |
| 维生素 E(毫克/千克) | 40 | — | 40 | 40 |
| 维生素 K(毫克/千克) | — | — | 0.2 | — |

## (九)美国《动物营养学》提供的兔饲养标准

该饲养标准见表 3-20。

表 3-20　兔饲养标准

| 营养成分 | 成年兔、妊娠初期母兔 | 妊娠后期母兔泌乳带仔母兔 | 生长兔肥育兔 |
|---|---|---|---|
| 消化能(兆焦/千克) | 11.42 | 12.30～14.06 | 14.06 |
| 粗蛋白质(%) | 12～16 | 17～18 | 17～18 |
| 粗脂肪(%) | 2～4 | 2～6 | 2～6 |
| 粗纤维(%) | 12～14 | 10～12 | 10～12 |
| 钙(%) | 1.0 | 1.0～1.2 | 1.0～1.2 |
| 磷(%) | 0.4 | 0.4～0.8 | 0.4～0.8 |
| 镁(%) | 0.25 | 0.25 | 0.25 |
| 钾(%) | 1.0 | 1.5 | 1.5 |
| 锰(毫克/千克) | 30 | 50 | 50 |
| 锌(毫克/千克) | 20 | 30 | 30 |
| 铁(毫克/千克) | 100 | 100 | 100 |
| 铜(毫克/千克) | 10 | 10 | 10 |
| 食盐(%) | 0.5 | 0.65 | 0.65 |
| 蛋＋胱氨酸(%) | 0.5 | 0.5 | 0.5 |
| 赖氨酸(%) | 0.6 | 0.8 | 0.8 |
| 维生素 A(单位/千克) | 8000 | 9000 | 9000 |
| 维生素 D(单位/千克) | 1000 | 1000 | 1000 |
| 维生素 E(单位/千克) | 20 | 40 | 40 |
| 维生素 K(单位/千克) | 1.0 | 1.0 | 1.0 |
| 维生素 $B_6$(单位/千克) | 1.0 | 1.0 | 1.0 |
| 维生素 $B_{12}$(单位/千克) | 10 | 10 | 10 |
| 烟酸(毫克/千克) | 30 | 50 | 50 |
| 胆碱(毫克/千克) | 1300 | 1300 | 1300 |

### (十)山西省农业科学院畜牧兽医研究所推荐的獭兔饲养标准

山西省农业科学院畜牧兽医研究所任克良等根据完成的“皮用兔饲养标准及预混料研究”课题研究成果并参考其他研究结果，提出皮用兔饲养标准、生长獭兔(断奶至3月龄)日供饲料量、青年獭兔(3月龄至出栏)日供饲料量、成年獭兔日供饲料量(表3-21至表3-24)，仅供参考。

**表3-21 皮用兔饲养标准**

| 项目 | 妊娠母兔 | 哺乳母兔及仔兔 | 生长兔 | | 空怀母兔 |
|---|---|---|---|---|---|
| | | | 断奶至3月龄 | 青年兔(3月龄至取皮) | |
| 消化能(兆焦/千克) | 10.47 | 11.0 | 11.3 | 10.3 | 10.46 |
| 粗蛋白质(%) | 17.5 | 19.0 | 19 | 16 | 16 |
| 粗纤维(%) | 14.6 | 13.0 | 11～12 | 16～18 | 16～18 |
| 含硫氨基酸(%) | 0.8 | 0.87 | 0.87 | 0.65 | 0.65 |
| 赖氨酸(%) | 0.6 | 0.6 | 1.0 | 0.6 | 0.6 |
| 钙(%) | 1.0 | 1.2 | 1.0 | 1.0 | 1.0 |
| 磷(%) | 0.5 | 0.8 | 0.5 | 0.5 | 0.5 |
| 食盐(%) | 0.3 | 0.5 | 0.5 | 0.5 | 0.5 |
| 添加剂 | 添加剂2号 | 添加剂2号 | 添加剂1号 | 添加剂4号 | 添加剂2号 |

注：添加剂1号由微量元素、维生素、抗球虫药和绿色添加剂等组成；添加剂2号由微量元素、维生素等组成；添加剂4号由微量元素、维生素和绿色添加剂等组成

表 3-22　生长獭兔(断奶至 3 月龄)日供饲料量　(克/天)

| 断奶后周龄 | 日供饲料量(DE11.0 兆焦/千克,CP19%) | 断奶后周龄 | 日供饲料量(DE11.0 兆焦/千克,CP19%) |
| --- | --- | --- | --- |
| 第 1 周 | 75 | 第 9 周 | 110 |
| 第 2 周 | 100 | 第 10 周 | 120 |
| 第 3 周 | 100 | 第 11 周 | 130 |
| 第 4 周 | 120 | 第 12 周 | 120 |
| 第 5 周 | 120 | 第 13 周 | 125 |
| 第 6 周 | 120 | 第 14 周 | 135 |
| 第 7 周 | 115 | 第 15 周 | 135 |
| 第 8 周 | 110 | 第 16 周 | 130 |

表 3-23　青年獭兔(3 月龄至出栏)日供饲料量　(克/天)

| 3 月龄后周龄 | 日均采食量(DE10.5 MJ/KG,CP19.3%) | 日均采食量(DE 10.3MJ/KG,CP16%) |
| --- | --- | --- |
| 第 1 周 | 125 | 125 |
| 第 2 周 | 145 | 145 |
| 第 3 周 | 130 | 130 |
| 第 4 周 | 130 | 130 |
| 第 5 周 | 140 | 140 |
| 第 6 周 | 125 | 130 |
| 第 7 周 | 130 | 130 |

表 3-24 成年獭兔日供饲料量

| 生理阶段 | 日均采食量(天) |
| --- | --- |
| 空怀母兔(DE10.46 兆焦/千克,CP16%) | 170 克 |
| 妊娠母兔(DE10.46 兆焦/千克,CP17.5%) | 妊娠前期(20 天)170 克;妊娠后期 190 克 |
| 哺乳母兔及仔兔(DE11 兆焦/千克,CP19%) | 产仔前 3 天、产后 3 天 150～170 克;产后第四天逐步增加饲喂量,至自由采食 |

## (十一)第九届世界家兔科学大会上推荐的家兔饲养标准

在 2008 年第九届家兔科学大会上 Lebas 先生在总结近年来世界各国养兔学者的研究成果的基础上推荐出家兔最新饲养标准(表 3-25),其推荐量分为两类。第一类主要影响饲料效能的营养组分:消化能、粗蛋白和可消化蛋白、氨基酸、矿物质和脂溶性维生素。第二类则指主要影响营养安全和消化健康的,如各种纤维素成分(木质素、纤维素和半纤维素)及其平衡性、淀粉和水溶性维生素等。

表 3-25 家兔饲料营养推荐值 (90%干物质)

| 生产阶段或类型 | | 生长兔 | | 繁殖兔[1] | | 单一饲料[2] |
| --- | --- | --- | --- | --- | --- | --- |
| | | 18～42 天 | 42～75,80 天 | 集约化 | 半集约化 | |
| 1 组:对最高生产性能的推荐量 | | | | | | |
| 消化能 | (千卡/千克) | 2400 | 2600 | 2700 | 2600 | 2400 |
| | (兆焦/千克) | 9.5 | 10.5 | 11.0 | 10.5 | 9.5 |
| 粗蛋白质(克/千克) | | 150～160 | 160～170 | 180～190 | 170～175 | 160 |
| 可消化蛋白质(克/千克) | | 110～120 | 120～130 | 130～140 | 120～130 | 110～125 |

续表 3-25

| 生产阶段或类型 | | 生长兔 | | 繁殖兔[1] | | 单一饲料[2] |
|---|---|---|---|---|---|---|
| | | 18～42天 | 42～75,80天 | 集约化 | 半集约化 | |
| 可消化蛋白质/可消化能比例 | (克/1000千卡) | 45 | 48 | 53～54 | 51～53 | 48 |
| | (克/1兆焦) | 10.7 | 11.5 | 12.7～13.0 | 12.0～12.7 | 11.5～12.0 |
| 脂类(克/千克) | | 20～25 | 25～40 | 40～50 | 30～40 | 20～30 |
| 氨基酸 | | | | | | |
| 赖氨酸(克/千克) | | 7.5 | 8.0 | 8.5 | 8.2 | 8.0 |
| 蛋氨酸+胱氨酸(克/千克) | | 5.5 | 6.0 | 6.2 | 6.0 | 6.0 |
| 苏氨酸(克/千克) | | 5.6 | 5.8 | 7.0 | 7.0 | 6.0 |
| 色氨酸(克/千克) | | 1.2 | 1.4 | 1.5 | 1.5 | 1.4 |
| 精氨酸(克/千克) | | 8.0 | 9.0 | 8.0 | 8.0 | 8.0 |
| 矿物质 | | | | | | |
| 钙(克/千克) | | 7.0 | 8.0 | 12.0 | 12.0 | 11.0 |
| 磷(克/千克) | | 4.0 | 4.5 | 6.0 | 6.0 | 5.0 |
| 钠(克/千克) | | 2.2 | 2.2 | 2.5 | 2.5 | 2.2 |
| 钾(克/千克) | | <15 | <20 | <18 | <18 | <18 |
| 氯(克/千克) | | 2.8 | 2.8 | 3.5 | 3.5 | 3.0 |
| 镁(克/千克) | | 3.0 | 3.0 | 4.0 | 3.0 | 3.0 |
| 硫(克/千克) | | 2.5 | 2.5 | 2.5 | 2.5 | 2.5 |
| 铁(毫克/千克) | | 50 | 50 | 100 | 100 | 80 |
| 铜(毫克/千克) | | 6 | 6 | 10 | 10 | 10 |
| 锌(毫克/千克) | | 25 | 25 | 50 | 50 | 40 |
| 锰(毫克/千克) | | 8 | 8 | 12 | 12 | 10 |
| 脂溶性维生素 | | | | | | |
| 维生素A(单位/千克) | | 6000 | 6000 | 10000 | 10000 | 10000 |

**续表 3-25**

| 生产阶段或类型 | 生长兔 | | 繁殖兔[1] | | 单一饲料[2] |
|---|---|---|---|---|---|
| | 18～42 天 | 42～75,80 天 | 集约化 | 半集约化 | |
| 维生素 D(单位/千克) | 1000 | 1000 | 1000 (＜1500) | 1000 (＜1500) | 1000 (＜1500) |
| 维生素 E(毫克/千克) | ≥30 | ≥30 | ≥50 | ≥50 | ≥50 |
| 维生素 K(毫克/千克) | 1 | 1 | 2 | 2 | 2 |
| 2 组:保持家兔最佳健康水平的推荐量 | | | | | |
| 木质纤维素(克/千克) | ≥190 | ≥170 | ≥135 | ≥150 | ≥160 |
| 木质素(克/千克) | ≥55 | ≥50 | ≥30 | ≥30 | ≥50 |
| 维生素(克/千克) | ≥130 | ≥110 | ≥90 | ≥90 | ≥110 |
| 木质素/纤维素比例 | ≥0.40 | ≥0.40 | ≥0.35 | ≥0.40 | ≥0.40 |
| 中性洗涤纤维(克/千克) | ≥320 | ≥310 | ≥300 | ≥315 | ≥310 |
| 半纤维素(克/千克) | ≥120 | ≥100 | ≥85 | ≥90 | ≥100 |
| (半纤维素＋果胶)/木质纤维素比例 | ≤1.3 | ≤1.3 | ≤1.3 | ≤1.3 | ≤1.3 |
| 淀粉(克/千克) | ≤140 | ≤200 | ≤200 | ≤200 | ≤160 |
| 水溶性维生素 | | | | | |
| 维生素 C(毫克/千克) | 250 | 250 | 200 | 200 | 200 |
| 维生素 $B_1$(毫克/千克) | 2 | 2 | 2 | 2 | 2 |
| 维生素 $B_2$(毫克/千克) | 6 | 6 | 6 | 6 | 6 |
| 尼克酸(毫克/千克) | 50 | 50 | 40 | 40 | 40 |
| 泛酸(毫克/千克) | 20 | 20 | 20 | 20 | 20 |
| 维生素 $B_6$(毫克/千克) | 2 | 2 | 2 | 2 | 2 |
| 叶酸(毫克/千克) | 5 | 5 | 5 | 5 | 5 |
| 维生素 $B_{12}$(毫克/千克) | 0.01 | 0.01 | 0.01 | 0.01 | 0.01 |
| 胆碱(毫克/千克) | 200 | 200 | 100 | 100 | 100 |

(1)对于母兔,半集约化生产表示平均每年生产断奶仔兔 40～50 至,集约化生产则代表更高的生产水平(每年每只母兔生产断奶仔兔大于 50 只);(2)单一饲料推荐量表示可应用于所有兔场中兔子的日粮。它的配制考虑了不同种类兔子的需要量

(任克良)

# 第四章　家兔的饲料配方设计

## 一、配方设计原理

饲料配方设计就是根据家兔营养需要量、饲料营养成分及特性，选取适当的原料，并确定适宜的比例和数量，为家兔提供营养平衡、价格低廉的全价饲粮，以充分发挥家兔的生产性能，保证兔体健康，并获得最大的经济效益。

设计配方时首先要掌握：家兔的营养需要和采食量，饲料营养价值表，饲料的非营养特性（如适口性、毒性、加工制粒特性、市场价格等）。同时，还应将配方在养兔实践中进行检验。

## 二、配方设计应考虑的因素

### （一）使用对象

在配方设计时，首先要考虑配方使用对象的情况，如家兔类型（肉用型、皮用型、毛用型）、生理阶段（仔兔、幼兔、青年兔、公兔、空怀兔、妊娠兔、哺乳兔）等。因为不同类型和生理阶段的家兔对营养的需求量不同。

### （二）营养需要量

目前家兔饲养标准有国内的和国外的，设计时应以国内家兔饲养标准为基础，同时参考国外的，如法国、西班牙、意大利等国家的饲养标准，还应考虑家兔品种、饲养管理条件、环境温度、健康状况等因素。对国内外的家兔营养最新研究报告也应作为参考。

**(三)饲料原料成分与价格**

原料是影响产品质量和价格的主要因素。选用时,以来源稳定、质量稳定的原料为佳。饲料原料营养成分受品种、气候、贮藏等因素影响,计算时最好以实测营养成分结果为好,不能实测时可参考国内、国外营养成分表。原料的价格也很重要,力求使用质好、价廉、本地区来源广的原料,这样可降低运输费用,以求最终降低饲料成本。

**(四)生产过程中饲料成分的变化**

配合饲料在生产加工过程中对于营养成分是有一定影响的,如在粉碎、制粒等过程中对维生素效价、氨基酸利用率均有影响,设计时应适当提高其添加量。

**(五)注意饲料的品质和适口性**

在配制饲粮中不仅要满足家兔营养需要,还应考虑饲粮的品质和适口性。饲粮适口性直接影响家兔采食量。适口性好的饲粮,家兔喜吃,可提高饲养效果。实践证明,家兔喜吃植物性饲料胜过动物性饲料,喜欢吃有甜味和脂肪含量适当的饲料,不喜吃鱼粉、血粉、肉骨粉等动物性饲料。兔对霉菌毒素极为敏感,故严禁使用发霉、变质饲料配制饲粮,以免引起中毒。

**(六)一般原料用量的大致比例**

不同原料在饲粮中所占的比例,一方面取决于原料本身的营养特点,另一方面取决于所配伍的原料情况。根据养兔生产实践,常用原料的大致比例如下。

**1. 粗饲料** 干草、秸秆、树叶、糟粕、蔓类等为20%～50%。

**2. 能量饲料** 如玉米、大麦、小麦、麸皮等能量饲料为25%～35%。

**3. 植物性蛋白质饲料** 如豆饼、花生饼等为5%～20%。

**4. 动物性蛋白质饲料** 如鱼粉等为0%～5%。

**5. 钙、磷类饲料** 如骨粉、石粉、磷酸氢钙等为1%～3%。

**6. 食盐** 用量为0.3%～0.5%。

**7. 添加剂** 微量元素、维生素等为0.5%～1.5%。

**8. 限制性原料** 棉籽饼、菜籽饼等有毒饼粕小于5%。

## 三、饲料配方设计方法

饲料配方设计方法有计算机法和手工计算法。

### (一)计算机法

计算机法是根据线性规划原理,在规定多种条件的基础上,可筛选出最低成本的饲粮配方,它可以同时考虑几十种营养指标,运算速度快,精度高,是目前最先进的方法。目前市场上有许多畜禽优化饲粮配方的计算机软件可供选择,可直接用于生产。

### (二)手工计算法

手工计算法又分为交叉法、联立方程法和试差法,其中试差法是目前普遍采用的方法。

试差法又称凑数法,是目前大、中型兔场普遍采用的方法之一。其具体方法是:首先根据经验初步拟出各种饲料原料的大致比例,然后用各自的比例去乘该原料所含的各种养分的百分含量,再将各种原料的同种养分之积相加,即得到该配方中每种养分的总量,将所得结果与饲养标准进行对照,若有任一养分超过或不足时,可通过减少或增加相应的原料比例进行调整和重新计算,直至所有的营养指标都基本满足要求为止。这种方法考虑营养指标有限，计算量大，盲目性较大，不易遴选出最佳配方，不能兼顾成本。但由于简单易学，因此这种方法应用广泛。

现介绍用玉米、麸皮、豆饼、鱼粉、玉米秸秆、豆秸、贝壳粉、食盐、微量元素及维生素预混料，设计12周龄后肉用生长兔的饲粮配方。

第一步：查饲养标准列出营养需要量。根据我国各类家兔建议营养供给量，生长兔12周龄后营养供给量见表4-1。

**表4-1　生长兔12周龄后营养标准**

| 消化能（兆焦/千克） | 粗蛋白质（%） | 粗纤维（%） | 钙（%） | 磷（%） | 赖氨酸（%） | 蛋氨酸＋胱氨酸（%） |
|---|---|---|---|---|---|---|
| 10.45～11.29 | 16 | 10～14 | 0.5～0.7 | 0.3～0.5 | 0.7～0.9 | 0.6～0.7 |

第二步：查出所用原料营养价值表（表4-2）。

**表4-2　原料营养价值表**

| 原　料 | 消化能（兆焦/千克） | 粗蛋白质（%） | 粗纤维（%） | 钙（%） | 磷（%） |
|---|---|---|---|---|---|
| 玉米秸秆 | 8.16 | 6.5 | 18.9 | 0.39 | 0.23 |
| 豆　秸 | 8.28 | 4.6 | 40.1 | 0.74 | 0.12 |
| 玉　米 | 15.44 | 8.6 | 2.0 | 0.07 | 0.24 |
| 麸　皮 | 11.92 | 15.6 | 9.2 | 0.14 | 0.96 |
| 豆　饼 | 14.37 | 43.5 | 4.5 | 0.28 | 0.57 |
| 鱼　粉 | 15.97 | 58.5 | — | 3.91 | 2.90 |
| 贝壳粉 | — | — | — | 0.36 | — |

第三步：试配饲粮。一般食盐、矿物质饲料、预混料大致比例合计为3%左右，其余则为97%（表4-3）。

表 4-3　兔饲粮试配方案

| 原　料 | 比例(%) | 消化能(兆焦/千克) | 粗蛋白质(%) | 粗纤维(%) |
|---|---|---|---|---|
| 玉米秸秆 | 25 | 2.04 | 1.62 | 4.725 |
| 豆秸秆 | 15 | 1.242 | 0.69 | 6.015 |
| 玉　米 | 15 | 2.316 | 1.29 | 0.3 |
| 麸　皮 | 30 | 3.576 | 4.68 | 2.76 |
| 豆　饼 | 11 | 1.6412 | 4.785 | 0.495 |
| 鱼　粉 | 1 | 0.1579 | 0.585 | — |
| 合　计 | 97 | 10.9731 | 13.65 | 14.295 |
| 营养需要 | — | 10.45～11.29 | 16 | 10～14 |
| 比　较 | — | — | −2.35 | — |

以上饲粮中粗纤维、消化能已基本满足，但粗蛋白质不足(应用蛋白质饲料豆饼来平衡)。钙、磷最后考虑。

第四步：调整配方。用一定量的豆饼替代麸皮，所替代比例确定为 2.35÷(0.435～0.156)≈8%(表 4-4)。

表 4-4　调整后的配方

| 原　料 | 配合比例(%) | 消化能(兆焦/千克) | 粗蛋白质(%) | 粗纤维(%) | 钙(%) | 磷(%) |
|---|---|---|---|---|---|---|
| 玉米秸秆 | 25 | 2.040 | 1.625 | 4.725 | 0.098 | 0.058 |
| 豆秸秆 | 15 | 1.242 | 0.690 | 0.015 | 0.111 | 0.018 |
| 玉　米 | 15 | 2.316 | 1.290 | 0.300 | 0.011 | 0.036 |
| 麸　皮 | 22 | 2.622 | 3.432 | 2.024 | 0.031 | 0.211 |
| 豆　饼 | 19 | 2.835 | 8.265 | 0.855 | 0.053 | 0.108 |
| 鱼　粉 | 1 | 0.158 | 0.585 | — | 0.039 | 0.209 |
| 合　计 | 97 | 11.213 | 15.887 | 13.919 | 0.343 | 0.46 |

同营养需要相比较，消化能、粗蛋白质和粗纤维已基本满足，只是钙不足，尚缺0.7%～0.343%＝0.357%，贝壳粉的添加量为0.357÷36≈1%，食盐添加量为0.5%，预混料添加剂为0.5%～1.5%。此外，还需考虑添加蛋氨酸、赖氨酸等必需氨基酸，经计算该配方中赖氨酸、含硫氨基酸已达0.7%和0.51%，故赖氨酸、蛋氨酸需再分别添加0.2%。

第五步：列出饲粮配方和营养价值(表4-5)。

**表4-5　生长兔12周龄后饲料配方和营养价值**

| | | | |
|---|---|---|---|
| 玉米秸秆 | 25 | 食盐(%) | 0.5 |
| 豆秸秆 | 15 | 微量元素预混料(兔宝1号)(%) | 0.5 |
| 玉　米 | 15 | 多维素(%) | 0.6 |
| 麸　皮 | 22 | 消化能(兆焦/千克) | 11.2 |
| 豆　饼 | 19 | 粗蛋白质(%) | 15.9 |
| 鱼　粉 | 1 | 粗纤维(%) | 13.9 |
| 贝壳粉 | 1 | 钙(%) | 0.7 |
| 赖氨酸 | 0.2 | 磷(%) | 0.46 |
| 蛋氨酸 | 0.2 | — | — |

用试差法设计家兔配方时需要一定的经验，以下是笔者的几点体会仅供参考。

第一，初拟配方时，先将食盐、矿物质、预混料等原料的用量确定。

第二，对所用原料的营养特点要有一定了解，确定有毒素、营养抑制因子等原料的用量。质量低的动物性蛋白质饲料最好不用，因为其造成危害的可能性很大。

第三，调整配方时，先以能量、粗蛋白质、粗纤维为目标进行，然后考虑矿物质、氨基酸等。

第四，矿物质不足时，先以含磷高的原料满足磷的需要，再计算钙的含量，不足的钙以低磷高钙的原料（如贝壳粉、石粉）补足。

第五，氨基酸不足时，以合成氨基酸补充，但要考虑氨基酸产品的含量和效价。

第六，计算配方时，不必过于拘泥于饲养标准。饲养标准只是一个参考值，原料的营养成分也不一定是实测值。用试差法手工计算完全达到饲养标准是不现实的，应力争使用计算机优化系统。

第七，配方营养浓度应稍高于饲养标准，一般确定一个最高的超出范围，如1%或2%。

第八，添加的抗球虫等药物，要轮换使用，以防产生抗药性。禁止使用马杜拉霉素等易中毒的添加剂。

### （三）微量元素添加剂配方设计及配制

大型兔场及饲料加工厂可自行设计和配制兔用微量元素添加剂，方法和步骤如下。

**1. 查出相应的饲养标准** 根据家兔类型、生理阶段、生产目的等因素设计配方，查出相应的饲养标准。饲养标准是确定家兔营养需要的基本依据，目前普遍把饲养标准中规定的微量元素需要量作为添加量，将基础饲粮含量作为保证量，这样既简化了计算，也符合安全性原则，还可参考确实可靠的研究和使用成果进行修正、确定微量元素添加的种类和数量。不同公司、厂家生产的各种微量元素添加剂含量可能不同。

**2. 选择微量元素原料** 根据对原料的生物学效价、价格和加工工艺的要求，进行综合分析后选择微量元素原料。主要查明微量元素含量，同时查明杂质及其他元素含量，以备应用。

**3. 计算原料用量** 根据原料中微量元素含量和预混料中的需要量，计算在预混料中各微量元素所需商品原料量。其纯原料量和商品原料量的计算公式如下。

纯原料量=某微量元素需要量÷纯品中元素含量(%)

商品原料量(毫克)=纯原料量÷商品原料纯度(%)

**4. 确定载体用量** 根据预混料在配合饲料中的比例,计算载体用量。一般认为,预混料以占全价配合饲料的0.1%~0.5%为宜。其载体用量的计算公式如下:

载体用量=预混料量-商品原料量

**5. 列出配方** 列出微量元素预混料的生产配方。

**6. 生产加工** 对原料进行烘干、粉碎、搅拌,然后装袋备用。

**7. 举例说明** 以哺乳母兔微量元素预混料的配方为例加以说明如下。

(1)根据饲养标准确定微量元素用量 南京农业大学等推荐的饲养标准中哺乳母兔的微量元素需要量即添加量见表4-6。

**表4-6 哺乳母兔的微量元素需要量** (毫克/千克)

| 微量元素 | 铜 | 铁 | 锰 | 锌 | 磷 |
|---|---|---|---|---|---|
| 需要量 | 10 | 100 | 10 | 40 | 0.2 |

(2)微量元素原料选择 见表4-7。

**表4-7 商品微量元素盐的规格** (%)

| 商品微量元素盐名称 | 分子式 | 有效元素含量 | 商品原料纯度 |
|---|---|---|---|
| 硫酸铜 | $CuSO_4.5H_2O$ | 25.5 | 96.0 |
| 硫酸亚铁 | $FeSO_4.7H_2O$ | 20.1 | 98.5 |
| 硫酸锰 | $MnSO_4.H_2O$ | 32.5 | 98.0 |
| 硫酸锌 | $ZnSO_4.7H_2O$ | 22.7 | 99.0 |
| 碘化钾 | KI | 76.4 | 99.0 |

(3)计算商品原料量 将需要添加的各微量元素折合为每千

克风干全价配合饲料中的商品原料量，即：商品原料量＝某微量元素需要量÷纯品种该元素含量÷商品原料纯度。按此计算方法，得出表 4-8。

**表 4-8　每千克全价配合饲料中微量元素盐商品原料用量**

（毫克/千克）

| 商品原料 | 计算式 | 商品原料量 |
|---|---|---|
| 硫酸铜 | 10÷25.5%÷96% | 40.8 |
| 硫酸亚铁 | 100÷20.1%÷98.5% | 505.1 |
| 硫酸锰 | 10÷32.5%÷98% | 31.4 |
| 硫酸锌 | 40÷22.7%÷99% | 178.0 |
| 碘化钾 | 0.2÷76.4%÷99% | 0.26 |
| 合　计 | | 755.56 |

(4)计算载体用量　若预混料在全价配合饲料中占 0.2%(即每吨全价配合饲料有预混量 2 千克)时，则预混料中载体用量等于预混量与微量元素盐商品原料量之差。即：2 千克－0.75556 千克＝1.24444 千克。所以每吨全价哺乳母兔配合饲料中载体用量为 1.24444 千克，微量元素载体选择石粉、沸石粉等。

(5)列出哺乳母兔微量元素预混料的生产配方　见表 4-9。

**表 4-9　哺乳母兔微量元素预混料的生产配方**

| 商品原料 | 每吨配合饲料中用量(克) | 每吨预混料用量(克) | 配合率(%) |
|---|---|---|---|
| 硫酸铜 | 40.8 | 20.4 | 2.04 |
| 硫酸亚铁 | 505.1 | 252.6 | 25.26 |
| 硫酸锰 | 31.4 | 15.7 | 1.57 |
| 硫酸锌 | 178.0 | 89.0 | 8.9 |
| 碘化钾 | 0.26 | 0.13 | 0.013 |
| 载　体 | 1244.44 | 622.22 | 62.2 |
| 合　计 | 2000 | 1000 | 100 |

(6)生产加工　首先将含结晶水较多的原料分别烘干，然后粉碎(通过 200 目筛、即 0.074 毫米以下)。根据预混料配方，称量各种微量元素添加量，进行搅拌。物料添加顺序为先加载体，随后加入所需要的微量元素添加剂，混合搅拌 10～20 分钟，然后分装保存，使用时按一定比例(0.2%)逐步混合到饲料中。

(任克良)

# 第五章　家兔配合饲料的加工

## 一、加工设备

### (一)粉 碎 机

**1. 粉碎的目的**　一般精料、粗料利用前均应粉碎。目的有5点:①提高家兔对饲料的利用率。因为粉碎后的饲料增加了单位体积的表面积,从而增加了与消化液的接触面积,便于消化吸收。但是若采用粉状配合饲料直接喂兔,则粉碎的粒度并非越细越好,这是由于过细的饲料,在胃内形成少孔隙致密坚硬的食团,降低胃酸的穿透力和抗菌作用,导致兔消化障碍和胃肠炎。此外,过细也增加动力消耗。兔用粉料粒度,以能通过2.5毫米的筛子为宜。②有利于均匀混合,减少混合料的分离。③便于加工成颗粒饲料。④提高粗饲料的利用率。直接用干苜蓿、青干草、豆秸、谷草等喂兔,仅能利用30%～50%,而被粉碎喂兔,利用率大大提高。⑤扩大饲料来源,将一些不能直接饲喂的饲料粉碎后饲喂。

**2. 对粉碎机的要求**　①通用性好,适应性强,既能粉碎精料,又能粉碎粗饲料。②成品粒度可根据需要随意调节。粒度均匀,成品不产生高热。③生产效率高,耗动力小,产量大,单位成本耗能低。④结构简单,工作可靠,使用和维修方便,配件标准,易购。⑤噪声和粉尘应符合有关规定标准。

**3. 粉碎机种类**　根据饲料粉碎的方法(击碎、磨碎、压碎与锯切碎)不同,粉碎机分为锤片式、劲锤式、对辊式和齿爪式4种,其中以锤片式应用最为普遍。

锤片式粉碎机按进料方向可分为切向喂料式、轴向喂料式和径向喂料式3种。按筛片的形式可分为底筛式、环筛式、水滴式和侧筛式4种。

目前我国普遍使用的锤片式粉碎机有农机部门设计的9F、9FQ系列和内贸部门设计的FSP系列。常用粉碎机主要技术参数见表5-1。

**表5-1 常用粉碎机主要技术参数**

| 型 号 | 配套动力（千瓦） | 外形尺寸（毫米） | 整机重量（千克） | 锤筛间隙（毫米） | 生产率（千克/小时） |
|---|---|---|---|---|---|
| 9FQ-40 | 7.5～10 | 945×830×805 | 164 | 12±2 | 497～500 |
| 9FQ-50 | 13～17 | 1230×964×930 | 230 | 12±2 | 4023 |
| 9FQ-60 | 30～40 | 878×859×1302 | 560 | 上20 | 4023～4060 |
| 9F-32 | 3～5.5 | 730×690×1225 | 64 | 下12 | |
| 9F-45 | 7.5～10 | 756×826×1289 | 150 | 12±2 | |
| 9F-55 | 13～17 | 910×1120×1300 | 300 | 12±2 | |
| FSP56×35 | 22～30 | 1450×740×1070 | 615 | 下12 | 3000～4000 |
| FSP56×40 | 30～37 | 1586×770×1420 | 710 | 下12 | 5000 |
| FSP112×30 | 55～75 | 1780×1380×1600 | 2200 | 上18 | 9600～9800 |
| | | | | 下12 | |

**4. 9FQ-40B、9FQ-50B型粉碎机使用方法**

(1)适用范围　可粉碎的精料有玉米、高粱、大麦、小麦、豆类、白薯干、碎豆饼等；粗饲料有玉米秸秆、麦秸、高粱秆、白薯秧、花生壳、谷草、干杂草。青饲料类可将青菜类、瓜秧、青草等打成浆状。

(2)技术参数　见表5-2。

表 5-2　9FQ-40B、9FQ-50B 型粉碎机主要技术参数

| 项　目 | 9FQ-40B | 9FQ-50B |
|---|---|---|
| 机体外形尺寸(毫米) | 828×790×900 | 1070×1060×990 |
| 主轴转速(转/分) | 3800 | 3250 |
| 转子直径(毫米) | 400 | 500 |
| 锤片排列 | 单头对称 | 单头对称 |
| 锤片数量 | 16 | 16 |
| 锤筛(毫米) | 最小 5～8 | 5～8 |
| 筛孔直径(毫米) | 2 | 2 |
| 配套动力(4 极电机) | 7.5 | 11～15 |
| 机器重量(千克) | 150 | 240 |
| 生产率(千克/小时) | 800 | 1100～1500 |

(3)结构及工作原理

①结构：主要由进料部分、粉碎室和风送系统 3 部分组成(图 5-1、图 5-2)。

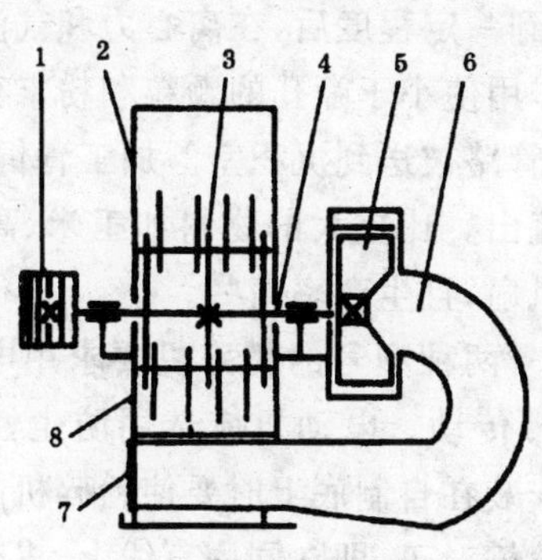


图 5-1　粉碎机结构示意图

1. 皮带轮　2. 上盖　3. 转子　4. 主轴
5. 风扇　6. 吸出管　7. 风门　8. 下座

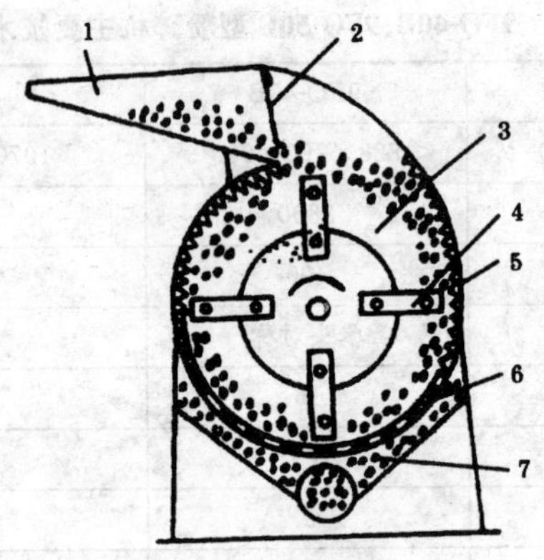


**图 5-2　粉碎机结构**

1. 进料斗　2. 精料挡板　3. 粉碎室
4. 锤片　5. 齿板　6. 筛板　7. 下膛

②工作原理:原料经进料口进入粉碎室后、在高速旋转的锤片打击下被破裂,以较高的速度飞向齿板,与固定的齿板撞击进一步粉碎,然后又弹回,再次受到锤片的击碎。饲料颗粒受到反复的打击、撞击而被粉碎到一定程度后,在离心力和气流的作用下穿过筛孔。由于风扇的作用使小于筛孔的颗粒和粉末很快通过筛片被吸出下膛,然后沿着管路被送到沉积室。加工青饲料不用风扇,成品过筛后经下膛而流出。比重大的物料如玉米、高粱、大豆、豆饼等加工时也可不用风扇,且生产率高些。

(4)安装调整　两种型号的粉碎机要求用电动机或柴油机通过 4 根 B 型三角带传动。电动机应选用防尘性能好的全封闭式的 4 极电动机。安装在自制底上时要使粉碎机的皮带轮与电动机或柴油机的皮带轮槽对正,即在同一直线上,皮带的松紧度靠电动机或柴油机在底座上前后移动调节,不宜过紧。

①粉碎机出料有 2 种方式。粉碎粮食后,成品由风扇吹送到沉积室内。粉碎青饲料时,打开下膛底上的出料口挡板,成品经下

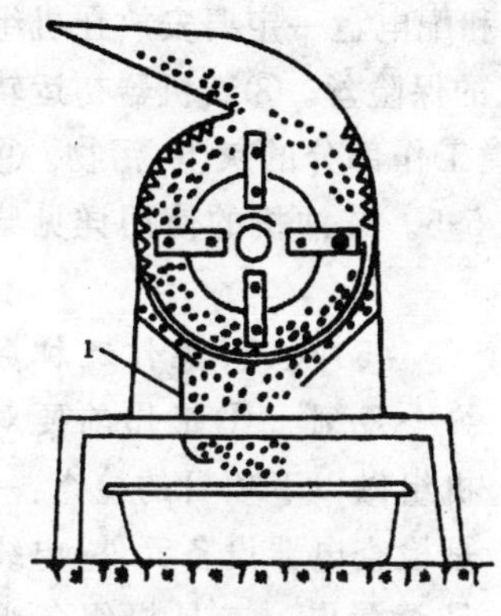


**图 5-3　便子接料的安装**

1. 出料口挡板

膛直接流出(粉重较大精料也可用这种方式),但机器要挖地坑或放高些以便接料(图 5-3)。②风扇吹出管路的安装有 2 种形式:一是房屋、大木柜、泥棚室作沉积室时,管路低架,但方向可在一定的范围内变动。二是用圆筒式旋流沉积室(可向厂方定购)时,管路高架(图 5-4)。为了节省开支,操作方便,减轻劳动强度,采用泥棚室作沉积室较好。最小不小于 15 立方米,要有足够的散风面积。③粉碎粮食时,根据原料的具体情况,在进料口位置上可安装挡板,用来适当控制喂入量,防止电机超载。粉碎粗饲料时,去掉挡板,可加大喂入量。④停车前打开下膛风门,机器继续运转 2～3 分钟再切断电源使粉碎机停机,以便清除机体内的残料。⑤饲料的细度是靠筛板的孔径大小来控制的。本书介绍的两种型号的粉碎机筛板孔径为 2 毫米、2.5 毫米、3 毫米、4 毫米、5 毫米、6 毫米、8 毫米和 25 毫米(青饲料打浆)。如感觉成品或粗或细,可换用不同孔径筛片(自制或向生产厂订购)。家兔饲料以 2.5 毫米筛片为宜。更换筛片时,打开上壳,即可抽出筛板,换好更新的筛板后合好上壳。⑥本机转向从皮带轮一侧看是

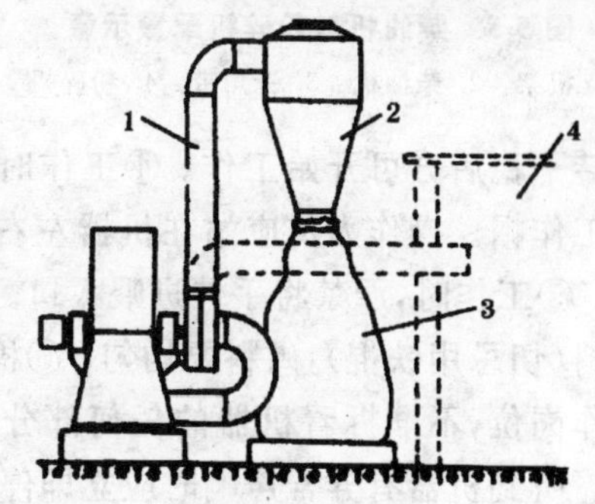


**图 5-4　管路安装**

1. 送风管　2. 积料筒
3. 口袋　4. 沉积室

右旋(机壳上有标志)。⑦电机启动器和配电盘一定要安放在机组附近。切勿使用大于电动机额定电流的保险丝。⑧新机器初运转时,先加工一次干草,以清除机器内膛工作部分的灰尘、污物。⑨配用柴油机为动力时,安装配置如图 5-5。柴油机的使用详见柴油机使用说明书。

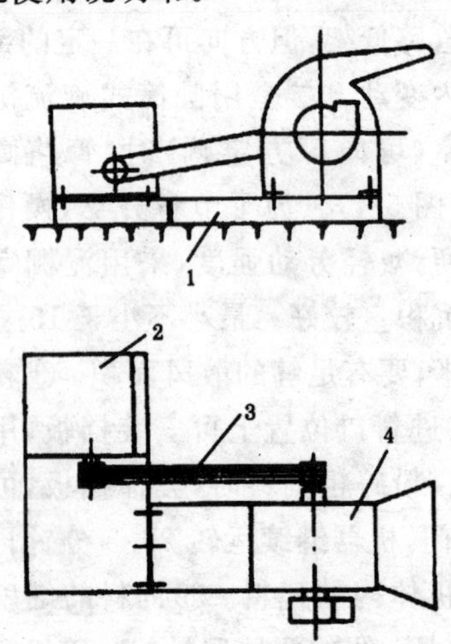


**图 5-5 柴油机与粉碎机配置示意**

1. 机架 2. 柴油机 3. 三角带 4. 粉碎机

(5)使用、操作及机务安全规则 ①工作前要对机组做以下项目的检查:一是检查电器设备元件、电线是否漏电。二是机组各部的连接螺钉是否紧固。三是用手转动皮带轮,看有无碰撞及摩擦现象(用力不可太猛)。②待粉碎的物料应放在清洁的地方,严防金属物及较大的石块混入,以免损坏机器。③开车空转 3~5 分钟,看粉碎机转向是否正确,待机组达到额定转速运转平稳后方可开始工作。④工作时操作者衣袖要扎紧,女工要戴工作帽。操作人员应站在机器左右两侧工作,勿站在料口正前面。⑤工作时,严禁将手伸进喂入口。操作者应用木棍、树枝帮助送料(切忌用铁棍),入料要均匀。⑥机器运转时,操作者不得离开工作岗位,不准拆看机器的任何部分,工具不得放在料堆和机器上。听到机器有异常声响时应立即停车,拉开电闸,等机器停稳后方可拆开检查。⑦用机器打浆时,要不断地滴入适量的水,但要注意切勿将水泼到电机及启动器上,以免损坏电器设备。湿手切勿拉开关,防止发生触电事故。⑧每项工作完毕后,空转 2~3 分钟以清除残料。因故障停车拆检后再开车,要先将膛内存料取出,空转启动,严禁负荷启动。⑨如不用风扇气流输送时,可拆下风扇的吸入管,风扇的吸入口一定要用较厚的纸片贴盖上,如较长时期不用,要把风扇从轴上拆下存放好。⑩一般故障及排除方法见表5-3。

**表 5-3 粉碎机的一般故障及排除方法**

| 故 障 | 故障原因 | 排除方法 |
| --- | --- | --- |
| 机器震动大有强烈噪音 | 1. 机座不稳固 | 1. 加固机座 |
| | 2. 地脚螺钉松动 | 2. 紧固地脚螺 |
| | 3. 主轴弯曲 | 3. 修理或更换主轴 |
| | 4. 转了失去平衡 | 4.(调换锤版隔圈)平衡转子各锤片轴上的重量 |
| | 5. 锤片排列不合理 | 5. 调整锤片排列 |
| | 6. 轴承磨损或磨坏 | 6. 清洗、调节或更换轴承 |
| 轴承温度过高 | 1. 物料温度高,喂入过量,机器长时间超载 | 1. 控制喂入量,晒干物料,空车试验 |
| | 2. 轴承间隙不当 | 2. 调整安装间隙 |
| | 3. 传动皮带过紧 | 3. 适当调整 |
| | 4. 轴承内有脏物 | 4. 清洗轴承,并加注新油 |
| | 5. 润滑油过多或缺少 | 5. 控制轴承室内油量 |
| 生产率过低 | 1. 锤片棱角磨钝 | 1. 反转安装或更换锤片 |
| | 2. 齿板磨损 | 2. 更换齿板 |
| | 3. 原料潮湿 | 3. 晒干或风干原料 |
| | 4. 原料块太大 | 4. 破碎成小块 |
| 机器突然发生连续撞击声响 | 原料中混入金属物或石块 | 立即停车拆检,找出异物,锤片、齿板、筛板如有严重损坏不能正常工作则要更换 |

(6)维护与保养

①轴承：本书介绍的两种型号的粉碎机的轴承应用二硫化钼($MoS_2$)润滑脂，从黄油杯中加入(出厂时已加入适量黄油)。正常工作时每隔2小时旋油杯1～2圈，油杯内要经常保持适量的干净黄油。粉碎机在工作500小时左右后，应对轴承清洗检查。清洗时打开上机壳，去掉风机、风扇、小轮，把转子轴从机器上取下。先拆开左、右轴承室的两个侧盖，后卸下两个轴承室，即可用油刷或棉丝浸油清洗。

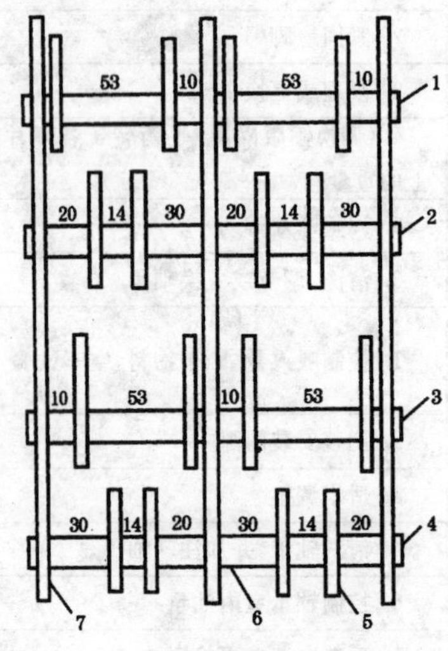


**图 5-6　9FQ-40B 型粉碎机锤片的安装与排列**

1. 一轴　2. 二轴　3. 三轴　4. 四轴　5. 锤片　6. 锤片轴　7. 圆盘

②锤片：是粉碎机的主要易损件。每个锤片的两端各有两个冲击区，每个冲击区可粉碎原料5000千克左右。当一个冲击区棱角磨钝后，可反转安装使用另一冲击区。以后再调头安装使用另一端，但调头安装使用时要全组锤片一致进行。更换新锤片也要整套安装，每次安装时，都应保持锤片原来的排列位置。使整套锤片按规定的单头右旋对称排列(图5-6、图5-7)。同时，注意转子的重量平衡和锤片各组重量差不超过5克。

③齿板：粉碎机齿板系白口铁制成比较耐磨。若被混入原料中的金属物、石块击坏，也要及时更换。更换时打开上机壳插入，

位置靠紧后再紧固顶丝。

④筛片：工作后期被大块厚料或混入原料中的杂物所击破，若部分被击破可铆补，严重损坏则要及时更换。

(7)运输及存放

第一，搬运时应抬下机体底面，切勿用风扇作受力点。风送管路可拆下运输。

第二，机器勿倒置。

第三，长期不用时，应存放于室内，注意防锈。

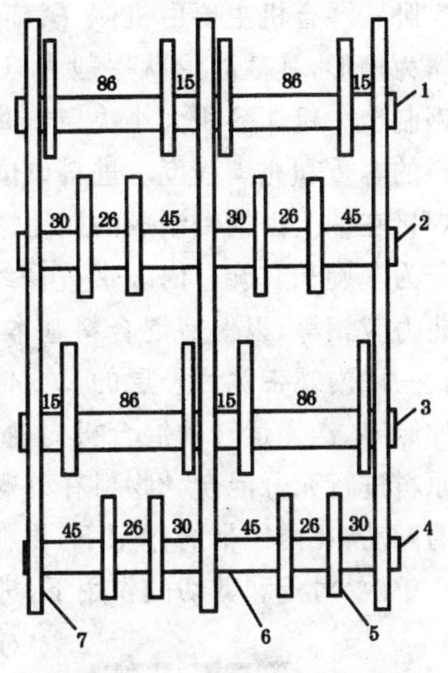


**图 5-7　9FQ-50B 型锤片**

1. 一轴　2. 二轴　3. 三轴　4. 四轴　5. 锤片　6. 锤片轴　7. 圆盘

### (二)饲料混合机

饲料混合机是家兔配合饲料生产的关键设备，它是配合的各种原料(精料、草粉、微量元素、维生素、药物等)得以混合列均匀，确保配合饲料质量的重要环节。因此，是大型兔场和配合饲料厂必不可少的重要设备。

饲料混合机按混合工序可分为批量混合和连续混合 2 种。批量混合设备有卧式混合机和立式混合机。连续混合设备有行星搅拌型混合机等。现将常用的几种混合机介绍如下。

**1. 卧式混合机**　目前多采用卧式螺旋带状混合机，因为这种混合机对饲料的混合有较好的适应性，混合均匀性好。

卧式混合机有单室式和双室式 2 种，并有多种型号、如容量分别为 50 千克、100 千克、250 千克、500 千克和 1 000 千克，相应配备电机有 0.75 千瓦、1.5 千瓦、3 千瓦、7.5 千瓦和 15 千瓦，可满足不同规模兔场、饲料厂的要求。

卧式混合机主要由机体、螺旋轴、传动部分和控制部分组成。机体为槽形，其截面形状一般为"U"形。机壳多用普通钢板或不锈钢制造。机体容积大小决定于每批混合量的多少，同时应考虑物料的容重和充满程度。进料口位于机体顶部。混合机主要部件是焊接在轴上由钢带制成的搅动螺带，螺带分内外两层，其螺旋方向分为左旋和右旋。内螺带直径约为外螺带直径的一半，但其输送能力应相等，以保持混合料基本水平。因此要增加内螺带的宽度。一般内螺带宽为外层的2.5倍。工作原理为：将已配合好的各种原料，送入运转的混合机内，物料在内外螺带的推动下，按逆流原料进行充分混合。物料在外螺带的作用下，由右向左作螺旋式的翻动，在内螺带的作用下，物料由左向右作螺旋式的翻动，物料在扩散、对流和剪切的作用下，进行均匀的混合。混合好的物料由卸料口卸出，外螺带与机壳之间间隙宜为2～5毫米。传动部分由电机、减速器（或链轮减速系统）、联轴器等组成。

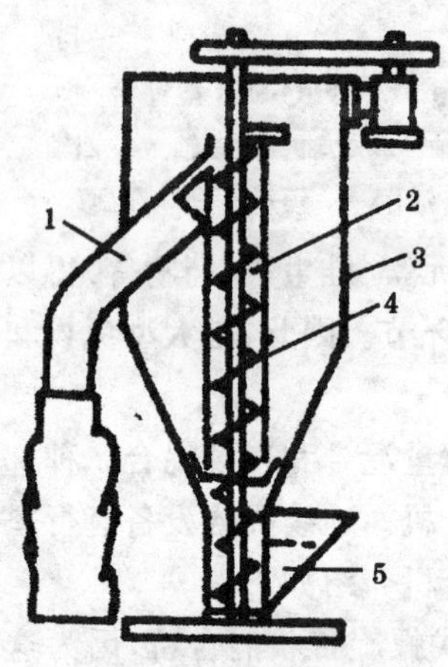


**图5-8 立式混合机**

1. 卸料活门 2. 垂直绞龙 3. 圆筒昂扬 4. 绞龙外壳主 5. 受料斗

各种分批卧式螺旋带状混合机的技术数据见表5-4。每批混合时间为3～6分钟，其混合均匀度达到十万分之一。卧式混合机优点是混合效率高、质量好、卸料时间短、残留量少，缺点是占地面积大、配套功率大。但由于混合时间短，故单位产品能量消耗并不比立式混合机大。

**2. 分批立式混合机** 又称垂直绞龙式混合机。主要由喂料斗、垂直绞龙、圆筒、绞龙外壳、卸料活门、支架、电机及其传动部分组成，其结构示意见图 5-8。

**表 5-4　分批卧式螺旋带状混合机的技术数据**

| 型　号 | 每批混合量(千克) | 主轴转速(转/分) | 批料混合时间(分钟) | 工作容积(立方米) | 配套动力(千瓦) | 外形尺寸(毫米) | 整机重量(千克) | 混合均匀度(1∶10万) |
|---|---|---|---|---|---|---|---|---|
| HJJ-18 | 5 | 88 | 4 | | 0.75 | 662×770×936 | | <10% |
| HJJ-40 | 50 | 38 | 4 | | 0.75 | 1310×820×450 | 175 | <10% |
| HJJ-40 | 50 | 40 | 4 | 0.13 | 0.87 | 1350×450×880 | 200 | |
| HJJ-40 | 50 | 38 | 6～10 | | 0.75 | 1800×458×810 | 258 | |
| HJJ-50 | 100 | 88 | 4 | 2.2 | | 1650×1030×900 | | <10% |
| HJJ-50 | 100 | 38 | 3 | 2.2 | | 1651×1030×902 | 337 | |
| HJJ-50 | 100 | 43 | 6 | 0.25 | 1.62 | 1680×570×925 | 360 | <10% |
| HJJ-70 | 250 | 35 | 6 | 0.60 | 3.18 | 1830×785×1230 | 650 | <10% |
| HJJ-70 | 250 | 32 | 6 | 0.60 | 3.50 | 1986×1275×1114 | 700 | |
| HJJ-71 | 250 | 34 | | 3 | | 2120×1180×1258 | 780 | <10% |
| HJJ-80 | 500 | 30 | 6 | 1.05 | 5.76 | 2300×1946×2100 | 800 | |
| HJJ-80 | 500 | 30 | 6 | 1.0 | 5.68 | 2530×880×1850 | 1000 | |
| HJJ-80 | 500 | 32 | 4 | | 7.5 | 2300×2205×1960 | 940 | <10% |
| HJJ-112 | 1000 | 30 | 4 | | 13 | 3287×2195×2685 | 2200 | <10% |
| HJJ-112 | 1000 | 29.5 | 6 | | 15 | 3186×2305×1879 | 2000 | |

工作时，将称量好的各种原料依次倒入料斗内，由垂直绞龙将物料垂直向上送。当物料到达绞龙顶部敞开的开口处时则被排出，落在绞龙外壳和圆筒之间开始下落。当物料下落到圆锥形底部时再次被垂直绞龙提升，并在绞龙端部排出。这样经过多次反复循环后，即可获得混合均匀的饲料。

混合机的圆筒由圆柱与圆锥两部分组成。上部为圆柱，用来容纳饲料；下部为圆锥部分，主要用于集中物料。一般要求锥形部分的母线与水平面的夹角不小于60°,否则饲料不便流动,从而影响混合效果。螺旋装置垂直安装在圆筒中间,主要用来提升物料。螺旋的形状有圆柱形和圆锥形等5种,其中带撒料板和内圆筒的圆柱形螺旋混合效果好,因此选购时以此种型号为宜。

立式混合机容积为0.8～2立方米。每批加入量为总容积的80%,每批混合时间为15～20分钟,混合程度为二万分之一。LG500型立式混合机技术参数见表5-5。

**表5-5　LGS00型立式混合机主要技术数据**

| 型　号 | 每批混合量(千克) | 每批混合时间(分) | 螺旋直径(毫米) | 主轴转速(转/分) | 机器重量(千克) | 配套动力(千克) |
|---|---|---|---|---|---|---|
| LG500 | 500 | 12～15 | 250 | 400 | 500 | 3 |

立式混合机优点是配备动力小,占地面积小,添加微量成分方便,减少提升运输。缺点是混合效率低,均匀度差,残留量多,污染现象严重等。立式混合机一般只用于小型饲料厂。

**3. 行星搅拌型连续混合机**　该机是一种比较理想的机型,其行星搅拌器除自转外还随其主轴进行公转。具有强烈的混合作用,其混合均匀度可控制在5.6%～10.8%,物料的充填量为40%～50%,混合质量比较稳定。

## (三)压粒机

目前使用最广泛的压粒机是卧轴环模压粒机和立轴平模压粒机。

**1. 环模压粒机**　其结构见图5-9。通常由磁选装置、喂料系统、自动控制系统、混合器、制粒部分、添加机构、传动装置等组成。

(1)磁选装置　安装在压粒机的进口处,除去饲料中的金属杂质,以保证压粒机不受损坏。

(2)喂料系统　一般用绞龙,是用来调节和控制进入压粒机饲料数量多少的。一般采用无级变速来控制喂料机构的喂料数量。

(3)**自动控制系统**　是以压粒部分电动机的负荷来控制进入压模的喂入量。又以进入压模的物料温度来控制蒸汽量和其他液体的添加量。

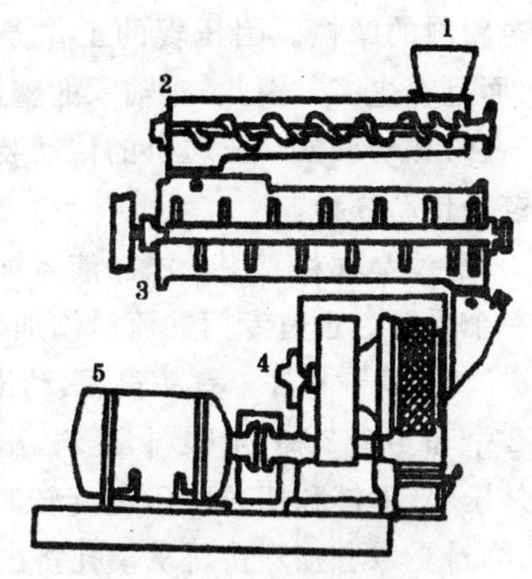


**图 5-9　环模压粒机**

1. 料斗　2. 螺旋送料器　3. 搅拌器　4. 压粒器　5. 电动机

压制颗粒简单说是一个挤压式的热塑过程。粉状配合饲料通过磁选装置除去铁质后，经无级变速的螺旋喂料器送至混合机内，与蒸汽(或冷水、添加的糖蜜、油脂等液体)进行混合，并进行强烈搅拌，使饲料水分达到15%～17%，送入运转的环模和两个压辊工作面之间，旋转的压模通过与物料的摩擦带动压辊旋转，饲料在强烈的挤压下，克服孔壁的阻力，并不断从压模孔中成条地挤出，挤出时被安装在压模的切刀切成适宜的长度。刚压制出的颗粒温度一般在75℃～85℃，水分15%～16%。必须再经冷却降温，挥发水分使其温度接近室温，以便保管贮藏。压模孔径一般为3.2毫米、4.5毫米和6.8毫米。仔兔料一般以3.2毫米、成兔料以4.5毫米为宜。

(4)**混合器**　是将输入的蒸汽(或水)与饲料均匀调制，使物料的水分、温度达到制粒的要求。

(5)**制粒部分**　包括环模、压辊、分配器和切刀。环模是压粒机的心脏，环模的转速、直径、表面光洁度、孔径以及环模材质等，对制粒的电耗、产量、质量均有直接影响。压模是成本较高的易损件，选购时要注意其材质。压辊也叫滚轮，作用是向压模施加压力而挤出颗粒饲料。其表面拉有与轴线平行的齿形，以利防滑和加强对粉料的摩擦。因压辊的工作条件比较差，不但温度高，散热差，而且粉尘多。因此，对轴承的密封必须经常加以注意。

(6)传动装置　压粒机的传动装置分为三角带传动、齿轮传动和链条传动3种。

(7)添加机构　用于添加液体饲料，一般与喷射蒸汽的管道组成一个系统。也有专门的流质添加机。

**2. 平模压粒机**　有动辊式、动模式和动辊动模式3种。压辊有2个和4个2种，由喂料、压料、出料、传动等部分组成。主要部件是压辊、平模和切刀。压辊旋转时将物料推压至压辊和压模之间，物料受二者强烈挤压从模孔挤出，并由固定切刀切断(图5-10、图5-11)。

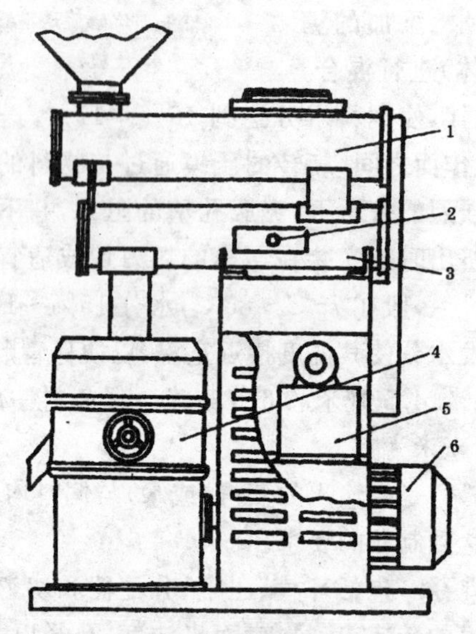


**图5-10　平模压粒机**

1. 供料输送器　2. 蒸汽口　3. 搅拌调质器

4. 压粒器　5. 蜗轮减速箱　6. 电动机

平模压粒机结构简单、制造方便、价格低廉，适宜于中小型兔场和饲料厂使用。国产制粒机技术参数见表5-6。

**表5-6　国产饲料压粒机的技术参数**

| 项　目 | 型　号 | | | | | | |
|---|---|---|---|---|---|---|---|
| | szLH35 | szLH40 | KYW32 | 9KY极度 | 9KP500 | 9KH32 | 9KYP340 |
| 类　型 | 环模 | 环模 | 环模 | 环模 | 平模 | 平模 | 平模 |
| 配套动力（千瓦） | 55 | 75/90 | 37 | — | 17.2 | 40 | 11 |
| 生产率（吨/小时） | 2～6 | 2～10 | 2～5 | 0.6～1 | 0.5 | 2～4 | 0.3～0.8 |
| 模孔规格（毫米） | 2、2.5，3.5，6.8 | 2、2.5，3.5，4.5，6.8 | 2，2.5，3.5，4.5，6.8 | 3，5.8 | 2.5，4，6，8 | | 4，6，8 |
| 外形尺寸（米） | | | | 1.08×0.77×1.38 | 1.85×1.41×3.18 | 2.08×0.89×1.71 | 1.44×0.63×1.39 |

**3. 影响制粒的因素**

(1)压模的特性　制粒机压模的厚度、孔的形状都会对压粒性能产生影响，因此要选择适宜的压模孔形式。家兔全价配合饲料宜选用内锥形孔压模，压模孔径3.2～4.5毫米。

(2)原料中水分的影响　要制出高质量的颗粒饲料，既需要水分又需要热量，混合饲料中含水量在16％～17％时，压粒效果最佳。为此，通常在家兔配合粉料中添加适当的水分(根据原料含水量)，有利于颗粒料质量的提高和延长制粒机的使用寿命。

(3)原料中脂肪、蛋白质、淀粉、粗纤维的影响　制粒时饲料中的脂肪可减少摩擦，有利于制粒。但脂肪含量过高，易使颗粒松散。一般脂肪添加量不宜超过3％，否则必须在制粒后用外涂的方法添加。蛋白质高的饲料比重大,易成型。这是因为蛋白质在水分作用下变性,受热软化易穿出模孔,成粒后又变硬,对制粒有利。淀粉的比重较大,易成型。因为制粒过程中淀粉部分糊化,冷却后黏结,也有利于制粒。饲料中适量的粗纤维将起牵连作用,有利于制粒。但粗纤维含量过高,则影响制粒效率和颗粒料质量。

(4)原料粒度的影响　原料中粉料过粗,会增加压模和压辊的摩擦,从而造成功率上升、产量下降、颗粒料松散糙等质量下降。但粉碎过细又会使颗粒变脆。原料粒度以粗、中、细比例适度最好。

(5)产量对制粒性能的影响　在压粒机、压模、原料等相同的条件下,不断提高产量,直至达到电动机功率极限时,功率消耗将直线上升,颗粒料中粉料比率也直线上升,且颗粒硬度下降。

(6)冷却的影响　制粒后如不及时冷却,将会使颗粒破碎和严重粉化,故压粒机中出来的颗粒应迅速冷却或干燥,使颗粒温度不高于室温5℃～8℃。

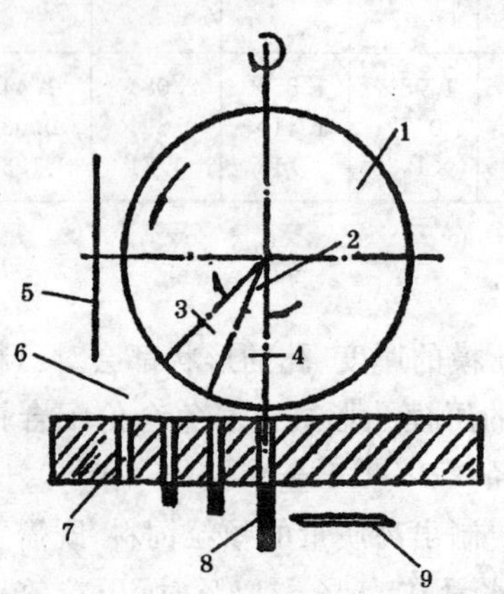


**图5-11　平模压粒工作原理**

1. 压辊　2. 工作区　3. 压缩区　4. 挤压区　5. 导料板　6. 粉料　7. 模孔　8. 颗粒　9. 切刀

**4. 制粒工艺对营养成分的影响**

(1)对热敏抗营养因子失活的有利影响　生产实践证明,制粒工艺由于应用了强烈的水热处理、机械力的综合作用,有效地破坏了热敏性、水溶性抗营养因子,如豆饼、粕等饲料中的胰蛋白酶、胰凝乳蛋白酶抑制因子及植物凝血素的活性。故制粒有利于抗营养因子失活,能提高饲料营养物质利用率。

(2)对维生素稳定性的不利影响　大多数维生素都具有不饱和碳原子、双键、羟基或其他对化学反应特别敏感的化学结构，所以在热压、高温的制粒条件下，各种维生素的稳定性有不同程度减小。表 5-7 介绍了制粒对维生素活性损失率。因此在用颗粒饲料加工兔配合饲料时，要根据具体制粒条件，对不同维生素据此表应适当加大用量。

**表 5-7　制粒对维生素活性的影响**

| 制粒条件 | 维生素种类 | 活性损失率(%) | 制粒条件 | 维生素种类 | 活性损失率(%) |
|---|---|---|---|---|---|
| 77℃～88℃ 时间 1～2 分钟 | 维生素 C | 30～45 | 70℃～90℃时间 1～2 分钟 | 维生素 C | 40～85 |
| | 维生素 K | 24～40 | | 维生素 $B_1$ | 15～50 |
| | B 族维生素 | 19～18 | | 叶　酸 | 20～45 |
| | 维生素 $B_6$ | 7～13 | | 维生素 K | 20～40 |
| | 维生素 $D_3$ | 6～12 | | 维生素 D | 15～35 |
| | 维生素 $B_2$、泛酸、生物素 | 6～11 | | 生物素 | 10～35 |
| | 维生素 A | 6～10 | | 维生素 A、维生素 $B_6$ | 10～30 |
| | 烟　酸 | 5～10 | | 类胡萝卜素 | 15～25 |
| | 维生素 $B_{12}$ | 2～4 | | 维生素 $B_{12}$ | 10～25 |
| | 维生素 E | 2～3 | | 维生素 E | 10～25 |
| | 胆　碱 | 1～3 | | 泛　酸 | 10 |
| | | | | 烟　酸 | 5～10 |

(3)对灭菌效果的影响　制粒过程产生的热可有效地杀灭饲料中的微生物。制粒温度不同，灭菌效果不同(表 5-8)。生产实践证明，应用制粒技术能够有效灭菌。因此，若在饲料中添加微生

态制剂,则必须在制粒后添加,否则达不到预期效果。

**表 5-8　制粒温度对饲料内存活微生物总量(TVO)的影响**

| 制粒温度(℃) | 制粒前粉料内 TVO(个数) | 颗粒饲料内 TVO(个数) |
|---|---|---|
| 70 | $0.3\times10^{6}$ | $5.4\times10^{4}$ |
| 80 | $3.2\times10^{6}$ | $3.1\times10^{3}$ |
| 85 | $7.4\times10^{6}$ | $1.3\times10^{3}$ |
| 90 | $0.9\times10^{6}$ | $0.7\times10^{2}$ |
| 95 | $1.9\times10^{6}$ | 未检出 |

(4)对酶制剂稳定性的影响　通常酶很容易受热而被破坏,而采用稳定化处理的酶制剂其活性的受热损失小得多(表 5-9)。

**表 5-9　制粒温度对酶制剂稳定性的影响**

| 酶制剂剂型 | 制粒温度(℃) | 酶活性保存率(%) | |
|---|---|---|---|
| | | β-葡萄糖酶 | 木聚糖酶 |
| 稳定化酶制剂 | 75 | 100 | 76 |
| | 95 | 49 | 34 |
| 未稳定化酶制剂 | 75 | 44 | 48 |
| | 95 | 12 | 12 |

第一,调整压辊与压模之间的间隙,一般为 0.04 毫米。间隙过大,会影响压粒机的产量;间隙过小,会加速压模与压辊的磨损,降低使用寿命。调整切刀可以控制颗粒料大小。

第二,粉料水分的调整。饲料中含水量高低,影响颗粒饲料产量、质量,一般根据物料含水分高低添加 3%～5%,使物料含水量达到 15%～17%。水分过低或过高均易堵塞模孔,造成机器不能正常运转。

第三,若使用时间较长,当压模厚度减至不能充分压缩颗粒或孔壁开始崩裂,压辊凹槽磨平时则应更换。压辊、压模需要更换时必须整套更换。

模具的更换方法:压轮磨损后,可以更换压轮皮或更换成套压轮;发现轴承松动、抱死,应更换轴承或连轴一起换掉。环模压粒机的环模老化、磨损、受伤后,松动抱箍卡盘,换上新的即可;若是螺丝固定类型,须先轻轻振动磨具,然后均匀用力卸掉螺丝,就能更换新的磨具。平模压粒机的模板一般都是反扣螺母、键槽固定,而且在模板靠内孔附近有两个对称的螺丝孔,用螺丝慢慢顶出或用拉力器、拆卸钳均匀用力拉出即可。注意在顶出或拉出过程中,要用锤子轻轻振动模板,防止螺丝断在孔内。

第四,生产中,每班停机前应向制粒室加入带油性的物料,使其挤入模孔,以利下次顺利出粒。

第五,若发现压辊转动不灵活,则应停机检查轴承损坏与否。轴承密封性不好,物料进入其中,导致压辊不转动,应及时清理检修。物料中的硬杂物质或金属块应予以清除。可在机器进料口设置永磁筒或除铁器,以免影响压轮、模具和中心轴的使用寿命。

第六,压模孔堵塞原因分析:①水分合适与否。②物料干湿均匀不均匀。③饲料配方中粗纤维比例过高、粗纤维粒度过大均引起堵塞。

第七,整机维护。颗粒饲料机要按说明使用配套动力。过小,产量低、效果差;过大,浪费机电、加速机械磨损、缩短使用寿命。维护保养要在断电状态下进行。机器应放在适宜工作的地方。尽可能减少搬动次数。常检修、防水浸、防雨淋、防漏电、防火。

## 二、加工工艺

家兔配合饲料基本生产流程见图 5-12。

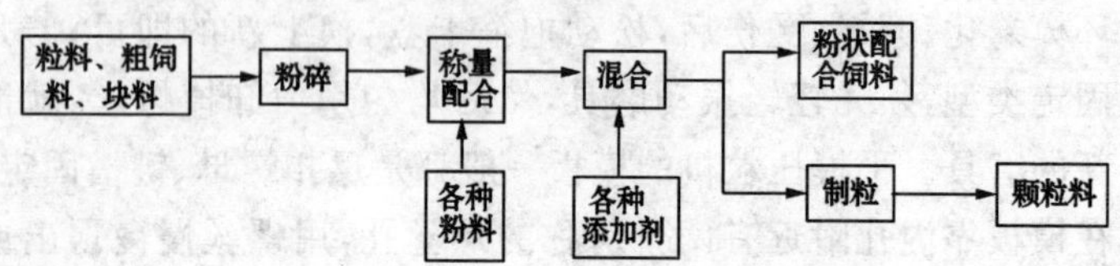


图 5-12　家兔配合饲料基本生产流程

（任克良）

# 第六章　家兔配合饲料的质量控制

家兔配合饲料质量好坏关系到养兔经济效益高低，甚至是养兔成败的关键。质量控制就是利用科学的方法对产品实行控制，以预防不合格品的产生，达到质量标准的过程。主要包括以下内容。

## 一、饲料原料的质量检验方法

饲料原料质量是家兔配合饲料质量的基础。只有合格的原料，才能够生产出合格的饲料产品。因此，采购、使用饲料原料时要严把质量关，杜绝使用不合格原料。

### （一）原料取样

鉴定饲料原料（包括成品饲料）品质是否合格，必须取得具有代表性的样品。取样的关键有3点：①是否从整批原料中取得足够的样品。②取样的角度、位置和数量是否能够代表整批原料。③所取的样品是否搅拌均匀，以至最后分析样品能否代表取样的全部。

袋装原料取样时，若不超过10袋时，则每袋均应抽取样品；若数量超过10袋时，则总袋数的平方根为样品抽取袋数。当平方根小于10时，应至少抽取10袋。抽样时，应用取样器从口袋上下两个部位选取，取样数量至少500克；若是大量颗粒、散装粉料或车装原料，则按不同批号、深度、层次和位置，分别进行点位取样，一般取样不少于10个，原始样品每样1千克。

取出的样品搅拌均匀后用分样器或用四分法再取1/4的样

品，以此类推达到分样需要的样品数量。样品营养物质分析应送当地饲料行政管理部门或科研院所饲料分析机构进行分析。

### (二)感官检验

所有原料采购入库前都必须进行感官检验，只有感官检验合格后方可入库使用或进一步分析。一般检验项目有水分(粗略)、色泽、气味、杂质、霉变、虫蚀、结块和异味等。有经验的人员往往能作出相当准确的判断，要求验收人员责任心强且经验丰富。

### (三)分析化验

对饼类、鱼粉仅凭感官检验不能对其营养成分等指标作出判断，必须经实验室分析化验。豆饼的分析指标有粗蛋白质、生熟度(用脲酶活性表示)，鱼粉的分析指标有粗蛋白质、盐分等。

## 二、常用饲料原料的质量要求及鉴别

饲料原料质量严重影响着兔群的生产安全和兔产品的数量和质量。因此在饲料原料的收购或采集过程中要严把质量关，在收购或采集环节就把劣质原料拒之门外。

### (一)玉　米

#### 1. 感官鉴别

(1)优质玉米　色泽鲜艳，具有光泽。籽粒呈白色或淡黄色至金黄色，颗粒饱满、整齐、均匀，质地紧密，无发酵、霉变、虫蛀，无杂质，具有正常的固有气味，无异味异臭，略具玉米之甜味，初粉碎时有生谷的味道。供家兔饲喂的玉米水分含量应在14%以下，杂质总量不得超过1%。

(2)劣质玉米　霉变的玉米可见胚部呈黄色、绿色或黑色菌丝。虫蛀的玉米可见虫眼、虫尸及其排泄物。颗粒霉变、虫蚀、发芽、病斑、破损及热损伤等不完整颗粒，质地疏松，有杂质，有霉味、酸味及异味。如发现上述现象证明玉米已经霉变，不能饲喂。有时还会出现虫、发芽等现象，此为劣质玉米，饲料中应弃之不用。玉米一经破碎即失去天然保护作用，应尽快饲喂。杂质玉米是指杂质总量超过1%以上，其中包括泥土、砂石、砖瓦块及其他无机杂质、无使用价值的玉米粒、异种粮粒及其他有机杂质。

(3)高水分玉米　看上去籽粒粒形鼓胀、整个籽粒光泽性强、用手指捏压籽粒感觉较软、用牙齿咬碎时较容易、用指甲掐不费劲等，水分含量则高，反之，水分小。

**2. 玉米粉在体视显微镜下的结构特征**　玉米粉是由黄色和白色硬质玉米子实粉碎而成。其组成物主要是玉米淀粉、玉米皮和少量的胚芽、颖片。玉米淀粉有硬质淀粉和软质淀粉2种。硬质淀粉又称角质淀粉，为黄色、半透明；软质淀粉为白色、不透明、有光泽，在显微镜下像洁白蓬松的棉花。玉米皮为很薄的、半透明碎片，外表面光滑有平行条纹，内表面一般附有白色的淀粉。胚芽呈奶油色，质软，含油。颖片为很薄的白色或淡红色半透明碎片，颖片上有脉纹。

**3. 玉米粉中掺有石粉的鉴别**　取少量试样滴入少量稀盐酸(1份盐酸配3份蒸馏水)，如产生泡沫表示掺有石粉。

**4. 建议检测项目**　感官检测通过的玉米原料需测容重、粗蛋白质、粗纤维、粗灰分等，水分高的还要测水分。

**5. 我国饲用玉米分级标准**　见表6-1。

表 6-1 饲用玉米的质量分级标准 （%）

| 质量指标 | 等级 | | |
|---|---|---|---|
| | 一级 | 二级 | 三级 |
| 粗蛋白质 | ≥9.0 | ≥8.0 | ≥7.0 |
| 粗纤维 | <1.5 | <2.0 | 2.5 |
| 粗灰分 | <2.3 | <2.6 | <3.0 |

注：以 86%干物质计

## （二）高 梁

**1. 感官鉴别** 优质高粱籽粒整齐，色泽新鲜一致，无发酵、霉变、结块及异味异臭。反之则为劣质高粱。水分含量不得超过 14%，杂质总量不得超过 1%。判定水分高低方法同玉米的方法。

**2. 高粱粉在体视显微镜下的结构特征** 饲用高粱粉一般很易见到带红色的皮层紧紧地附着在表面，高粱粉碎时不像玉米粉那样有较多的糠游离出来。高粱糠为褐红色至橙红色等，较玉米糠上附着的胚乳部分更多。高粱胚乳较玉米的色更白，质地更硬。

**3. 高单宁高粱的简易辨别法** 由于单宁存在于种皮层及其内部，可用漂白试验除去高粱外皮及鞘膜，便可看到种皮层颜色而进行分辨。

**4. 建议检测项目** 感官检测通过的高粱原料需检测粗蛋白质、粗纤维、粗灰分等，水分高的还要测水分。

**5. 我国饲用高粱分级标准** 见表 6-2。

表 6-2　饲用高粱的质量分级标准　（%）

| 质量指标 | 等　级 | | |
|---|---|---|---|
| | 一级 | 二级 | 三级 |
| 粗蛋白质 | ≥9.0 | ≥7.0 | ≥6.0 |
| 粗纤维 | <2.0 | <2.0 | <3.0 |
| 粗灰分 | <2.0 | <2.0 | <3.0 |

注：以 86%干物质计

### （三）大　麦

**1. 感官鉴别**　优质大麦籽粒整齐，色泽新鲜一致，无发酵、霉变、结块及异味异臭。反之则为劣质大麦。水分含量不得超过13%，杂质总量不得超过 1%。判定水分高低方法同玉米的方法。

**2. 大麦在体视显微镜下的结构特征**　碎大麦中容易见到被分离开的稃壳碎片，这些碎片常呈近似三角形。大麦的稃壳较燕麦的薄，色淡，表面粗糙。大麦麸皮呈暗淡的褐色，黏附有胚乳。大麦胚乳为粉质性，色白，不透明。

**3. 建议检测项目**　感官检测通过的高粱原料需检测粗蛋白质、粗纤维、粗灰分等，水分高的还要测水分。

**4. 我国饲用皮大麦分级标准**　见表 6-3。

表 6-3　饲用皮大麦的质量分级标准　（%）

| 质量指标 | 等　级 | | |
|---|---|---|---|
| | 一级 | 二级 | 三级 |
| 粗蛋白质 | ≥11.0 | ≥10.0 | ≥9.0 |
| 粗纤维 | <5.0 | <5.5 | <6.0 |
| 粗灰分 | <3.0 | <3.0 | <3.0 |

注：以 87%干物质计

### (四)小　麦

**1. 感官鉴别**

(1)优质小麦　颗粒呈红色、金黄色、淡红黄色,有光泽。籽粒整齐,饱满,组织紧密。颗粒整齐,大小均匀且完整,无霉变、虫害、污染及杂质。色泽新鲜一致,具有正常小麦的固有香味,无发酵、霉变、结块及异味异臭。冬小麦水分含量不得超过12.5%,春小麦水分含量不得超过13.5%,杂质总量不得超过1%。

(2)劣质小麦　颗粒色泽发暗,呈灰白色,无光泽。发霉的小麦易结块,局部或全部有霉斑,质地疏松或混有杂质异物。颗粒有霉味及其他异味。杂质总量超过1%。判定水分高低方法同玉米。

**2. 小麦在体视显微镜下的结构特征**　小麦产品中总是伴随着不同数量、不同大小的麸皮。麸皮由浅黄色至浅红棕色,粗糙,表面有细皱纹,部分顶端有簇茸毛。麸皮有两层,用镊子可以分开,其中一层色深些。麸皮内面黏附有白色闪亮的淀粉粒。小麦胚芽存在于小麦副产品中,显微镜下呈淡黄色,蜡质感,用镊子挤压有渗油。经脱脂的小麦胚芽粉,其外形受加工影响而有改变,且含油很少。

**3. 建议检测项目**　感官检测通过的小麦原料需检测粗蛋白质、粗纤维、粗灰分等,水分高的还要测水分。

**4. 我国饲用小麦分级标准**　见表6-4。

表6-4　饲用小麦的质量分级标准　(%)

| 质量指标 | 等级 | | |
|---|---|---|---|
| | 一级 | 二级 | 三级 |
| 粗蛋白质 | ≥14.0 | ≥12.0 | ≥10.0 |
| 粗纤维 | <2.0 | <3.0 | <3.5 |
| 粗灰分 | <2.0 | <2.0 | <3.0 |

注:以87%干物质计

## (五)燕　麦

**1. 燕麦在体视显微镜下的结构特征**　鉴定粉碎的燕麦产品主要依据壳的碎片、麦片粒以及燕麦表皮的茸毛。燕麦壳较大麦壳厚,内表面更光滑。燕麦壳多破碎成矩形。燕麦片上的麸皮很柔软,所有麸皮的表面都有茸毛。茸毛很细,透明、光亮、有卷曲。燕麦胚乳很软,易碎开。

**2. 我国商品燕麦质量等级标准**　见表 6-5。

**表 6-5　我国商品燕麦质量等级标准**

| 质量指标 | 等　级 | | |
|---|---|---|---|
| | 一级 | 二级 | 三级 |
| ①纯粮率(%)最低指标 | 97.0 | 94.0 | 91.0 |
| 杂质(%) | 1.5 | 1.5 | 1.5 |
| 水分(%) | 14.0 | 14.0 | 14.0 |
| 色泽、气味 | 正常 | 正常 | 正常 |

注:①纯粮率为除去杂质后的燕麦重量(不完善粒折半计算)占总重的百分率

## (六)稻　谷

**1. 感官鉴别**

(1)优质稻谷　外壳呈黄色、浅黄色或金黄色,颜色鲜艳,有光泽。颗粒饱满、完整,无虫害、霉变,无杂质。具有纯正的稻香味,无霉味及异味。水分含量应在 14%以下,杂质总量不得超过 1%。

(2)劣质稻谷　发霉,色泽暗,外壳呈褐色、黑色,有霉菌菌丝。有结块,颗粒霉变,有虫害,质地疏松,颗粒不完整。有霉味、异味。

(3)水分高低判定　同玉米的方法。

**2. 稻谷在体视显微镜下的结构特征**　大部分稻谷副产品都不同程度地含有稻壳碎片。这些碎片一面色浅光滑,一面为纵横有序的突起。糙米皮层即“米糠”为柔软有皱纹的半透明小薄片。

碎米粒为白色或半透明的粉质粒。

**3. 建议检测项目** 感官检测通过的稻谷、糙米、碎米需测粗蛋白质、粗纤维、粗灰分等,水分高的还要测水分。

**4. 我国饲用稻谷、糙米分级标准** 见表6-6、表6-7。

**表6-6 饲用稻谷质量指标及分级标准 (%)**

| 质量指标 | 等级 | | |
|---|---|---|---|
| | 一级 | 二级 | 三级 |
| 粗蛋白质 | ≥8.0 | ≥6.0 | ≥5.0 |
| 粗纤维 | <9.0 | <10.0 | <12.0 |
| 粗灰分 | <5.0 | <6.0 | <8.0 |

注:以87%干物质计

**表6-7 饲用碎米质量指标及分级标准 (%)**

| 质量指标 | 等级 | | |
|---|---|---|---|
| | 一级 | 二级 | 三级 |
| 粗蛋白质 | ≥7.0 | ≥6.0 | ≥5.0 |
| 粗纤维 | <1.0 | <12.0 | <3.0 |
| 粗灰分 | <1.5 | <2.5 | <3.5 |

注:以87%干物质计

### (七)小麦麸

**1. 感官鉴别** 优质小麦麸颜色应为淡褐色至红褐色,色泽新鲜一致。特有香甜口味,无发酵、霉变、结块及异味异臭。水分含量不得超过13%。反之,则为劣质小麦麸。

**2. 小麦麸在体视显微镜下的结构特征** 主要是指小麦的种皮。多为黄褐色薄片,外表面有细皱纹,内表面黏附有不透明白色淀粉粒。麦粒尖端的皮透明,附有一簇长长的有光泽的毛。

**3. 掺假简易鉴别法** 在生产过程中,我们所使用的大部分来源于面粉厂的成品麸皮。鉴别其掺杂其他物质，方法如下：用手抓一把麸皮使劲攥，如果麸皮成团，则为纯正品；而攥时有涨手的感觉，说明掺有滑石粉。将手插入麸皮中抽出，如手上粘有白色粉末且不易抖落则说明掺有滑石粉，如易抖落则是残余面粉。再用手抓起一把麸皮使劲擦，如果新皮成团则为纯正品；而擦时手有涨的感觉，则掺有稻谷糠；如握在手心有较滑的感觉，则说明有滑石粉。

**4. 建议检测项目**　感官检测通过的小麦麸原料需检测粗蛋白质、粗纤维、粗灰分等，水分高的还要测水分。

**5. 我国饲用小麦麸分级标准**　见表6-8。

**表6-8　饲用小麦麸的质量分级标准　(%)**

| 质量指标 | 等　级 | | |
|---|---|---|---|
| | 一级 | 二级 | 三级 |
| 粗蛋白质 | ≥15.0 | ≥13.0 | ≥11.0 |
| 粗纤维 | <9.0 | <10.0 | <11.0 |
| 粗灰分% | <6.0 | <6.0 | <6.0 |

注：以87%干物质计

## (八)米　糠

**1. 感官鉴别**

(1)优质米糠　淡黄色或黄褐色，色泽新鲜一致；粉状，略呈油感，无霉变、结块及虫蛀；具有米糠特有之风味，无酸败、霉味及异味异臭。水分含量不得超过12%。

(2)劣质米糠　色泽暗，呈灰黑色；有结块、霉变及虫蛀；有酸败、霉味及异臭味。

**2. 米糠在体视显微镜下的结构特征**　主要是稻谷的种皮，此外还有少量的淀粉、胚芽和米糠。米糠为奶油色或浅黄色片状物，内表面黏附有白色淀粉，含油易结成团，脱脂米糠不易成团。胚芽为椭圆形、平凸状，与米粒相连的一边弧度大。米糠表面光滑，呈不规则形状，白色、半透明，硬质。

**3. 建议检测项目** 感官检测通过的米糠原料需检测粗蛋白质、粗纤维、粗灰分等，水分高的还要测水分。

**4. 我国饲用米糠、米糠饼及米糠粕分级标准** 见表6-9至表6-11）。

**表6-9 饲用米糠质量指标及分级标准 （%）**

| 质量指标 | 等级 | | |
|---|---|---|---|
| | 一级 | 二级 | 三级 |
| 粗蛋白质 | ≥13.0 | ≥12.0 | ≥11.0 |
| 粗纤维 | ＜6.0 | ＜7.0 | ＜8.0 |
| 粗灰分 | ＜8.0 | ＜9.0 | ＜10.0 |

注：以87%干物质计

**表6-10 饲用米糠饼质量指标及分级标准 （%）**

| 质量指标 | 等级 | | |
|---|---|---|---|
| | 一级 | 二级 | 三级 |
| 粗蛋白质 | ≥14.0 | ≥13.0 | ≥12.0 |
| 粗纤维 | ＜8.0 | ＜10.0 | ＜12.0 |
| 粗灰分 | ＜9.0 | ＜10.0 | ＜12.0 |

注：以88%干物质计

**表6-11 饲用米糠粕质量指标及分级标准 （%）**

| 质量指标 | 等级 | | |
|---|---|---|---|
| | 一级 | 二级 | 三级 |
| 粗蛋白质 | ≥15.0 | ≥14.0 | ≥13.0 |
| 粗纤维 | ＜8.0 | ＜10.0 | ＜12.0 |
| 粗灰分 | ＜9.0 | ＜10.0 | ＜12.0 |

注：以87%干物质计

### (九)大豆饼粕

**1. 感观检测**

(1)优质大豆饼粕　饼颜色一致，呈黄褐色饼状，无发酵、结块、霉变、虫蛀及没有黑白粒、沙子等杂质。粕呈浅黄褐色或淡黄色不规则的小片状或碎片状，无其他的掺杂物。有烤黄豆香味，无酸败味、霉味、焦化味及生豆味。水分含量不得超过13%，用手抓散性很好；水分超过14%以上，则手抓发滞。

(2)劣质大豆饼粕　颜色深浅不一。颜色太深发红是因为加热过度，则尿素酶偏低，蛋白质变性，失去其营养价值；颜色太浅发白，是因为加热不足，多数尿素酶过高。大小不均，粕有结块，有霉变、虫蛀并有掺杂物。有霉味、焦化味或生豆臭味。

**2. 建议检测项目**　感官检测通过的大豆饼粕原料需测粗蛋白质、粗纤维、粗灰分等，同时要测尿素酶活性。水分高的还要测水分。

**3. 掺假简易鉴别**

(1)掺入棉籽饼、菜籽粕、芝麻粕的鉴别　由于棉籽粕、菜籽粕、芝麻粕、玉米粉和大豆粕都是植物性饲料原料，这些饲料在物理和化学特性上有很多相似之处。许多常用的饲料掺假识别法如容重测定法、水洗法以及化学分析方法等都难以鉴别大豆粕中掺入棉籽粕、菜籽粕、芝麻粕等植物性饲料。但这些饲料在气味、外观特征特别是组成物的结构特征上有明显区别。因此根据这些区别，可采用感观识别法，结合显微镜检测法，将被测大豆粕与纯大豆粕、棉籽粕、菜籽粕和芝麻粕进行对照、比较可确认大豆粕中是否掺入棉籽粕、菜籽粕、芝麻粕。

(2)掺入沙土的鉴别　①取被检大豆粕5～10克于烧杯中，加入100毫升四氯化碳，搅拌后放置10～20分钟，大豆粕漂浮在四氯化碳表面，而沙土沉于底部。将沉淀部分灰化，以稀盐酸(1+

3)煮沸,如有不溶物即为沙土。②取豆粕(饼)25 克,放入盛有 250 毫升水的玻璃杯中浸泡 2～3 小时,用木棒轻轻搅动可看出豆粕(碎饼)与泥沙分层。

(3)掺入有玉米、麸皮的鉴别　取少许豆粕(饼)放在干净的瓷盘中,在其上面滴几滴碘酊,若有物质变成蓝黑色,说明掺有玉米、麸皮等。

(4)测定体积质量　饲料原料中如果含有掺杂物,体积质量就会改变(变大或变小)。因此,测定体积质量也可判断豆粕有无掺假。一般纯豆粕体积质量为 594.1～610.2 克/升,如果超出此范围较多,说明该豆粕掺假。

(5)掺入石粉、贝壳粉等的鉴别

①外包装比较法:由于石粉、贝壳粉等无机物的容重比大豆粕大得多。因此,掺入了此类物质的豆粕的容重会明显增加,即与纯大豆粕相比,相同重量包装的体积变小,而相同体积包装的重量明显增重。若发现豆粕包装体积比以往小,而重量不减甚至增加;或包装体积与以往相同,而重量明显增加或每吨豆粕的袋数减少,则此豆粕中可能掺有石粉等无机物类物质,然后再采用粗灰分测定法确认。

②粗灰分分析法:粗灰分是指饲料样品在条件下完全燃烧后的剩余物,即饲料中完全不能燃烧的物质。我国大豆粕质量标准规定,一、二、三级大豆粕中粗灰分含量分别低于 6%、7%、8%。而无机物不能燃烧。豆粕中掺入了此类无机物,粗灰分含量会大大提高。按国家标准 GB/T6438-1992 的方法测定被测豆粕中粗灰分的含量,若粗灰分含量大大提高,则可判定为此豆粕中掺有石粉等无机物类物质。根据灰分的颜色、硬度和盐酸溶解性,可进一步识别掺入的无机物是否是石粉或贝壳粉、黄沙或泥土。上述方法也可识别其他饼粕类饲料中或能量饲料中掺入此类无机物。

③盐酸法:取被检大豆饼粕 3 克于烧杯中,加 10%盐酸 20 毫

升,如有大量气泡产生,则样品中掺有石粉、贝壳粉。

**4. 大豆粕生熟检查**　大豆饼粕中含有抗营养因子,必须加热熟化,否则不利于家兔消化吸收。生熟豆粕检查法是取尿素 0.1 克置于 250 毫升三角瓶中,加入被测豆粕粉 0.1 克,加蒸馏水至 100 毫升,加塞于 45℃水中温热 1 小时,取红色石蕊试纸浸入此溶液中,如试纸变蓝色表示豆粕是生的,不变色则豆粕是熟的。

**5. 我国饲用大豆饼粕的分级标准**　见表 6-12、表 6-13。

**表 6-12　饲用大豆饼质量指标及分级标准　(%)**

| 质量指标 | 等级 | | |
|---|---|---|---|
| | 一级 | 二级 | 三级 |
| 粗蛋白质 | ≥41.0 | ≥39.0 | ≥37.0 |
| 粗脂肪 | <8.0 | <8.0 | <8.0 |
| 粗纤维 | <5.0 | <6.0 | <7.0 |
| 粗灰分 | <6.0 | <7.0 | <8.0 |

注:以 88%干物质计

**表 6-13　饲用大豆粕质量指标及分级标准　(%)**

| 质量指标 | 等级 | | |
|---|---|---|---|
| | 一级 | 二级 | 三级 |
| 粗蛋白质 | ≥44.0 | ≥42.0 | ≥40.0 |
| 粗纤维 | <5.0 | <6.0 | <7.0 |
| 粗灰分 | <6.0 | <7.0 | <8.0 |

注:以 87%干物质计

### (十)棉籽饼粕

**1. 感观鉴别**　优质棉籽饼粕呈小瓦片状或饼状,不可有过多外壳、棉纤维,色泽呈黄褐色、暗褐色及暗红色,细度影响色泽,通常色淡者品质较佳。优质棉籽粕一般呈淡褐色、深褐色或微黑色,粉状或小团状，可见棉籽，显微镜下可见棉籽外壳碎片上有半透明、白色有光泽的纤维。贮存太久或加热过度会使颜色加深。略带坚果和棉籽油味，不可有发霉、腐败、发酵、焦糊等异味。

**2. 建议检测项目** 感官检测通过的棉籽饼粕原料需测粗蛋白质、粗纤维、粗灰分等，同时要测游离棉酚的活性。水分高的还要测水分。

**3. 掺假鉴别** 主要注意棉绒的含量，含量越多则品质越差。掺假棉籽粕有掺红土、膨润土、沸石粉或沙石粉的，也有用钙粉、麸皮、米糠、稻壳经加工制粒、着色制成"棉粕料"的。一般用感观检查配合水浸法鉴别容易准确。也可用灰分检查法。正常的棉籽饼粗灰分含量不高于8%，而掺假的棉籽饼其灰分含量高达15%以上。

**4. 我国饲用棉籽饼的分级标准** 见表6-14。

**表6-14 饲用棉籽饼质量指标及分级标准 (%)**

| 质量指标 | 等级 | | |
|---|---|---|---|
| | 一级 | 二级 | 三级 |
| 粗蛋白质 | ≥40.0 | ≥36.0 | ≥32.0 |
| 粗纤维 | <10.0 | <12.0 | <14.0 |
| 粗灰分 | <6.0 | <7.0 | <8.0 |

注：以88%干物质计

## (十一)菜籽饼粕

**1. 感观检测**

(1)色泽 优质菜籽饼为褐色，菜籽粕为黄色或浅褐色，具有浓厚的油香味，这种油香味较特殊，其他原料不具备。而劣质品颜色暗淡，无油性光泽，油香味淡，颜色也暗，用手抓时，感觉较沉。一般是外观越红蛋白质含量越低。水分应控制在12%以下。

(2)外观形态及手感 优质菜籽饼呈片状或饼状，菜籽粕呈碎片或粗粉末，手抓有疏松感觉，无结块、霉变。优质饼、粕有浓郁的菜籽油香味，无异臭、异味。

**2. 建议检测项目**　感官检测通过的菜籽饼粕原料需测粗蛋白质、粗纤维、粗灰分等，水分高的还要测水分。

**3. 掺假鉴别**　菜籽粕是较廉价的高蛋白原料，掺假主要掺杂一些低廉的原料如泥土、沙石等。具体检查方法如下。

(1)酸检查　正常的菜籽粕加入适量的10%盐酸，没有气泡产生；而掺假的菜籽粕加入10%盐酸，则有大量气泡产生。

(2)四氯化碳检查　四氯化碳的密度为1.59，菜籽粕密度比四氯化碳小，所以菜籽粕可以漂浮在四氯化碳表面。

(3)灰分检查　正常的菜籽粕的粗灰分含量不高于14%，而掺假的菜籽粕其灰分含量高达20%以上。

**4. 我国饲用菜籽饼粕的分级标准**　见表6-15、表6-16。

**表6-15　饲用菜籽饼质量指标及分级标准　(%)**

| 质量指标 | 等级 | | |
|---|---|---|---|
| | 一级 | 二级 | 三级 |
| 粗蛋白质 | ≥37.0 | ≥34.0 | ≥30.0 |
| 粗纤维 | <14.0 | <14.0 | <14.0 |
| 粗灰分 | <12.0 | <12.0 | <12.0 |
| 粗脂肪 | <10.0 | <10.0 | <10.0 |

注：以88%干物质计

**表6-16　饲用菜籽粕质量指标及分级标准　(%)**

| 质量指标 | 等级 | | |
|---|---|---|---|
| | 一级 | 二级 | 三级 |
| 粗蛋白质 | ≥40.0 | ≥37.0 | ≥33.0 |
| 粗纤维 | <14.0 | <14.0 | <14.0 |
| 粗灰分 | <8.0 | <8.0 | <8.0 |

注：以88%干物质计

### (十二)花生(仁)饼粕

**1. 感观检测** 优质的花生饼粕呈淡褐色至深褐色的小块状或碎屑状,含有少量花生壳,压榨饼稍深,呈烤过的花生香味;萃取粕较浅,为淡淡的花生香。不可有发酸、发霉、烧焦的味道。一致性、流动性好,不可有太多外壳、沙土等杂质,不可有虫蛀、结块及异味异嗅现象。水分含量不得超过12.0%。

**2. 建议检测项目** 感官检测通过的花生饼粕原料需测粗蛋白质、粗纤维、粗灰分等,同时要检测黄曲霉毒素。水分高的还要测水分。

**3. 掺假识别** 花生粕常见掺杂物有泥土、砾石等较重的物质以及花生壳粉等,使其蛋白质含量下降。

(1)盐酸法识别 正常花生粕加入适量10%盐酸,不产生气泡;掺假花生粕加入10%盐酸,有大量气泡产生。

(2)四氯化碳法识别 称取5～10克花生粕放入梨形分液漏斗或小烧杯,加入100毫升四氯化碳,用玻璃棒搅拌,静置10～20分钟;分离沉淀物,放入已知重量的称量盒中,将称量盒放入110℃烘箱中烘15分钟,取出置于干燥器中冷却称重,计算土、沙的粗略含量。

(3)掺花生壳粉识别 取样品1克,置于500毫升三角瓶中,加入5%氢氧化钠溶液100毫升,煮沸30分钟后加水至500毫升,静置,弃去上清液,再加200毫升水,再煮沸30分钟。取残渣在50～100倍显微镜下观察,如见到不定形的黄褐色乃至暗褐色破片,在外表皮上斜交叉有细纤维,则掺有花生壳粉。

**4. 我国饲用花生饼粕的分级标准** 见表6-17、表6-18。

表 6-17　饲用花生饼质量指标及分级标准　（%）

| 质量指标 | 等　级 | | |
| --- | --- | --- | --- |
| | 一级 | 二级 | 三级 |
| 粗蛋白质 | ≥48.0 | ≥40.0 | ≥36.0 |
| 粗纤维 | ＜7.0 | ＜9.0 | ＜11.0 |
| 粗灰分 | ＜6.0 | ＜7.0 | ＜8.0 |

注：以 88%干物质计

表 6-18　饲用花生粕质量指标及分级标准　（%）

| 质量指标 | 等　级 | | |
| --- | --- | --- | --- |
| | 一级 | 二级 | 三级 |
| 粗蛋白质 | ≥51.0 | ≥42.0 | ≥37.0 |
| 粗纤维 | ＜7.0 | ＜9.0 | ＜11.0 |
| 粗灰分 | ＜6.0 | ＜7.0 | ＜8.0 |

注：以 88%干物质计

### (十三)胡麻饼粕

**1. 感官性状**　本品呈褐色的大饼厚片或粗粉状，色泽新鲜一致，有油香味，无发酵、霉变及异味异嗅，不得掺杂胡麻饼粕以外的其他物质。水分含量不得超过 12%。

**2. 建议检测项目**　感官检测通过的胡麻饼粕原料需测粗蛋白、粗纤维、粗灰分等，水分高的还要测水分。

**3. 我国饲用胡麻饼粕的分级标准**　见表 6-19、表 6-20。

表 6-19 饲用胡麻仁饼质量指标及分级标准 （%）

| 质量指标 | 等级 | | |
| --- | --- | --- | --- |
| | 一级 | 二级 | 三级 |
| 粗蛋白质 | ≥32.0 | ≥30.0 | ≥28.0 |
| 粗纤维 | <8.0 | <9.0 | <10.0 |
| 粗灰分 | <6.0 | <7.0 | <8.0 |

注：以 88%干物质计

表 6-20 饲用胡麻仁粕质量指标及分级标准 （%）

| 质量指标 | 等级 | | |
| --- | --- | --- | --- |
| | 一级 | 二级 | 三级 |
| 粗蛋白质 | ≥35.0 | ≥32.0 | ≥29.0 |
| 粗纤维 | <9.0 | <10.0 | <11.0 |
| 粗灰分 | <8.0 | <8.0 | <8.0 |

注：以 88%干物质计

### （十四）向日葵仁饼粕

**1. 感观鉴别** 优质向日葵仁粕呈淡灰白色或浅黄褐色的粉状、碎片状，色泽一致，无发酵、霉变及异味异嗅。水分含量不得超过 12%。

**2. 建议检测项目** 感官检测通过的向日葵仁饼粕原料需测粗蛋白质、粗纤维、粗灰分等，水分高的还要测水分。

**3. 我国饲用向日葵仁饼粕的分级标准** 见表 6-21、表 6-22。

**表 6-21　饲用向日葵仁饼质量指标及分级标准　(%)**

| 质量指标 | 等级 | | |
|---|---|---|---|
| | 一级 | 二级 | 三级 |
| 粗蛋白质 | ≥36.0 | ≥30.0 | ≥23.0 |
| 粗纤维 | <15.0 | <21.0 | <27.0 |
| 粗灰分 | <9.0 | <9.0 | <9.0 |

注:以88%干物质计

**表 6-22　饲用向日葵仁粕质量指标及分级标准　(%)**

| 质量指标 | 等级 | | |
|---|---|---|---|
| | 一级 | 二级 | 三级 |
| 粗蛋白质 | ≥38.0 | ≥32.0 | ≥24.0 |
| 粗纤维 | <16.0 | <22.0 | <28.0 |
| 粗灰分 | <10.0 | <10.0 | <10.0 |

注:以88%干物质计

### (十五)芝麻饼粕

**1. 感观性状**　芝麻粕为粗粕,带有香味,外观色泽新鲜一致。无发霉变质、虫蛀结块,不带异味臭气味,不得掺杂芝麻粕以外的其他物质。水分含量不得超过12%。

**2. 建议检测项目**　感官检测通过的芝麻饼粕原料需测粗蛋白质、粗纤维、粗灰分等,水分高的还要测水分。

**3. 我国饲用芝麻饼粕的质量标准**　粗蛋白质≥35%,粗纤维<10%,粗灰分<12%,盐酸不溶物<1.5%。

### (十六)玉米蛋白粉

**1. 感观检测**　正常的玉米蛋白粉呈黄色,手感流动性好,颜色均匀自然。掺假的颜色常常偏呆板,气味不正常;正常的玉米蛋白粉有特殊的香甜气味，而掺假的往往气味不正常。

**2. 镜检** 正常的玉米蛋白粉在显微镜下为均匀的黄白色细颗粒；而掺假的有的有发亮的晶体状物，有的有较多蛋黄色粉状颗粒，有的还掺有细小的深红色细颗粒(可能是染色剂)。

**3. 检测常规指标** 各项指标均按照国标方法执行。对玉米蛋白粉所做的常见指标包括水分、粗蛋白质、粗脂肪和粗灰分。其中粗灰分亦为一般衡量指标。好的玉米蛋白粉粗灰分一般小于2%，超过3%时就要引起注意了。有的掺假的样品粗灰分甚至达到10%以上。

**4. 检查是否掺石粉** 用1∶1的稀盐酸滴加，看是否冒气泡。如冒气泡，则掺有石粉。

**5. 检查是否掺有尿素** 生黄豆粉中的脲素酶能将尿素分解成氨，氨溶在水中呈碱性，加入酚红后溶液呈红色。检测方法为：将玉米蛋白粉0.5克放在25毫升的试管中，加入约0.2克的黄豆粉和3～5滴酚红指示剂(1克/升)，加入约15毫升水，迅速盖好塞子，摇动片刻，静置数分钟，若溶液变成红色，则样品中含有尿素。

### (十七)鱼　粉

目前，市场上鱼粉掺假现象比较严重，掺假的原料有血粉、羽毛粉、皮革粉、尿素、硫酸铵、菜籽饼、棉籽饼、钙粉等，大多是廉价且消化利用率低的饲料，因而鱼粉真伪鉴别很有必要。

**1. 感观鉴别** 感官指标见表6-23。

表 6-23　鱼粉的感官指标　(%)

<table>
<tr><th rowspan="2">质量指标</th><th colspan="3">等　级</th></tr>
<tr><th>一级</th><th>二级</th><th>三级</th></tr>
<tr><td>色　泽</td><td colspan="3">黄棕色、黄褐色为鱼粉正常颜色</td></tr>
<tr><td>组　织</td><td>膨松、纤维状组织明显，无结块、无霉变</td><td>较膨松、纤维状组织较明显，无结块、无霉变</td><td>松软粉状物，无结块、无霉变</td></tr>
<tr><td>气　味</td><td colspan="2">有鱼香味，无焦灼味和油脂酸败味</td><td>有鱼粉正常气味，无异臭，无焦灼味</td></tr>
</table>

(1)看　用眼睛仔细观察饲料的颜色深浅、外观形状、颗粒大小，与优质鱼粉进行比较，初步判断饲料是否掺假。优质鱼粉的杂质很少，色泽均匀一致，为浅黄色至黄棕色。颜色过浅，可能是自然晒干，未进行灭菌处理的生鱼粉；颜色过深，说明加工温度过高或贮存不当导致发热所致的劣质鱼粉。优质鱼粉的粒度应符合要求，但一般不会太细，因为鱼粉较难粉碎。若粉碎较细，产量会降低，电耗增大，成本增加。而掺假物往往较细，以增加识别难度。

眼看可结合用分级筛过筛，由粗到细看，可识别某些掺假物。如有白色带绒毛的棕色颗粒(棉籽壳)，鱼粉中可能掺有棉籽饼(粕)；有深褐色小颗粒(菜籽壳)，鱼粉中可能掺有菜籽饼(粕)；发现有白色、灰色或淡黄色线条，鱼粉中可能掺有羽毛粉或皮革粉等。在孔径较大的筛上，还可分辨出花生壳、豆壳、稻壳、玉米碎片以及沙石颗粒等杂质或掺假物。

(2)摸、捏、捻　优质鱼粉用手抓摸感到质地松软，呈疏松状，有弹性，有一定的油腻感。加工温度过高或贮存过程中发热，会使鱼肉颗粒变硬、变脆、无弹性、无油腻感，鱼粉的消化率降低。鱼肉发黏或成团，说明鱼粉可能已酸败变质；团块捻散呈灰白色说明已发霉。此外，油腻感太大，说明鱼粉含脂肪量高，鱼粉质量较差。

掺假鱼粉质地粗糙，有扎手感觉。通过手捻并仔细观察，时而可发现被掺入的黄沙及羽毛粉等碎片。

(3)闻　优质鱼粉具有浓郁的咸腥味(类似鱼干的香味)，无异臭、霉味、焦灼味以及其他非鱼粉气味。掺假鱼粉鱼腥味变淡，由下脚料或不新鲜的鱼生产的劣质鱼粉为烂鱼的腥臭、腐臭或哈喇味。如果掺假物数量较多，则容易识别。掺入棉籽粕和菜籽粕的鱼粉，有如鱼香味、棉籽粕和菜籽粕的味道；掺入尿素的鱼粉略有氨味。

(4)尝　优质鱼粉含盐量较低，口尝几乎感觉不到咸味。若咸味较重，表明鱼粉中含盐量较高，鱼粉质量差。咸味越重，则鱼粉质量越差。

(5)粒度　优质鱼粉至少98%的颗粒能通过2.80毫米的筛网。使用不同筛目的筛子可大致检出混入的异杂物。

**2. 建议检测项目**　感官检测通过的鱼粉原料需测粗蛋白质、真蛋白质、粗脂肪、粗灰分、盐分、沙分等，水分高的还要测水分。

**3. 鱼粉掺假鉴别**

(1)鱼粉中掺入植物物质的检测　鱼粉中是否掺有植物性物质可根据鱼粉与植物性物质灼烧产生的特有气味和组成成分上的差异，采用灼烧法和植物成分分析法、碘化法综合分析判断。

(2)鱼粉中掺入血粉的检测　鱼粉中掺入血粉的鉴别可采用感官识别法、显微镜检测法、特异性染色法和简易化学分析法综合分析判断。

(3)鱼粉中掺入铵盐的检测　碳酸氢铵、磷酸铵、硫酸铵等铵盐在强碱作用下产生氨，奈氏试剂再与氨作用生成黄色至红棕色沉淀，可利用此反应鉴别鱼粉中是否掺有铵盐。

(4)鱼粉中掺入鞣革粉的检测　皮革粉是一种常见的鱼粉掺假物。这是因为皮革粉是皮革(真皮)下脚料粉碎而成，其成本低、蛋白质含量高，在蛋白质含量低的劣质鱼粉中掺入一定量的皮革粉,可使鱼粉蛋白质含量达到优质鱼粉的含量。因制革工艺中用铬酸钠处理皮革,皮革粉中含有大量铬,动物食入过多的铬会导致蓄积性中毒。皮革粉中含铬量极高,掺有皮革粉的鱼粉铬含量显著提高(正常鱼粉铬一般≤8毫克/千克)。根据这一特征,以铬的特征性显色反应或鱼粉中铬的含量可鉴别鱼粉中是否掺有皮革粉。建议在正规的饲料质检部门化验。

(5)鱼粉中掺入肉骨粉的检测　由于肉骨粉与鱼粉有很多相似之处,掺入鱼粉中较难区别。其鉴别方法主要是根据二者组成物形态差异,用感观检测结合显微镜检测法加以鉴别。

(6)鱼粉中掺入棉籽饼粕、菜籽饼粕、大豆饼粕、花生饼粕、芝麻饼粕的检测　根据各种油料饼粕的组成和结构特征,采用感观识别结合显微镜检测法可确认鱼粉或其他饲料原料中掺有哪种饼粕。

(7)鱼粉中掺入酵母粉的检测　酵母粉的最大特征是含有大量的酵母细胞。鉴别鱼粉中是否掺入酵母粉的最好方法是采用显微镜检测法。用放大倍数较大的生物显微镜仔细观察待检鱼粉样品,若有酵母细胞存在,则说明该鱼粉中掺有酵母粉。

**3. 我国饲用鱼粉分级标准**　我国饲用鱼粉的原料分级标准SC/T3501-1996,是根据其饲料营养成分中粗蛋白质、粗脂肪、水分、盐分、粗灰分、沙分含量分四级(表3-24)。不符合此标准的属于等外品,不能用于生产。

表 6-24　鱼粉的质量分级标准　(%)

| 质量指标 | 等级 | | | |
|---|---|---|---|---|
| | 特级品 | 一级 | 二级 | 三级 |
| 粉碎粒度 | 至少 98%能通过筛孔为 2.8 毫米的标准筛 | | | |
| 粗蛋白质 | ≥60.0 | ≥55.0 | ≥50.0 | ≥45.0 |
| 粗脂肪 | ≤10.0 | ≤10.0 | ≤12.0 | ≤12.0 |
| 水　分 | ≤10.0 | ≤10.0 | ≤10.0 | ≤12.0 |
| 盐　分 | ≤2.0 | ≤3.0 | ≤3.0 | ≤4.0 |
| 灰　分 | ≤15.0 | ≤20.0 | ≤25.0 | ≤25.0 |
| 沙　分 | ≤2.0 | ≤3.0 | ≤3.0 | ≤4.0 |

## (十八)血　粉

血粉为褐色或黑褐色粉末，色泽新鲜，无发霉、腐败、结块、异味及异臭，水分含量不超过 11%。血粉为健康动物的新鲜血液经脱水粉碎或喷雾干燥后的产品，不得掺入血液以外的物质。血粉质量标准见表 6-25。

表 6-25　血粉质量标准　(%)

| 项　目 | 含　量 | 项　目 | 含　量 |
|---|---|---|---|
| 粗蛋白质 | ≥80 | 粗纤维 | <1.0 |
| 粗灰分 | <4.5 | 胃蛋白酶消化率 | ≥90 |

## (十九)羽 毛 粉

羽毛粉为深褐色或浅褐色粉末状，无发霉、腐败、结块、氨臭及异味，水分不超过 10%，不得有羽毛以外的物质。羽毛粉质量标准见表 6-26。

表 6-26　羽毛粉质量标准　（%）

| 项　目 | 含　量 | 项　目 | 含　量 |
|---|---|---|---|
| 粗蛋白质 | ≥80 | 胃蛋白酶消化率 | ≥90 |
| 粗灰分 | <4 | | |

## (二十)苜蓿草粉

**1. 感观性状**　粉状、颗粒状或草饼，暗绿色、绿色，无发酵、霉变、结块及异味异臭。水分含量不得超过 13%，没有掺入饲料用苜蓿草粉以外的物质。

**2. 我国饲用苜蓿草粉的分级标准**　我国饲用苜蓿草粉的分级标准 GB 10389-89，是根据其饲料营养成分中粗蛋白质、粗纤维、粗灰分为质量控制指标，按含量分三级(表 6-27)。不符合此标准的属于等外品，不能用于生产。

表 6-27　饲用苜蓿草粉的质量分级标准　（%）

| 质量指标 | 等　级 | | |
|---|---|---|---|
| | 一级 | 二级 | 三级 |
| 粗蛋白质 | ≥18.0 | ≥16.0 | ≥14.0 |
| 粗纤维 | <25.0 | <27.5 | <30.0 |
| 粗灰分 | <12.5 | <12.5 | <12.5 |

注：以 87%干物质计

## (二十一)其他粗饲料

家兔常用粗饲料除苜蓿粉外，尚有谷草、玉米秸秆、豆秸、稻草、树叶、花生壳和花生秧等，这些粗饲料一般由养兔场、饲料厂自行加工。要求这些粗饲料水分含量低于 12%，无霉变、杂质、石块和金属物等。花生壳、花生秧还有可能混入塑料薄膜等，要剔除。

由于粉料易吸湿、结块发霉、不宜贮藏，应现粉碎现用。对于购进各种草粉要进行严格质量检验，内容有是否采用发霉饲料、杂质含量高低、营养物质含量等。

### （二十二）预混饲料

要求色泽一致，无结块及发霉变质，不得有异味。微量元素预混料的粉碎粒度要求100%通过40目筛，80目筛上物不得大于20%。维生素预混料的粉碎粒度要求100%通过16目筛，30目筛上物不得大于10%。使用无机载体或稀释剂时水分不高于5%，使用有机载体或稀释剂时水分不高于10%。

选购预混料时，以技术力量雄厚、知名度高的大型企业或科研单位生产的产品为宜。

## 三、饲料生产加工过程中的质量控制

### （一）取料过程的质量控制

原料虽然在收购、入库过程中进行了严格的质检，但由于贮存环境、时间等因素的影响，饲料原料的品质还会发生不同程度的变化，因此在取料时必须注意，如果发现原料结块、变质或有异味，应及时停止使用，坚决杜绝不合格原料进入下一道生产工序。

原料还应通过地坑格栅、磁选、除杂等措施，清除原料中铁质物、绳头等杂质，以维持设备完好和保证饲料质量。

### （二）粉碎过程的质量控制

粉碎是用粉碎机将粒状、块状原料粒度减小的过程。粉碎机对产品质量的影响非常明显，它直接影响饲料的最终质地（粉料）和外观的形成（颗粒料），所以必须经常检查粉碎机锤片是否磨损，筛网有无漏洞、漏缝、错位等。操作人员应经常观察粉碎机的粉碎能力和粉碎机排出的物料粒度。若发现粉碎机超出常规的粉碎能力(速度过快或粉碎机电流过小),可能因为粉碎机网筛破损而形成无过筛下料,物料粒度将会过大,应及时更换或修复筛网。若发现被粉碎的物料发热,则可能粉碎机出料口堵塞或锤片磨损,粉碎能力下降,应及时解决,否则会毁坏粉碎机,或对物料造成不良影响,从而影响饲料质量。

### (三)称量过程的质量控制

称量是配料的关键,是执行配方的首要环节。称量的准确与否,对家兔配合饲料的质量起至关重要的作用。

一般养兔场或小型饲料厂采用人工称量配料,然后投入搅拌机,要求操作人员有很强的责任心和质量意识。称量过程中要做到以下 4 点:第一,要求磅秤合格有效,每次使用前对磅秤进行 1 次校准和保养,每年至少由标准计量部门进行 1 次检验。第二,每次称量必须把磅秤周围打扫干净,称量后将散落在磅秤或称量器上的物料全部倒入搅拌机中,以保证进入搅拌机的原料数量准确。第三,一般不用桶、筐等容器来指示数量,这样计量的准确度往往很低。切忌根据估计数量投料。第四,要有正确的称量顺序,称一种用笔在配方上做一记号。

大型饲料厂一般采用自动称量系统。应经常注意保证称量系统正常运作。

称量微量成分,必须用灵敏度高的秤或天平,其灵敏度至少应达 0.1%。秤的灵敏度、准确度要经常校正。手工配料时,应使用不锈钢料铲,并做到专料专用,以免发生混料,造成相互污染。

### (四)配料搅拌过程的质量控制

饲料原料只有在搅拌机中均匀混合,饲料中的营养成分才能均匀分布，配方才能完全实行，饲料质量才有保障。如果微量成分如微量元素、维生素、药物等混合不均匀，就会直接影响饲料质量，影响家兔的生产性能，甚至导致兔群发病或中毒。

**1. 原料的添加顺序** 为了保证饲料在搅拌机中的均匀搅拌，加入原料的顺序是十分重要的。首先加入用量大的原料，在混合一段时间后再加入微量成分如添加剂、药物等。当所有的干原料混合均匀后，才可将液体原料（如水、液体氨基酸等）洒在上面，再次充分混合。含有液体原料的饲料需要相应延长搅拌时间，目的是保证液体原料在饲料中均匀分布，并将可能形成的饲料团都搅碎。若在饲料中需加入潮湿原料，应在最后添加，这是因为加入潮湿原料可能使饲料结块，使混合更不易均匀，从而增加搅拌时间。加入搅拌机中原料的添加顺序为：①加入用量大的原料，比重小的先加、比重大的后加。②加入微量成分，如添加剂、药物等。③喷入液体原料，如水、液体氨基酸、油。④加入潮湿原料。

**2. 搅拌时间** 应以搅拌均匀为限，最佳搅拌时间取决于搅拌机的类型（卧式或立式）和原料的性质（粒度、形状、形态及容重）。一般搅拌机的搅拌时间为：卧式搅拌机 3～5 分钟，立式搅拌机 15～20 分钟。

**3. 搅拌过程应注意的问题** ①卧式搅拌机的饲料最大装入量不高于螺带高度，最小装入量不低于搅拌机主轴以上 10 厘米的高度。②立式搅拌机残留料较多、容易混料，更换配方时，应将搅拌机中残留的饲料清理干净。

**4. 保证搅拌机的正常工作** 对搅拌机进行维护和检查，是保证饲料搅拌均匀合格的工作基础。①检查搅拌机螺旋或桨叶是否开焊。②检查搅拌机螺旋或桨叶是否磨损，卧式搅拌机的工作料面是否平整，料面差距大时说明桨叶已磨损。③定期清除搅拌机轴和桨叶上的尼龙、绳头等杂物。

### (五)制粒过程的质量控制

详见饲料加工一章。

### (六)贮藏过程的质量控制

贮藏是饲料加工的最后一道工序,是饲料质量控制的重要环节。

要贮藏加工好的饲料,必须选择干燥、通风良好、无鼠害的库房放置,建立"先进先出"制度,因为码放在下面和后面的饲料会因存放时间过久而变质。不同生理阶段的饲料要分别堆放,包装袋上要有明显标记,以防发生混料或发错料。饲料水分要求北方地区不高于14%,南方地区不高于12.5%。经常检查库房的顶部和窗户是否有漏雨现象。定期对饲料进行清理,发现变质或过期的饲料应及时处理。

对于小型兔场可采用当天生产、当天使用,以降低饲料在贮藏过程中发生变质的危险。

### (七)饲喂时的质量检查

饲喂时应对生产的饲料进行感官检查,对饲料颜色、形状进行检查,必要时用嗅觉对饲料气味进行检查。发现饲料颜色有变化,有结块和发霉味时,要立即停止饲喂,及时与技术人员联系。

(任克良、李清宏、王芳)

# 第七章 家兔的典型饲料配方

设计和采用科学而实用的饲料配方是合理利用当地饲料资源、提高养兔生产水平、保证兔群健康、获得较高经济效益的重要保证。生产实践中,每个兔场必须根据当地饲料种类、营养特点、环境条件、家兔品种、生理阶段、生产水平等具体情况,设计或选用适宜的饲料配方。为使读者有所借鉴,笔者收集了国内部分兔场饲料配方;同时翻译了大量的国外文献,选择了较适宜的饲料配方。这些配方虽然都已在实践或试验中得到验证、效果良好,但绝不可生搬硬套。

## 一、国内典型的饲料配方

### (一)中国农业科学院兰州畜牧研究所推荐的肉兔饲料配方

该饲料配方见表 7-1。

**表 7-1 中国农业科学院兰州畜牧研究所推荐的肉兔饲料配方**

| 饲料原料 | 生长兔 | | | 妊娠母兔 | 哺乳母兔及仔兔 | | 种公兔 | |
|---|---|---|---|---|---|---|---|---|
| | 配方 1 | 配方 2 | 配方 3 | | 配方 1 | 配方 2 | 配方 1 | 配方 2 |
| 苜蓿草粉(%) | 36 | 35.3 | 35 | 35 | 30.5 | 29.5 | 49 | 40 |
| 麸皮(%) | 11.2 | 6.7 | 7 | 7 | 3 | 4 | 15 | 15 |
| 玉米(%) | 22 | 21 | 21.5 | 21.5 | 30 | 29 | 17 | 12 |
| 大麦(%) | 14 | — | — | — | 10 | — | — | — |
| 燕麦(%) | — | 20 | 22.1 | 22.1 | — | 14.7 | — | 14 |
| 豆饼(%) | 11.5 | 12 | 9.8 | 9.8 | 17.5 | 14.8 | 15 | 15 |

续表 7-1

| 饲料原料 | 生长兔 | | | 妊娠母兔 | 哺乳母兔及仔兔 | | 种公兔 | |
|---|---|---|---|---|---|---|---|---|
| | 配方1 | 配方2 | 配方3 | | 配方1 | 配方2 | 配方1 | 配方2 |
| 鱼粉(%) | 0.3 | 1 | 0.6 | 0.6 | 4 | 4 | 3 | 3 |
| 食盐(%) | 0.2 | 0.2 | 0.2 | 0.2 | 0.2 | 0.2 | 0.2 | 0.2 |
| 石粉(%) | 2.8 | 1.8 | 1.8 | 1.8 | 2 | 1.8 | 0.8 | 0.8 |
| 骨粉(%) | 2 | 2 | 2 | 2 | 2.8 | 2 | — | — |
| 日粮营养价值 | | | | | | | | |
| 消化能(兆焦/千克) | 10.46 | 10.46 | 10.46 | 10.46 | 11.3 | — | 9.79 | 10.29 |
| 粗蛋白质(%) | 15 | 16 | 15 | 15 | 18 | — | 18 | 18 |
| 粗纤维(计算值)(%) | 15 | 16 | 16 | 16 | 12.8 | 12.0 | 19 | — |
| 添　加 | | | | | | | | |
| 蛋氨酸(%) | 0.14 | 0.11 | 0.14 | 0.12 | — | — | — | — |
| 多维素(%) | 0.01 | 0.01 | 0.01 | 0.01 | 0.01 | 0.01 | 0.01 | 0.01 |
| 硫酸铜(毫克/千克) | 50 | 50 | 50 | 50 | 50 | 50 | 50 | 50 |
| 氯苯胍 | 160片/50千克,妊娠兔日粮中不加,公兔定期加入 | | | | | | | |

## (二)山西省农业科学院畜牧兽医研究所实验兔场饲料配方

该饲料配方见表7-2。

表 7-2　山西省农业科学院畜牧兽医研究所实验兔场饲料配方

| 饲料原料 | 食　料 | 生长兔 | | 空怀母兔 | 公　兔 | 哺乳母兔 |
|---|---|---|---|---|---|---|
| | | 肉　兔 | 獭兔、毛兔 | | | |
| 草　粉 | 19.0 | 34.0 | 34 | 40.0 | 40.0 | 37.0 |
| 玉　米 | 29.0 | 24.0 | 24.0 | 21.5 | 21.0 | 23.0 |
| 小麦麸 | 30.0 | 24.5 | 23.3 | 22.0 | 22.0 | 22.0 |
| 豆　饼 | 14.0 | 12.0 | 12.0 | 10.5 | 10.5 | 12.3 |
| 葵花籽饼 | 5.0 | 4.0 | 4.0 | 4.5 | 4.5 | 4.0 |
| 鱼　粉 | 1.0 | — | 1 | — | 1.5 | — |
| 蛋氨酸 | 0.1 | — | 0.1 | — | — | — |
| 赖氨酸 | 0.1 | — | 0.1 | — | — | — |
| 磷酸氢钙 | 0.7 | 0.6 | 0.6 | 0.6 | 0.6 | 0.7 |
| 贝壳粉 | 0.7 | 0.6 | 0.6 | 0.6 | 0.6 | 0.7 |
| 食　盐 | 0.4 | 0.3 | 0.3 | 0.3 | 0.3 | 0.3 |
| 兔宝系列 | 0.5 | 0.5 | 0.5 | 0.5 | 0.5 | 0.5 |
| 添加剂 | （兔宝Ⅰ号） | （兔宝Ⅰ号） | （兔宝Ⅲ号或Ⅳ号） | （兔宝Ⅱ号） | （兔宝Ⅱ号） | （兔宝Ⅱ号） |
| 多维素 | 适量 | 适量 | 适量 | 适量 | 适量 | 适量 |
| 营养水平 | 生长兔饲料配方：粗蛋白质 17%、粗脂肪 1.6%、粗纤维 13%、灰分 7.9%，中等营养水平 | | | | | |
| 饲喂效果 | 肉用生长兔断奶至体重达 2200 克，日增重 30 克，料肉比 3∶1；獭兔生长兔 90～100 日龄，体重达 2100 克；繁殖母兔发情正常，受胎率高 | | | | | |

注：1. 夏、秋季每兔日喂青苜蓿或菊苣 50～100 克，冬季日喂胡萝卜 50～100 克；2. 兔宝系列添加剂系山西省畜牧兽医研究所实验兔场科研成果。兔宝 1 号适用于仔、幼兔，可提高日增重 20%，有效预防兔球虫病、腹泻及呼吸道疾病；兔宝Ⅱ号适用于青年兔、繁殖兔；兔宝Ⅲ号，Ⅳ号分别适合于产毛兔和产皮兔；3. 草粉种类有青干草、豆秸、玉米秸秆、谷草、苜蓿粉、花生壳等，草粉种类不同，饲料配方做相应调整

## (三)云南省农业科学院畜牧兽医研究所兔场饲料配方

该饲料配方见表 7-3。

**表 7-3　云南省农科院畜牧兽医研究所兔场饲料配方**

| 饲料原料 | 仔兔料 | 毛、皮用成兔料 | 肉用成兔料 |
|---|---|---|---|
| 苕子青干草粉(%) | 18 | 20 | 20 |
| 玉米(%) | 40 | 36 | 40 |
| 麦麸(%) | 18 | 18 | 20 |
| 秘鲁鱼粉(%) | 4 | 3.5 | 2.5 |
| 豆饼(%) | 12 | 13 | 9 |
| 花生饼(%) | 5 | 8 | 5 |
| 骨粉(%) | 2 | 2 | 2 |
| 食盐(%) | — | 0.5 | 0.5 |
| 矿物质添加剂 | 1 | 1 | 1 |
| 蛋氨酸(%) | 0.15 | 0.15 | — |
| 赖氨酸(%) | 0.1 | 0.1 | — |
| 营养水平 | | | |
| 消化能(兆焦/千克) | 10.88 | 10.51 | 10.56 |
| 粗蛋白质(%) | 18.91 | 18.90 | 17.02 |
| 粗脂肪(%) | 3.56 | 3.50 | 3.50 |
| 粗纤维(%) | 7.59 | 8.13 | 8.06 |
| 磷(%) | 0.81 | 0.80 | 0.77 |
| 赖氨酸(%) | 0.75 | 0.75 | 0.63 |
| 蛋氨酸+胱氨酸(%) | 0.48 | 0.48 | 0.43 |

注:1. 各种家兔日喂混合精料(颗粒或粉料)2 次,另加喂青草 2 次。青草成兔日喂 400 克,仔兔日喂 50 克;2. 各品种母兔在怀孕后期日补精料 1 次;3. 毛兔、皮兔的生产和繁殖性能良好。肉兔保持中等体况,不肥胖,繁殖正常

## (四)江苏省金陵种兔场饲料配方

该饲料配方见表 7-4。

**表 7-4 江苏省金陵种兔场饲料配方**

| 饲料原料 | 比例(%) | 营养成分 | 含 量 |
|---|---|---|---|
| 花生藤粉 | 35 | 消化能(兆卡/千克) | 0.46 |
| 槐 叶 | 15 | 粗蛋白质(%) | 16.53 |
| 玉 米 | 10 | 粗纤维(%) | 12.54 |
| 麸 皮 | 24 | 赖氨酸(%) | 0.55 |
| 豆 粕 | 8 | 蛋氨酸(%) | 0.65 |
| 菜籽粕 | 3 | 苏氨酸(%) | 0.47 |
| 酵 母 | 1.0 | 钙(%) | 2.32 |
| 石 粉 | 1.5 | 磷(%) | 0.60 |
| 食 盐 | 0.5 | | |
| 矿物质添加剂 | 0.5 | | |
| 蛋氨酸 | 0.3 | | |
| 骨 粉 | 1.2 | | |

注:1. 此配方适用于毛兔、肉兔。包括哺乳母兔、怀孕母兔、空怀母兔、种公兔、青年兔、后备兔及断奶仔兔;2. 毛兔料中加入蛋氨酸,肉兔料不加;3. 矿物质添加剂为本场自己生产;4. 饲养效果:肉兔(新西兰)91 日龄达 2.5 千克。毛兔 137 日龄达 2.5 千克

## (五)安徽省固镇种兔场饲料配方

该饲料配方见表 7-5。

**表 7-5　安徽省固镇种兔扬饲料配方**

| 饲料原料 | 空怀兔 | 生长兔 | 妊娠兔 | 泌乳兔 | 产毛兔 | 种公兔 |
|---|---|---|---|---|---|---|
| 草粉(%) | 27 | 24 | 27 | 20 | 27 | 20 |
| 三七糠(%) | 15 | 0 | 0 | 0 | 0 | 0 |
| 玉米(%) | 4.5 | 8.5 | 7.5 | 8 | 5.5 | 11 |
| 大麦(%) | 10 | 15 | 15 | 15 | 15 | 15 |
| 麸皮(%) | 35 | 30 | 30 | 30 | 30 | 40 |
| 鱼粉(%) | 0 | 2 | 0 | 3 | 2 | 3 |
| 豆饼(%) | 8 | 10 | 11 | 13 | 10 | 10 |
| 菜籽饼(%) | 0 | 8 | 7 | 8 | 8 | 0 |
| 石粉(%) | 0 | 1.5 | 1.5 | 2 | 1.5 | 0 |
| 食盐(%) | 0.5 | 1 | 1 | 1 | 1 | 1 |
| 营养水平 | | | | | | |
| 消化能(兆焦/千克) | 8.96 | 10.38 | 10.09 | 10.80 | 10.77 | 10.80 |
| 粗蛋白质(%) | 12.35 | 16.11 | 15.01 | 17.82 | 16.04 | 15.50 |
| 粗纤维(%) | 15.33 | 11.08 | 11.84 | 10.13 | 11.86 | 10.13 |
| 粗脂肪(%) | 3.15 | 3.52 | 3.52 | 3.68 | 3.45 | 2.17 |
| 钙(%) | 0.19 | 0.89 | 0.80 | 1.13 | 0.90 | 0.32 |
| 磷(%) | 0.54 | 0.58 | 0.63 | 0.64 | 0.58 | 0.62 |
| 赖氨酸(%) | 0.45 | 0.57 | 0.55 | 0.63 | 0.56 | 0.54 |
| 含硫氨基酸(%) | 0.34 | 0.43 | 0.41 | 0.48 | 0.42 | 0.44 |

注:1. 每千克饲料另加 3.3 克添加剂。其添加剂组成成分为:硫酸铜 15.54%,硫酸亚铁 7.69%,硫酸锌 6.81%,硫酸镁 6.78%,氯化钴 0.125%,亚硒酸钠 0.01%,蛋氨酸 10.61%,克球粉 1.52%; 2. 长年不断青,如苜蓿、苕子、大麦苗、洋槐叶、花生秧、山芋藤、胡萝卜、白菜等

## (六)四川省畜牧科学院兔场饲料配方

该饲料配方见表 7-6。

表 7-6 四川省畜牧科学院兔场饲料配方

| 原 料 | 比例(%) | 营养成分 | 含 量 |
|---|---|---|---|
| 草 粉 | 19 | 消化能(兆卡/千克) | 11.72 |
| 光叶紫花苕 | 12 | 粗蛋白质(%) | 18.2 |
| 玉 米 | 27 | 粗脂肪(%) | 3.93 |
| 大 麦 | 15 | 粗纤维(%) | 12.2 |
| 蚕 蛹 | 4 | 钙(%) | 0.7 |
| 豆 饼 | 9 | 磷(%) | 0.48 |
| 花生饼 | 10 | 赖氨酸(%) | 0.78 |
| 菜籽饼 | 2 | 蛋氨酸+胱氨酸(%) | 0.68 |
| 骨 粉 | 0.5 | | |
| 食 盐 | 0.5 | | |

注:1,此方适用于生长肥育兔及妊娠母兔。其他生理阶段的家兔在此基础上适当调整:2. 生长兔添加剂为自制;3. 赖氨酸和含硫氨基酸未包括添加剂里的含量;4. 本配方不仅可促进生长,保证母兔正常繁殖。经对比试验,对预防腹泻有良好作用

## (七)陕西省农业科学院畜牧兽医研究所兔场饲料配方

该饲料配方见表 7-7。

表 7-7 陕西省农业科学院畜牧兽医研究所兔场饲料配方

| 原 料 | 生长兔 | 泌乳兔 | 营养成分 | 生长兔 | 泌乳兔 |
|---|---|---|---|---|---|
| 粗糠(%) | 5 | 10 | 消化能(兆卡/千克) | 11.52 | 11.08 |
| 玉米(%) | 35 | 30 | 粗蛋白质(%) | 16.67 | 16.68 |
| 大麦(%) | 10 | 10 | 粗脂肪(%) | 3.18 | 3.27 |
| 鱼粉(%) | 3 | 0 | 钙(%) | 1.44 | 1.465 |

续表 7-7

| 原　料 | 生长兔 | 泌乳兔 | 营养成分 | 生长兔 | 泌乳兔 |
|---|---|---|---|---|---|
| 豆饼(%) | 5 | 10 | 磷(%) | 0.63 | 0.63 |
| 菜籽饼(%) | 7 | 10 | 赖氨酸(%) | 0.90 | 0.78 |
| 贝壳粉(%) | 3.5 | 3.5 | | | |
| 食盐(%) | 0.5 | 0.5 | | | |
| 微量添加剂 | | | | | |
| 含硒生长素 | 适量 | 适量 | | | |

注:1. 生长兔为断乳至3月龄阶段。日喂混合料50～70克,青草或青干草自由采食。日增重20克左右;2. 泌乳母兔日喂混合精料75～150克,青草或干草自由采食;3. 缺青季节补加维生素添加剂

## (八)四川农业大学生长肉兔饲料配方

该饲料配方见表7-8。

表 7-8　四川农业大学生长肉兔饲料配方　(%)

| 原料名称 | 比　例 | 原料名称 | 比　例 |
|---|---|---|---|
| 优质青干草粉 | 16 | 黄　豆 | 8 |
| 三七统糠 | 15 | 菜籽饼 | 5.28 |
| 玉　米 | 16.7 | 石　粉 | 0.5 |
| 小　麦 | 18 | 食　盐 | 0.5 |
| 麦　麸 | 15 | 添加剂 | 0.52 |
| 蚕　蛹 | 5 | | |

## (九)山西省某肉兔场饲料配方

该饲料配方见表7-9。

表 7-9 山西省某肉兔场饲料配方

| 饲料种类 | 怀孕兔 | 泌乳兔 | 生长兔 | 肥育兔 |
| --- | --- | --- | --- | --- |
| 干草粉(%) | 19 | 18 | 23 | 19.5 |
| 松针粉(%) | 4 | 4 | 4 | 4 |
| 玉米(%) | 10 | 9 | 10 | 16 |
| 小麦(%) | 11 | 10 | 7 | 9 |
| 麦麸(%) | 35 | 35 | 30 | 30 |
| 豆饼(%) | 11.5 | 14.5 | 17 | 11.5 |
| 脱毒菜籽饼(%) | 3 | 3 | 3 | 4 |
| 脱毒棉籽饼(%) | 3 | 3 | 3 | 3 |
| 蛋氨酸(%) | 0.03 | 0.05 | 0.1 | 0.05 |
| 赖氨酸(%) | 0.27 | 0.19 | 0.15 | 0.21 |
| 贝壳粉(%) | 1.2 | 1.26 | 0.7 | 0.67 |
| 骨粉(%) | 1 | 1 | 1.5 | 1.07 |
| 食盐(%) | 0.5 | 0.5 | 0.5 | 0.5 |
| 兔宝添加剂(%)* | 0.5（兔宝Ⅱ号） | 0.5（兔宝Ⅱ号） | 0.5（兔宝Ⅰ号） | 0.5（兔宝Ⅰ号） |
| 多种维生素(克/100千克) | 20 | 20 | 20 | 20 |

*兔宝添加剂为山西省农业科学院畜牧兽医研究所科研成果

## (十)中国农业科学院特产研究所兔混合精料配方

该精料配方和大型兔日喂饲料量见表 7-10、表 7-11。

表 7-10　兔混合精料配方　(%)

| 饲料种类 | 夏　季 | 冬　季 | 饲料种类 | 夏　季 | 冬　季 |
|---|---|---|---|---|---|
| 玉　米 | 20 | 30 | 麦　芽 | 0 | 15 |
| 高　粱 | 10 | 0 | 骨　粉 | 3 | 2 |
| 麸　皮 | 40 | 25 | 酵　母 | 0 | 1.5 |
| 鱼　粉 | 5 | 5 | 食　盐 | 2 | 1 |
| 豆　饼 | 20 | 20 | 维生素 | 0 | 0.5 |

表 7-11　大型兔日喂饲料量　(克/只．日)

| 项　目 | 夏　季 | | 冬　季 | | | |
|---|---|---|---|---|---|---|
| | 青绿饲料 | 混合精料 | 干草 | 青贮料 | 块根类 | 混合精料 |
| 成年兔 | 1000～1200 | 100 | 150～200 | 150 | 100 | 100～120 |
| 哺乳母兔 | 1200～1500 | 150 | 150～200 | 150 | 100 | 100～150 |
| 幼　兔 | 200～800 | 30～70 | 50～100 | 50 | 50 | 48～80 |
| 育成兔 | 800～1000 | 70～100 | 100～150 | 100 | 100 | 80～100 |

## (十一)辽宁省灯塔县种畜场肉兔饲料配方

该饲料配方见表 7-12。

表 7-12　辽宁省灯塔县种畜场肉兔饲料配方　(%)

| 饲料名称 | 广谱饲料 | 母仔饲料 | 断奶饲料 | 浓缩饲料 |
|---|---|---|---|---|
| 混合草粉 | 35 | 27 | 20 | 15 |
| 玉　米 | 35 | 40 | 40 | 40 |
| 麦　麸 | 12.5 | 10.5 | 12.5 | 5.5 |
| 鱼　粉 | 5 | 5 | 4 | 10 |
| 豆　饼 | 10 | 15 | 20 | 25 |
| 骨　粉 | 2 | 2 | 3 | 4 |
| 食　盐 | 0.5 | 0.5 | 0.5 | 0.5 |

注:L冬季加喂0.025%~0.5%多种维生素;2. 广谱饲料饲喂种公兔及休闲兔;3. 母仔饲料是泌乳母兔及其仔兔的饲料,育成兔亦喂之;4. 断奶饲料是小兔断奶至150日龄所食的饲料;5. 瘦弱兔饲喂浓缩饲料

## (十二)黑龙江省肇东市边贸局肉兔饲料配方

该饲料配方见表7-13。

表7-13 黑龙江省肇东市边贸局肉兔饲料配方 (%)

| 分类 | 草粉 | 玉米 | 麦麸 | 豆饼 | 骨粉 | 食盐 |
|---|---|---|---|---|---|---|
| 中型兔、地方兔 | | | | | | |
| 维持及空怀母兔 | 67 | 10 | 15 | 5 | 2 | 0.5~1 |
| 妊娠期母兔 | 45 | 12 | 35 | 5 | 2 | 0.5~1 |
| 哺乳期母兔 | 25 | 10 | 37 | 15 | 2 | 0.5~1 |
| 仔兔补料期 | 25 | 15 | 37 | 20 | 2 | 0.5~1 |
| 生长期 | 42 | 10 | 35 | 10 | 2 | 0.5~1 |
| 大型兔 | | | | | | |
| 妊娠期 | 42 | 14 | 33 | 8 | 2 | 0.5~1 |
| 哺乳期母兔 | 30 | 15 | 32 | 20 | 2 | 0.5~1 |
| 生长期 | 40 | 15 | 30 | 12 | 2 | 0.5~1 |
| 快速肥育兔 | 25 | 25 | 30 | 10 | 2 | 0.5~1 |

## (十三)江苏省农业科学院畜牧所、江苏农学院种兔饲料配方

该饲料配方及饲喂量见表7-14、表7-15。

# 第七章 家兔的典型饲料配方

**表 7-14 种兔混合精料配方 （%）**

| 名　称 | 江苏省农业科学院畜牧所实验兔场配合比例 | 江苏农学院兔场配合比例 | 名　称 | 江苏省农业科学院畜牧所实验兔场配合比例 | 江苏农学院兔场配合比例 |
|---|---|---|---|---|---|
| 麦　麸 | 50 | 40 | 食　盐 | 1 | 1 |
| 大　麦 | 40 | 30 | 骨粉(石粉) | 2 | 3 |
| 豆　饼 | 15 | 20 | 可消化能(兆焦/千克) | 11.51 | 11.72～12.55 |
| 玉　米 | 10 | 6 | 粗蛋白质 | 15.9 | 17～19 |
| 稻　谷 | 12 | | | | |

**表 7-15 长毛兔种兔饲喂量 （克）**

| 生理阶段 | 江苏省农业科学院畜牧所 | | 江苏农学院 | |
|---|---|---|---|---|
| | 混合精料 | 青绿饲料 | 混合精料 | 青绿饲料 |
| 种公兔 | 100～120 | 400～500 | 50 | 700 |
| 种母兔 | 120～150 | 400～600 | 60 | 800 |
| 哺乳母兔 | 200～250 | 700～1000 | 100 | 1200 |
| 1～2月龄幼兔 | 50～80 | 200～300 | 15 | 250 |
| 3～5月龄幼兔 | 80～120 | 300～500 | 30 | 550 |
| 备　注 | 1. 哺乳母兔包括乳兔食量在内；2. 种公兔在配种旺季有时加些大麦芽；3. 哺乳母兔每天加喂泡黄豆20～30粒或煮后羊奶50～100毫升，拌在饲料中或按1∶1加水稀释后饲喂 | | 1. 种公兔在配种旺季加喂鸡蛋，每只每天喂10克；2. 怀孕后期及哺乳母兔加喂泡黄豆，每只每天喂10～20粒，有时也加喂一些稀释牛奶 | |

## (十四)山东省临沂市长毛兔研究所长毛兔饲料配方

该饲料配方见表 7-16。

表 7-16　山东省临沂市长毛兔研究所长毛兔饲料配方

| 项　目 | 仔、幼兔生长期用 | 青、成年兔种用 |
|---|---|---|
| 饲料原料 | | |
| 花生秧(%) | 40 | 46 |
| 玉米(%) | 20 | 18.5 |
| 小麦麸(%) | 16 | 15 |
| 大豆粕(%) | 21 | 18 |
| 骨粉(%) | 2.5 | 2 |
| 食盐(%) | 0.5 | 0.5 |
| 另　加 | | |
| 进口蛋氨酸(%) | 0.3 | 0.15 |
| 进多种维生素 | 12 克/50 千克料 | 12 克/50 千克料 |
| 微量元素 | 按产品使用说明加量 | 按产品使用说明加量 |
| 营养水平 | | |
| 消化能(兆焦/千克) | 9.84 | 9.5 |
| 粗蛋白质(%) | 18.03 | 17.18 |
| 粗纤维(%) | 13.21 | 14.39 |
| 粗脂肪(%) | 3.03 | 2.91 |
| 钙(%) | 1.824 | 1.81 |
| 磷(%) | 0.637 | 0.55 |
| 含硫氨基酸(%) | 0.888 | 0.701 |
| 赖氨酸(%) | 0.926 | 0.853 |

注:为防止腹泻,可在饲料中拌加大蒜素和氟哌酸(添加量要按产品说明),连用 5 天停药

## (十五)中国农业科学院兰州畜牧研究所安哥拉生长兔、产毛兔常用配合饲料配方

该饲料配方见表7-17。

**表7-17　安哥拉生长兔、产毛兔常用配合饲料配方**

| 饲料原料 | 断奶至3月龄生长兔 | | | 4～6月龄生长兔 | | 产毛兔 | |
|---|---|---|---|---|---|---|---|
| | 配方1 | 配方2 | 配方3 | 配方1 | 配方2 | 配方1 | 配方2 |
| 饲料原料 | | | | | | | |
| 苜蓿草粉(%) | 30 | 33 | 35 | 40 | 33 | 45 | 39 |
| 玉米(%) | — | — | — | 21 | 31 | 21 | 25 |
| 麦夫(%) | 32 | 37 | 32 | 24 | 19 | 19 | 21 |
| 大麦(%) | 32 | 22.5 | 22 | — | — | — | — |
| 豆饼(%) | 4.5 | 6 | 4.5 | 4 | 5 | 2 | 2 |
| 胡麻饼(%) | — | — | 3 | 4 | 4 | 6 | 6 |
| 菜籽饼(%) | — | — | — | 5 | 6 | 4 | 4 |
| 鱼粉(%) | — | — | 2 | — | — | 1 | 1 |
| 骨粉(%) | 1 | 1 | 1 | 1.5 | 1.5 | 1.5 | 1.5 |
| 食盐(%) | 0.5 | 0.5 | 0.5 | 0.5 | 0.5 | 0.5 | 0.5 |
| 添加成分 | | | | | | | |
| 硫酸锌(克/千克) | 0.05 | 0.05 | 0.05 | 0.07 | 0.07 | 0.04 | 0.04 |
| 硫酸锰(克/千克) | 0.02 | 0.02 | 0.02 | 0.02 | 0.02 | 0.03 | 0.03 |
| 硫酸铜(克/千克) | 0.15 | 0.15 | 0.15 | — | — | 0.07 | 0.07 |
| 多种维生素(克/千克) | 0.1 | 0.1 | 0.1 | 0.1 | 0.1 | 0.1 | 0.1 |
| 蛋氨酸(%) | 0.2 | 0.2 | 0.1 | 0.2 | 0.2 | 0.2 | 0.2 |
| 赖氨酸(%) | 0.1 | 0.1 | — | — | — | — | — |

续表 7-17

| 营养成分 | 断奶至3月龄生长兔 | | | 4～6月龄生长兔 | | 产毛兔 | |
|---|---|---|---|---|---|---|---|
| | 配方1 | 配方2 | 配方3 | 配方1 | 配方2 | 配方1 | 配方2 |
| 消化能(兆焦/千克) | 10.67 | 10.34 | 10.09 | 10.46 | 10.84 | 9.71 | 10.00 |
| 粗蛋白质(%) | 15.4 | 16.1 | 17.1 | 15.0 | 15.0 | 14.5 | 14.1 |
| 可消化粗蛋白质(%) | 11.7 | 11.9 | 11.6 | 10.8 | 11.3 | 10.3 | 10.2 |
| 粗纤维(%) | 13.7 | 15.6 | 16.0 | 16.0 | 13.9 | 17.0 | 15.7 |
| 赖氨酸(%) | 0.6 | 0.75 | 0.7 | 0.65 | 0.65 | 0.65 | 0.65 |
| 含硫氨基酸(%) | 0.7 | 0.75 | 0.7 | 0.75 | 0.75 | 0.75 | 0.75 |

注:苜蓿草粉的粗蛋白质含量约12%、粗纤维35%

## (十六)中国农业科学院兰州畜牧研究所安哥拉妊娠兔、哺乳兔、种公兔常用配合饲料配方

该饲料配方见表7-18。

表 7-18　安哥拉妊娠兔、哺乳兔、种公兔常用配合饲料配方

| 饲料原料 | 妊娠兔 | | | 哺乳兔 | | 种公兔 | |
|---|---|---|---|---|---|---|---|
| | 配方1 | 配方2 | 配方3 | 配方1 | 配方2 | 配方1 | 配方2 |
| 苜蓿草粉(%) | 37 | 40 | 42 | 31 | 32 | 43 | 50 |
| 玉米(%) | 28 | 18 | 30.5 | 30 | 29 | 15 | — |
| 麦麸(%) | 18 | 8 | 12.5 | 15 | 20 | 17 | 16 |
| 大麦(%) | — | 17 | — | 5 | — | — | 16 |
| 豆饼(%) | 3 | — | 5 | 5 | 5 | 5 | 4 |
| 胡麻饼(%) | 5 | 5 | — | 4 | 5 | 6 | 5 |
| 菜籽饼(%) | 6 | 5 | 7 | 7 | 6 | 9 | 4 |
| 鱼粉(%) | 1 | 5 | 1 | 1 | 1 | 3 | 2 |

**续表 7-18**

| 饲料原料 | 妊娠兔 | | | 哺乳兔 | | 种公兔 | |
|---|---|---|---|---|---|---|---|
| | 配方 1 | 配方 2 | 配方 3 | 配方 1 | 配方 2 | 配方 1 | 配方 2 |
| 骨粉(%) | 1.5 | 1.5 | 1.5 | 1.5 | 1.5 | 1.5 | 1.5 |
| 食盐(%) | 0.5 | 0.5 | 0.5 | 0.5 | 0.5 | 0.5 | 0.5 |
| 添加成分 | | | | | | | |
| 硫酸锌(克/千克) | 0.10 | 0.10 | 0.10 | 0.10 | 0.10 | 0.3 | 0.3 |
| 硫酸锰(克/千克) | 0.05 | 0.05 | 0.05 | 0.05 | 0.05 | 0.3 | 0.3 |
| 硫酸铜(克/千克) | 0.05 | 0.05 | 0.05 | 0.05 | — | — | — |
| 多种维生素(克/千克) | 0.1 | 0.1 | 0.1 | 0.2 | 0.2 | 0.3 | 0.3 |
| 蛋氨酸(%) | 0.2 | 0.3 | 0.3 | 0.3 | 0.3 | 0.1 | 0.1 |
| 赖氨酸(%) | — | — | — | 0.1 | 0.1 | — | — |
| 营养成分 | | | | | | | |
| 消化能(兆焦/千克) | 10.21 | 10.21 | 10.38 | 10.88 | 10.72 | 9.84 | 9.67 |
| 粗蛋白质(%) | 16.7 | 15.4 | 16.1 | 16.5 | 17.3 | 17.8 | 16.8 |
| 可消化粗蛋白质(%) | 13.6 | 11.1 | 11.7 | 12.0 | 12.2 | 13.2 | 12.2 |
| 粗纤维(%) | 18.0 | 15.7 | 16.2 | 14.1 | 15.3 | 16.5 | 19.0 |
| 赖氨酸(%) | 0.60 | 0.70 | 0.60 | 0.75 | 0.75 | 0.80 | 0.80 |
| 含硫氨基酸(%) | 0.75 | 0.80 | 0.80 | 0.85 | 0.85 | 0.65 | 0.65 |

注:苜蓿草粉的粗蛋白质含量约 12%,粗纤维 35%

### (十七)江苏省农业科学院饲料食品研究所安哥拉兔常用配合饲料配方

该饲料配方见表 7-19。

表 7-19　安哥拉兔常用配合饲料配方

| 饲料原料 | 妊娠兔 | 哺乳兔 | | 产毛兔 | | 种公兔 | |
|---|---|---|---|---|---|---|---|
| | | 配方 1 | 配方 2 | 配方 1 | 配方 2 | 配方 1 | 配方 2 |
| 玉米(%) | 25.5 | 23 | 26 | 14 | 19 | 16.0 | 20 |
| 麦麸(%) | 33 | 30 | 32 | 36 | 33.5 | 31.0 | 31.5 |
| 豆饼(%) | 16 | 19 | 19 | 16 | 17 | 13.5 | 11 |
| 苜蓿草粉(%) | — | — | — | 30.5 | 27 | 31.5 | 31.5 |
| 青干草粉(%) | 11 | 18 | 15 | — | — | — | — |
| 大豆秸秆(%) | 11 | 3 | 3.5 | — | — | — | — |
| 骨粉(%) | — | 2.7 | 2.2 | — | — | 0.7 | 0.7 |
| 石粉(%) | 1.2 | — | — | 1.2 | 1.2 | 1.0 | 1.0 |
| 食盐(%) | 0.3 | 0.3 | 0.3 | 0.3 | 0.3 | 0.3 | 0.3 |
| 预混料 | 2 | 2 | 2 | 2 | 2 | 2 | 2 |
| 鱼粉(%) | — | 2 | — | — | — | 4 | 2 |
| 营养成分 | | | | | | | |
| 消化能(兆焦/千克) | 10.76 | 10.55 | 10.76 | 11.60 | 11.64 | 11.46 | 11.49 |
| 粗蛋白质(%) | 16.09 | 18.37 | 17.32 | 17.77 | 17.84 | 17.85 | 15.70 |
| 可消化粗蛋白质(%) | 10.98 | 12.95 | 10.97 | 11.87 | 12.09 | 12.90 | 11.10 |
| 粗纤维(%) | 11.96 | 10.70 | 10.24 | 15.23 | 13.94 | 14.89 | 14.86 |
| 钙(%) | 0.71 | 1.22 | 1.02 | 1.0 | 10.97 | 1.27 | 1.21 |
| 磷(%) | 0.45 | 0.91 | 0.81 | 0.47 | 0.46 | 0.60 | — |
| 含硫氨基酸(%) | 0.66 | 0.72 | 0.68 | 0.91 | 0.92 | 0.78 | — |
| 赖氨酸(%) | 1.08 | 1.24 | 1.14 | 0.74 | 0.76 | 1.13 | — |

注：预混料由该研究所自己研制

## (十八)浙江省新昌县长毛兔研究所良种场长毛兔饲料配方

该饲料配方及营养水平见表 7-20、表 7-21。

表 7-20　长毛兔饲料配方

| 饲料种类 | 比例(%) | 饲料种类 | 比例(%) |
|---|---|---|---|
| 草　粉 | 8 | 蚕　蛹 | 2 |
| 大糠 | 11 | 酵母粉 | 1.5 |
| 麦芽根 | 16 | 贝壳粉 | 1.5 |
| 松针粉 | 3 | 微量无素(预混) | 1 |
| 玉　米 | 16 | 食　盐 | 0.5 |
| 四号粉 | 10 | 蛋氨酸 | 0.2 |
| 麦　麸 | 16 | 赖氨酸 | 0.2 |
| 豆　粕 | 11 | 多维素 | 0.1 |
| 菜籽粕 | 2 | 抗球虫药 | 另加 |

表 7-21　配方营养水平

| 营养成分 | 含　量 | 营养成分 | 含　量 |
|---|---|---|---|
| 消化能(兆焦/千克) | 10.47 | 粗脂肪 | 2.06 |
| 粗蛋白质(%) | 16.93 | 钙(%) | 0.76 |
| 粗纤维(%) | 13.27 | 磷(%) | 0.46 |
| 含硫氨基酸(%) | 0.77 | 赖氨酸(%) | 0.89 |

注:1. 种兔饲粮配方在此基础上做适当调整;2. 应有效果:自由采食,月增重 1.1 千克左右

## (十九)浙江省饲料公司安哥拉兔产毛兔配合饲料配方

该饲料配方见表 7-22。

表 7-22 安哥拉兔产毛兔配合饲料配方

| 饲料原料 | 配方 1 | 配方 2 | 配方 3 |
| --- | --- | --- | --- |
| 玉米(%) | 35 | 17.1 | 24.9 |
| 四号粉(%) | 12 | 10 | — |
| 小麦(%) | — | — | 10 |
| 麦麸(%) | 7 | 8.1 | 10 |
| 豆饼(%) | 14 | 10.9 | 15.5 |
| 菜籽饼(%) | 8 | 8 | 8 |
| 青草粉(%) | — | 38.5 | 29.2 |
| 松针粉(%) | 5 | 5 | — |
| 清糠(%) | 16 | — | — |
| 贝壳粉(%) | 2 | 1.4 | 1.4 |
| 食盐(%) | 0.5 | 0.5 | 0.5 |
| 添加剂(%) | 0.5 | 0.5 | 0.5 |
| 营养成分 | | | |
| 消化能(兆焦/千克) | 11.72 | 10.46 | 11.72 |
| 粗蛋白质(%) | 16.24 | 16.25 | 18.02 |
| 粗脂肪(%) | 3.98 | 3.70 | 3.82 |
| 粗纤维(%) | 12.55 | 15.92 | 12.52 |
| 赖氨酸(%) | 0.64 | 0.64 | 0.73 |
| 含硫氨基酸(%) | 0.7 | 0.7 | 0.7 |

注:添加剂为该公司产品

## (二十)江苏省农业科学院食品研究所兔场产毛兔及公兔饲料配方

该饲料配方见表 7-23。

表 7-23　产毛兔及公兔饲料配方

| 饲料原料 | 产毛兔 | | 种公兔 | |
|---|---|---|---|---|
| | 配方 1<br>(M-01) | 配方 2<br>(M-02) | 配方 1<br>(C-01) | 配方 2<br>(C-02) |
| 饲料原料 | | | | |
| 苜蓿草粉(%) | 27 | 30.5 | 31.5 | 31.5 |
| 豆饼(%) | 17 | 16.0 | 13.5 | 11.0 |
| 玉米(%) | 19 | 14.0 | 16.0 | 2.0 |
| 麦麸(%) | 33.5 | 36.0 | 31.0 | 31.5 |
| 进口鱼粉(%) | 0 | 0 | 4.0 | 2.0 |
| 石粉(%) | 1.2 | 1.2 | 1.0 | 1.0 |
| 骨粉(%) | 0 | 0 | 0.7 | 0.7 |
| 食盐(%) | 0.3 | 0.3 | 0.3 | 0.3 |
| 营养水平 | | | | |
| 消化能(兆焦/千克) | 11.64 | 11.60 | 11.46 | 11.49 |
| 粗蛋白质(%) | 17.34 | 17.77 | 17.85 | 15.70 |
| 可消化粗蛋白质(%) | 12.09 | 11.87 | 12.00 | 11.10 |
| 粗脂肪(%) | 2.79 | 2.74 | 2.89 | 2.86 |
| 粗纤维(%) | 13.94 | 15.23 | 14.89 | 14.86 |
| 钙(%) | 0.97 | 1.01 | 1.27 | 1.21 |
| 磷(%) | 0.46 | 0.47 | 0.60 | — |
| 含硫氨基酸(%) | 0.92 | 0.91 | 0.78 | — |
| 赖氨酸(%) | 0.76 | 0.74 | 1.13 | — |
| 精氨酸(%) | 1.18 | 1.17 | 1.19 | — |

注:1. M-01、M-02 预混料,含硫氨基酸 0.4%(饲料中含量),维生素和微量元素达标;2. M-01 号料,采食量日不低于 160 克,80 天采毛量(除夏)230 克以上,毛料比为 1∶55;3. M-02 号料,采食量每日不低于 150 克,80 天采毛量(除夏)205 克以上,毛料比为 1∶60;4. G-01、G-02 号料,采食量不低于 150 克/日,隔日采精,性欲旺盛,精液品质正常。但在南方高温季节可能影响性欲及精液品质;5. G-01、G-02 预混料,含蛋氨酸

0.2%、赖氨酸 0.3%

### (二十一)南京农业大学獭兔混合精料补充料配方

该配方营养水平见表 7-24、表 7-25。

表 7-24 獭兔混合精料补充料配方

| 原 料 | 比例(%) | 原 料 | 比例(%) | 原 料 | 比例(%) |
|---|---|---|---|---|---|
| 青干草粉 | 5 | 麸 皮 | 26.5 | 石 粉 | 1.7 |
| 玉 米 | 35 | 豆 饼 | 20.5 | 食 盐 | 0.5 |
| 大 麦 | 10 | 骨 粉 | 0.8 | | |

表 7-25 配方营养水平

| 营养成分 | 含 量 | 营养成分 | 含 量 |
|---|---|---|---|
| 消化能(兆焦/千克) | 12.96 | 钙(%) | 1.01 |
| 粗蛋白质(%) | 18.44 | 磷(%) | 0.7 |
| 粗纤维(%) | 6.86 | | |

注:1. 添加适量微量元素和维生素预混料。每天应另给一定量的青绿多汁饲料或与其相当的干草。每只兔每天青绿多汁饲料的平均供给量为:12 周龄前 0.1～0.25 千克,哺乳母兔 1～1.5 千克,其他兔 0.5～1 千克;2. 每只兔每天精料补充料喂量,根据体重的生产情况为 50～150 克

### (二十二)江苏省太仓市养兔协会獭兔饲料配方

该饲料配方及营养成分见表 7-26、表 7-27。

表 7-26 獭兔饲料配方 (%)

| 饲料种类 | 比 例 | 饲料种类 | 比 例 | 饲料种类 | 比 例 |
|---|---|---|---|---|---|
| 稻草糠 | 6 | 麸皮 | 40 | 喹乙醇 | 10克/50千克饲料 |
| 玉 米 | 20 | 豆粕 | 18 | 食盐 | 0.5 |
| 大 麦 | 15 | 蛋氨酸 | 0.3 | | |
| 赖氨酸 | 0.2 | | | | |

表 7-27 配方营养水平

| 养 分 | 含 量 | 养 分 | 含 量 | 养 分 | 含 量 |
|---|---|---|---|---|---|
| 消化能(兆焦/千克) | 10.4 | 粗脂肪(%) | 2.5 | 钙(%) | 0.5～1.0 |
| 粗蛋白质(%) | 16.0 | 粗灰分(%) | 12.0 | 磷(%) | 0.25～1.0 |
| 粗纤维(%) | 10.0 | 赖氨酸(%) | 0.55 | 水分(%) | 13.0 |

## (二十三)杭州养兔中心种兔场獭兔饲料配方

该饲料配方及营养成分见表 7-28。

表 7-28 杭州养兔中心种兔场獭兔饲料配方

| 饲料原料 | 生长兔 | 妊娠母兔 | 泌乳母兔 | 产皮兔 |
|---|---|---|---|---|
| 青干草粉(%) | 15 | 20 | 15 | 20 |
| 麦芽根(%) | 32 | 26 | 30 | 20 |
| 统糠(%) | — | — | — | 15 |
| 四号粉(%) | — | — | — | 25— |
| 玉米(%) | 6 | — | — | 8 |
| 大麦(%) | — | 10 | — | — |
| 麦麸(%) | 30 | 30 | 10 | 25 |

续表 7-28

| 饲料原料 | 生长兔 | 妊娠母兔 | 泌乳母兔 | 产皮兔 |
|---|---|---|---|---|
| 豆饼(%) | 15 | 12 | 18 | 10 |
| 石粉或贝壳粉(%) | 1.5 | 1.5 | 1.5 | 1.5 |
| 食盐(%) | 0.5 | 0.5 | 0.5 | 0.5 |
| 添加剂 | | | | |
| 蛋氨酸(%) | 0.2 | 0.2 | 0.2 | 0.2 |
| 抗球虫药 | 适量 | — | — | — |
| 营养成分 | | | | |
| 消化能(兆焦/千克) | 9.88 | 9.92 | 10.38 | 9.38 |
| 粗蛋白质(%) | 18.04 | 16.62 | 18.83 | 14.88 |
| 粗脂肪(%) | 3.38 | 3.12 | 3.33 | 3.25 |
| 粗纤维(%) | 12.23 | 12.75 | 10.47 | 15.88 |
| 钙(%) | 0.64 | 0.74 | 0.63 | 0.80 |
| 磷(%) | 0.59 | 0.60 | 0.45 | 0.56 |
| 赖氨酸(%) | 0.76 | 0.69 | 0.81 | 0.57 |
| 蛋氨酸+胱氨酸(%) | 0.76 | 0.72 | 0.76 | 0.64 |

### (二十四)中国农业技术协会兔业中心原种场饲料配方

该饲料配方见表 7-29。

表 7-29　中国农业技术协会兔业中心原种场饲料配方

| 饲料原料 | 獭兔 | | 长毛兔 | |
|---|---|---|---|---|
| | 种兔 | 幼兔 | 种兔 | 幼兔 |
| 稻壳(%) | 18 | 16 | 20 | 10 |
| 花生蔓(%) | 15 | 13 | — | — |
| 玉米(%) | 18 | 20 | 25 | 20 |
| 麦麸(%) | 25 | 25 | 21 | 25 |
| 豆粕(%) | 18 | 20 | 15 | 5 |
| 鱼粉(%) | 2 | 2 | — | — |
| 酵母粉(%) | 2 | 2 | 1 | 1 |
| 蛋氨酸(%) | 0.2 | 0.2 | 0.2 | 0.2 |
| 赖氮酸(%) | 0.2 | 0.3 | 0.2 | 0.2 |
| 骨粉(%) | 2 | 2 | 1.5 | — |
| 多维素(%) | 0.1 | 0.1 | — | 0.1 |
| 食盐(%) | 0.5 | 0.5 | 0.5 | 0.5 |
| 喹乙醇(克) | 15 | 15 | 15 | 15 |
| 营养水平 | | | | |
| 消化能(兆焦/千克) | 10.46 | 11.46 | 11.97 | 11.38 |
| 粗蛋白质(%) | 17.74 | 18.6 | 17.49 | 18.28 |
| 粗纤维(%) | 14.4 | 13.2 | 14.18 | 13.45 |
| 粗脂肪(%) | 2.85 | 2.98 | 3.82 | 5 |
| 钙(%) | 1.08 | 1.09 | 1.0 | 0.9 |
| 磷(%) | 0.95 | 0.93 | 0.61 | 0.74 |
| 含硫氨基酸(%) | 0.64 | 0.64 | 0.71 | 0.75 |
| 赖氨酸(%) | 0.72 | 0.78 | 0.62 | 0.83 |

## (二十五)金星良种獭兔场饲料配方

该饲料配方见表 7-30。

表 7-30　金星良种獭兔场饲料配方

| 饲料原料 | 18～60 日龄 | | | | 全价料(冬天用) | | | | 精料补充料(夏天用) | |
|---|---|---|---|---|---|---|---|---|---|---|
| | 配方 1 | 配方 2 | 配方 3 | 配方 4 | 配方 1 | 配方 2 | 配方 3 | 配方 4 | 配方 1 | 配方 2 |
| 稻草粉(%) | 15.0 | 10.0 | 15.0 | 10.0 | 12.0 | — | 13.0 | — | — | — |
| 三七糠(%) | 7.0 | — | 7.0 | — | 12.0 | 9.0 | 13.0 | 9.0 | 7.0 | 7.0 |
| 苜蓿草粉(%) | — | 22.0 | — | 22.0 | — | 30.0 | — | 30.0 | — | — |
| 玉米(%) | 5.9 | 6.0 | 5.9 | 6.0 | 8.0 | 8.0 | 9.0 | 8.0 | 19.3 | 19.3 |
| 小麦(%) | 23.0 | 17.0 | 21.0 | 15.0 | 23.0 | 21.0 | 21.0 | 19.5 | 21.0 | 29.0 |
| 麸皮(%) | 27.0 | 29.4 | 27.0 | 29.4 | 23.0 | 19.5 | 21.0 | 19.5 | 20.0 | 20.0 |
| 豆粕(%) | 19.0 | 13.0 | 21.0 | 15.0 | 18.0 | 10.0 | 20.0 | 11.5 | 23.0 | 21.0 |
| DL-蛋氨酸(%) | 0.2 | 0.2 | 0.2 | 0.2 | 0.2 | 0.2 | 0.2 | 0.2 | 0.3 | 0.3 |
| 骨粉(%) | 0.8 | 0.8 | 0.8 | 0.8 | 0.8 | 0.8 | 0.8 | 0.8 | 1.0 | 1.0 |
| 石粉(%) | 1.5 | 1.0 | 1.5 | 1.0 | 1.5 | 1.0 | 1.5 | 1.0 | 1.8 | 1.8 |
| 食盐(%) | 0.5 | 0.5 | 0.5 | 0.5 | 0.5 | 0.5 | 0.5. | 0.5 | 0.5 | 0.5 |
| 消化能(兆焦/千克) | 10.80 | 10.86 | 10.80 | 10.87 | 10.58 | 10.74 | 10.52 | 10.74 | 12.54 | 12.54 |
| 粗蛋白质(%) | 17.38 | 17.41 | 17.95 | 17.98 | 16.68 | 16.69 | 17.07 | 17.11 | 19.03 | 18.46 |
| 粗纤维(%) | 10.38 | 13.1 | 10.44 | 13.16 | 11.04 | 14.66 | 11.25 | 14.70 | 6.1 | 6.05 |
| 钙(%) | 0.95 | 0.96 | 0.95 | 0.96 | 0.95 | 1.04 | 0.96 | 1.04 | 1.08 | 1.08 |
| 磷(%) | 0.6 | 0.62 | 0.60 | 0.63 | 0.58 | 0.59 | 0.57 | 0.60 | 0.62 | 0.61 |
| 赖氨酸(%) | 0.81 | 0.82 | 0.86 | 0.86 | 0.70 | 0.71 | 0.74 | 0.74 | 0.90 | 0.86 |
| 蛋氨酸+胱氨酸(%) | 0.65 | 0.62 | 0.66 | 0.64 | 0.64 | 0.63 | 0.66 | 0.64 | 0.82 | 0.81 |

# 二、国外典型的饲料配方

## (一)法国种兔及肥育兔典型饲料配方

该饲料配方见表7-31。

表7-31　法国种兔及肥育兔典型饲料配方

| 饲料原料 | 种用兔(1) | 种用兔(2) | 肥育兔(1) | 肥育兔(2) |
|---|---|---|---|---|
| 苜蓿粉(%) | 13 | 7 | 15 | 0 |
| 稻草(%) | 12 | 14 | 5 | 0 |
| 糠(%) | 12 | 10 | 12 | 0 |
| 脱水苜蓿(%) | 0 | 0 | 0 | 15 |
| 干甜菜渣(%) | 0 | 0 | 0 | 12 |
| 玉米(%) | 0 | 0 | 0 | 10 |
| 小麦(%) | 0 | 0 | 10 | 10 |
| 大麦(%) | 30 | 35 | 30 | 25 |
| 豆饼(%) | 12 | 12 | 0 | 8 |
| 葵花籽饼(%) | 12 | 13 | 14 | 10 |
| 废糠渣(%) | 6 | 6 | 4 | 6 |
| 椰树芽饼(%) | 0 | 0 | 6 | 0 |
| 黏合剂(%) | 0 | 0 | 1 | 0 |
| 矿物质与多维(%) | 3 | 3 | 3 | 4 |
| 营养水平 | | | | |
| 粗蛋白质(%) | 17.3 | 16.4 | 16.5 | 15 |
| 粗纤维(%) | 12.8 | 13.8 | 14 | 14 |

## (二)法国农业技术研究所兔场颗粒饲料配方

该饲料配方见表 7-32。

**表 7-32 皮、肉兔哺乳期颗粒饲料配方 (%)**

| 原料 | 比例 | 原料 | 比例 | 原料 | 比例 |
|---|---|---|---|---|---|
| 苜蓿粉 | 25 | 小麦 | 19 | 糖浆 | 6 |
| 甜菜渣 | 14 | 豆饼 | 9 | 碳酸钙 | 1 |
| 灰色谷糠 | 10 | 葵花籽饼 | 13 | 矿物质盐和维生素 | 3 |

## (三)法国生长兔饲料配方 1

该饲料配方见表 7-33。

**表 7-33 法国生长兔饲料配方 1**

| 饲料名称 | 比例(%) | 饲料名称 | 比例(%) |
|---|---|---|---|
| 苜蓿粉(17%CP) | 28.0 | 小麦麸 | 14.0 |
| 麦秸 | 10.0 | 豆饼 | 11.5 |
| 甜菜渣(干) | 4.5 | 糖蜜 | 5.0 |
| 小麦 | 12.0 | 蛋氨酸预混料 | 1.0 |
| 大麦 | 13.0 | | |

注:1. 营养水平:消化能 10 兆卡/千克,粗蛋白质 15.7%,粗脂肪 1.8%,中性洗涤纤维(NDF)31.7%,酸性洗涤纤维(ADF)17.6%; 2. 饲料效果:断奶后 35 天,日增重 46.2 克,料肉比 2.95

## (四)法国生长兔饲料配方 2

该饲料配方及营养水平见表 7-34、表 7-35。

表 7-34 法国生长兔饲料配方 2

| 饲料名称 | 比例(%) | 饲料名称 | 比例(%) |
| --- | --- | --- | --- |
| 苜蓿粉 | 30.0 | 小麦麸 | 20.0 |
| 甜菜渣(干) | 20.0 | 豆 饼 | 10.0 |
| 麦 秸 | 6.0 | 维生素和矿物质预混料 | 1.6 |
| 小 麦 | 12.4 | | |

表 7-35 法国生长兔饲料配方 2 营养水平

| 营养物质 | 含量(%) | 营养物质 | 含量(%) |
| --- | --- | --- | --- |
| 粗蛋白质 | 16.0 | 中性洗涤纤维(NDF) | 37.9 |
| 酸性洗涤纤维(ADF) | 18.9 | 酸性洗涤木质素(ADL) | 3.4 |

注:饲喂效果:28～70 日龄,日增重 41.9 克,料肉比 2.84

### (五)法国生长兔饲料配方 3

该饲料配方及营养水平见表 7-36。

表 7-36 法国生长兔饲料配方 3

| 饲料名称 | 比例(%) | 营养物质 | 含 量 |
| --- | --- | --- | --- |
| 苜蓿粉 | 35 | 消化能(兆焦/千克) | 15.36 |
| 大 麦 | 25 | 粗蛋白质 | 17.5 |
| 小麦麸 | 25 | 粗纤维(%) | 13.9 |
| 豆 饼 | 11 | 粗脂肪(%) | 3.4 |
| 矿物质和维生素预混料 | 4 | | |

注:饲喂效果:28～84 日龄,日增重 30.5 克,料肉比 4.52

### (六)法国生长兔饲料配方 4

该饲料配方及营养水平见表 7-37。

表 7-37　法国生长兔饲料配方 4

| 饲料名称 | 比例(%) | 营养物质 | 含　量 |
|---|---|---|---|
| 苜蓿粉 | 35 | 消化能(兆焦/千克) | 16.29 |
| 小麦麸 | 30 | 粗蛋白质(%) | 17.2 |
| 豆　饼 | 8 | 粗纤维(%) | 13.3 |
| 次小麦 | 23 | 粗脂肪(%) | 3.5 |
| 矿物质和维生素预混料 | 4 | | |

注:饲喂效果:28～84 日龄,日增重 28.8 克,料肉比 3.91

## (七)西班牙繁殖母兔饲料配方 1

该饲料配方见表 7-38。

表 7-38　西班牙繁殖母兔饲料配方 1

| 饲料名称 | 比例(%) | 饲料名称 | 比例(%) |
|---|---|---|---|
| 苜蓿粉 | 48 | 硫酸镁 | 0.01 |
| 大　麦 | 35 | 氯苯胍 | 0.08 |
| 豆　饼 | 12 | 维生素 E | 0.005 |
| 动物脂肪 | 2 | 二丁基羟甲苯(BHT) | 0.005 |
| 蛋氨酸 | 0.1 | 矿物质和维生素预混料 | 0.2 |
| 磷酸氢钙 | 2.3 | 食　盐 | 0.3 |

注:营养水平:消化能 12 兆卡/千克。粗蛋白质 12.2%,粗纤维 14.7%,粗灰分 10.2%

## (八)西班牙繁殖母兔饲料配方 2

该饲料配方见表 7-39。

表 7-39　西班牙繁殖母兔饲料配方 2

| 饲料名称 | 比例(%) | 饲料名称 | 比例(%) |
|---|---|---|---|
| 苜蓿粉 | 92 | 食　盐 | 0.1 |
| 动物脂肪 | 5 | 硫酸镁 | 0.01 |
| 蛋氨酸 | 0.17 | 氯苯胍 | 0.08 |
| 赖氨酸 | 0.12 | 维生素 E | 0.01 |
| 精氨酸 | 0.12 | 二丁基羟甲苯(BHT) | 0.01 |
| 磷酸钠 | 2.2 | 矿物质和维生素预混料 | 0.2 |

注:营养水平:消化能 9.6 兆焦/千克,可消化粗蛋白质 10.5%,粗纤维 22.6%,粗灰分 13.6%

## (九)西班牙早期断奶兔饲料配方

该饲料配方见表 7-40。

表 7-40　西班牙早期断奶兔饲料配方

| 饲料名称 | 比例(%) | 饲料名称 | 比例(%) |
|---|---|---|---|
| 苜蓿粉 | 23.9 | 动物血浆 | 4.0 |
| 豆　荚 | 7.7 | 猪　油 | 2.5 |
| 甜菜渣 | 5.5 | 磷酸氢钙 | 0.42 |
| 葵花籽壳 | 5.0 | 碳酸钙 | 0.1 |
| 小　麦 | 16.4 | 食　盐 | 0.5 |
| 大　麦 | 0.47 | 蛋氨酸 | 0.104 |
| 谷　朊 | 10.0 | 苏氨酸 | 0.029 |
| 小麦麸 | 20.0 | 氯苯胍 | 0.10 |
| sepiolite | 2.8 | 矿物质和维生素预混料 | 0.50 |

注:营养水平:消化能 11.4 兆焦/千克,粗蛋白质 16.9%,ADF 20.9%,NDF 37.5%,ADL 4.7%

## (十)西班牙生长兔饲料配方 1

该饲料配方及营养水平见表 7-41、表 7-42。

**表 7-41　西班牙生长兔饲料配方 1**

| 饲料名称 | 比例(%) | 饲料名称 | 比例(%) |
|---|---|---|---|
| 苜蓿粉 | 14.0 | 豆　饼 | 11.7 |
| 麦　秸 | 12.0 | 玉米蛋白粉 | 2.0 |
| 葵花籽壳 | 14.0 | 小麦麸 | 19.4 |
| 大　麦 | 13 | 碳酸钙 | 0.63 |
| 糖　蜜 | 1.5 | 食　盐 | 0.45 |
| 猪　油 | 0.91 | 添加剂 | 0.41 |
| 葵花籽饼 | 10.0 | | |

**表 7-42　西班牙生长兔饲料配方 1 营养水平**

| 营养物质 | 含　量 | 营养物质 | 含　量 |
|---|---|---|---|
| 消化能(兆焦/千克) | 18.5 | ADF(%) | 27.2 |
| 粗蛋白质(%) | 18.5 | NDF(%) | 42.1 |
| 粗灰分(%) | 9.9 | ADL(%) | 6.8 |

注:饲喂效果:从 30 日龄至屠宰体重(2.02 千克),日增重 37.6 克,料肉比 2.96

## (十一)西班牙生长兔饲料配方 2

该饲料配方见表 7-43。

**表 7-43　西班牙生长兔饲料配方 2**

| 饲料名称 | 比例(%) | 饲料名称 | 比例(%) |
|---|---|---|---|
| 葡萄籽饼 | 7.5 | 豆　饼 | 11.7 |
| 豆　荚 | 32.5 | 玉米蛋白粉 | 2.0 |
| 大　麦 | 13 | 小麦麸 | 19.4 |
| 糖　蜜 | 1.5 | 碳酸钙 | 0.63 |
| 猪　油 | 0.91 | 食　盐 | 0.45 |
| 葵花籽饼 | 10.0 | 添加剂 | 0.41 |

注:1. 营养水平:消化能 18.5 兆焦/千克,粗蛋白质 18.05,粗灰分 7.4%,NDF 43.0%,ADF 28.15%,ADL 7.5%；2. 饲喂效果:从 30 日龄至屠宰体重(2.02 千克),日增重 35.8 克,料肉比 2.96

## (十二)原民主德国种兔及肥育兔饲料配方

该饲料配方及营养水平见表 7-44。

**表 7-44　原民主德国种兔及肥育兔饲料配方**

| 饲料原料 | 种　兔 | 肥育兔 | 备　注 |
|---|---|---|---|
| 饲料原料 | | | 添加剂成分:维生素 A20000 单位,维生素 $D_3$ 1000 单位,维生素 E 40 毫克,维生素 K20 毫克,维生素 $B_{12}$毫克,维生素 $B_2$4 毫克,维生素 $B_6$4 毫克,烟酸 20 毫克,泛酸 20 毫克,维生素 $B_{12}$0.02 毫克,Zoalon 80 毫克,Ni-fexD120 毫克,填充料小麦粉 74.45% |
| 碎玉米(%) | 7 | 10 | |
| 碎大麦(%) | 20 | 10 | |
| 小麦麸(5) | 15 | 10 | |
| 燕麦粉(%) | 20 | 20 | |
| 草粉(%) | 10 | 10 | |
| 黄豆粉(%) | 10 | 24 | |
| 亚麻籽(%) | 8 | 6 | |
| 糖蜜(%) | 3 | 3 | |
| 矿物质混合物(%) | 2 | 2 | |
| 添加加剂(%) | 2 | 1 | |
| 营养水平 | | | |
| 代谢能(兆焦/千克) | 11.10 | 11.93 | |
| 可消化蛋白质(%) | 14 | 17 | |
| 粗纤维(%) | 13 | 13 | |
| 粗脂肪(%) | 3 | 3.7 | |

## (十三)德国长毛兔饲料配方

该饲料配方见表7-45。

表7-45 德国长毛兔饲料配方

| 饲料名称 | 比例(%) | 饲料名称 | 比例(%) |
|---|---|---|---|
| 青干草粉 | 28.85 | 肉　粉 | 7.00 |
| 玉　米 | 6.00 | 大豆油 | 0.53 |
| 小　麦 | 10.00 | 啤酒糟酵母 | 1.0 |
| 麸　皮 | 4.70 | 石榴皮碱 | 0.40 |
| 大　豆 | 10.20 | 蛋氨酸 | 0.40 |
| 块茎渣 | 7.0 | 食　盐 | 0.50 |
| 麦　芽 | 19.20 | 微量元素 | 0.70 |
| 糖　浆 | 1.52 | | |

## (十四)美国专业兔场饲料配方

该饲料配方见表7-46。

表7-46 美国专业兔场饲料配方 (%)

| 饲料名称 | 育成兔(0.5～4千克) | 空怀兔 | 妊娠兔 | 泌乳兔 |
|---|---|---|---|---|
| 苜蓿干草 | 50 | — | 50 | 40 |
| 三叶草干草 | — | 70 | — | — |
| 玉　米 | 23.5 | — | — | — |
| 大　麦 | 11 | — | — | — |
| 燕　麦 | — | 29.5 | 45.5 | — |
| 小　麦 | — | — | — | 25 |
| 高　粱 | — | — | — | 22.5 |
| 麸　皮 | 5 | — | — | — |
| 大豆饼 | 10 | — | 4 | 12 |
| 食　盐 | 0.5 | 0.5 | 0.5 | 0.5 |

美国30～136日龄兔全价颗粒料配方如下：草粉30%，新鲜燕麦(或玉米)19%，新鲜大麦(或新鲜玉米)19%，小麦麸13%，鱼粉2%，食盐0.5%，水解酵母1%，葵花籽饼渣骨粉0.5%。

### (十五)美国獭兔全价颗粒饲料配方

该饲料配方见表7-47。

表7-47 美国獭兔全价颗粒饲料配方

| 兔的种类 | 饲 料 | 占日粮(%) |
|---|---|---|
| 0.54～4千克体重的生长兔 | 苜蓿干草 | 50 |
| | 玉 米 | 23.5 |
| | 三 麦 | 11 |
| | 小麦麸 | 5 |
| | 大豆饼粉 | 10 |
| | 食 盐 | 0.5 |
| 平均4.5千克体重维持饲养的公、母兔 | 三叶干草 | 70 |
| | 燕 麦 | 29.5 |
| | 食 盐 | 0.5 |
| 平均4.5千克体重的妊娠母兔 | 苜蓿干草 | 50 |
| | 燕 麦 | 45.5 |
| | 大豆饼粉 | 4 |
| | 食 盐 | 0.5 |
| 平均4.5千克体重的泌乳母兔 | 苜蓿干草 | 40 |
| | 小 麦 | 25 |
| | 高 粱 | 22.5 |
| | 大豆饼粉 | 12 |
| | 食 盐 | 0.5 |

## (十六)原苏联肉兔颗粒饲料配方

该饲料配方见表 7-48。

表 7-48 原苏联肉兔颗粒饲料配方

| 饲料种类 | 性成熟前后备公、母兔用 | 怀孕和泌乳期母兔、肥育期幼兔以及公、母兔用 | | |
|---|---|---|---|---|
| | | 配方 1 | 配方 2 | 配方 3 |
| 苜蓿粉 | 40 | 30 | 40 | 30 |
| 燕麦 | — | 20 | — | 10 |
| 大麦 | 45 | 20 | 30 | 6 |
| 豌豆 | 2 | 8 | 8 | 35 |
| 小麦麸皮 | 7 | 12 | 5 | 18 |
| 葵花籽粕 | 1 | 5 | 10 | — |
| 干脱脂乳 | — | 2 | — | — |
| 饲料酵母 | 0.1 | 0.5 | 2 | — |
| 骨肉粉 | 0.1 | 1 | 1.4 | — |
| 鱼粉 | — | 1 | — | — |
| 食盐 | 0.3 | 0.5 | 0.3 | 0.3 |
| 糖蜜 | 3.7 | — | 2.5 | — |
| 白垩 | — | — | — | 0.5 |
| 磷酸三钙 | 0.8 | — | 0.8 | — |
| 可消化粗蛋白质 | 9.42 | 14.23 | 13.52 | 14.22 |
| 粗纤维 | 12.86 | 11.35 | 12.07 | 11.04 |
| 钙 | 0.32 | 0.31 | 0.40 | 0.70 |
| 每千克含胡萝卜素 | 100 | 750 | 100 | 75 |

## (十七)俄罗斯皮用兔饲料配方

该饲料配方及营养水平见表 7-49。

**表 7-49　俄罗斯皮用兔饲料配方**

| 饲料名称 | 比例(%) | 营养成分 | 含　量 |
|---|---|---|---|
| 草　粉 | 30 | 代谢能(兆焦/千克) | 9.6 |
| 玉　米 | 15 | 粗蛋白质(%) | 16.2 |
| 小　麦 | 21 | 粗纤维(%) | 12.0 |
| 磷酸盐 | 0.5 | 粗脂肪(%) | 3.1 |
| 食　盐 | 0.5 | 钙(%) | 0.68 |
| 燕　麦 | 10 | 磷(%) | 0.56 |
| 小麦麸 | 11 | | |
| 葵花籽饼 | 10 | | |
| 沸　石 | 2 | | |

注:饲喂效果:90～150 日龄,日增重 20.1 克,料肉比 7.1,优质皮比例高

## (十八)埃及生长兔饲料配方 1

该饲料配方见表 7-50。

**表 7-50　埃及生长兔饲料配方 1**

| 饲料名称 | 比例(%) | 饲料名称 | 比例(%) |
|---|---|---|---|
| 三叶草粉 | 40 | 糖　蜜 | 5 |
| 玉　米 | 6.0 | 磷酸氢钙 | 0.25 |
| 小麦麸 | 33.8 | 食　盐 | 0.39 |
| 豆　饼 | 14.0 | 矿物质和维生素预混料 | 0.3 |
| 向日葵油 | 0.25 | 五水硫酸铜 | 250ppm |
| 蛋氨酸 | 0.26 | | |

注:1. 营养水平:消化能 10.48 兆焦/千克,粗蛋白质 17.33%,粗纤维 14.35%; 2. 饲喂效果:7～12 周龄日增重 36.3 克,料肉比 3.32

## (十九)埃及生长兔饲料配方2

该饲料配方及营养水平见表7-51。

表7-51　埃及生长兔饲料配方2

| 饲料名称 | 比例(%) | 营养成分 | 含　量 |
|---|---|---|---|
| 三叶草粉 | 40 | 消化能(兆焦/千克) | 10.63 |
| 大　麦 | 36.6 | 粗蛋白质(%) | 18.2 |
| 豆　饼 | 20 | 粗纤维(%) | 12.5 |
| 石灰石 | 1.8 | 粗脂肪(%) | 1.49 |
| 骨　粉 | 1.0 | NDF(%) | 37.1 |
| 蛋氨酸 | 0.2 | | |
| 食　盐 | 0.2 | | |
| 矿物质和维生素预混料 | 0.2 | | |

注:饲喂效果:35～84日龄,日增重34.8克,料肉比2.96

## (二十)埃及生长兔饲料配方3

该饲料配方见表7-52。

表7-52　埃及生长兔饲料配方3

| 饲料名称 | 比例(%) | 饲料名称 | 比例(%) |
|---|---|---|---|
| 三叶草粉 | 40 | 骨　粉 | 1 |
| 大　麦 | 27.5 | 蛋氨酸 | 0.2 |
| 豆　饼 | 5 | 赖氨酸 | 0.1 |
| 绿　豆 | 24 | 食　盐 | 0.2 |
| 石灰石 | 1.8 | 矿物质和维生素预混料 | 0.2 |

注:1. 营养水平:消化能10.71兆焦/千克,粗蛋白质17.9%,粗纤维11.7%,粗脂肪1.37%,NDF 36.6%;2. 饲喂效果:35～84日龄,日增重33.7克,料肉比3.5

## (二十一)埃及繁殖母兔饲料配方

该饲料配方见表 7-53。

**表 7-53　埃及繁殖母兔饲料配方**

| 饲料名称 | 比例(%) | 饲料名称 | 比例(%) |
|---|---|---|---|
| 苜蓿粉 | 37 | 鱼　粉 | 1.1 |
| 玉　米 | 17 | 石灰石 | 0.6 |
| 小　麦 | 9 | 食　盐 | 0.2 |
| 大　麦 | 22 | 矿物元素预混料 | 1.5 |
| 小麦麸 | 8 | 维生素预混料 | 0.6 |
| 豆　饼 | 3 | | |

注:营养水平:消化能 11.7 兆焦/千克,粗蛋白质 20%,粗纤维 13%,粗脂肪 2.5%,钙 1%,磷 1%

## (二十二)意大利生长兔饲料配方 1

该饲料配方见表 7-54。

**表 7-54　意大利生长兔饲料配方 1**

| 饲料名称 | 比例(%) | 饲料名称 | 比例(%) |
|---|---|---|---|
| 苜蓿粉 | 32 | 石灰石 | 0.25 |
| 大　麦 | 20 | 磷酸氢钙 | 0.65 |
| 小麦麸 | 24 | 食　盐 | 0.45 |
| 豆　饼 | 5 | 蛋氨酸 | 0.15 |
| 葵花籽饼 | 5 | 赖氨酸 | 0.10 |
| 甜菜渣 | 10 | 矿物质和维生素预混料 | 0.30 |
| 糖　蜜 | 2 | 抗球虫药 | 0.10 |

注:1. 营养水平:消化能 10.26 兆焦/千克,粗蛋白质 15.6%,粗纤维 15.2%,粗脂肪 2.31%;2. 饲喂效果:35～77 日龄,日增重 45.6 克,料肉比 3.21

## (二十三)意大利生长兔饲料配方2

该饲料配方见表7-55。

**表7-55 意大利生长兔饲料配方2**

| 饲料名称 | 比例(%) | 饲料名称 | 比例(%) |
|---|---|---|---|
| 苜蓿粉 | 32 | 石灰石 | 0.25 |
| 大　麦 | 22 | 磷酸氢钙 | 0.65 |
| 小麦麸 | 24 | 食　盐 | 0.45 |
| 豆　饼 | 3 | 蛋氨酸 | 0.15 |
| 葵花籽饼 | 3 | 赖氨酸 | 0.10 |
| 甜菜渣 | 12 | 矿物质和维生素预混料 | 0.30 |
| 糖　蜜 | 2 | 抗球虫药 | 0.10 |

注:1. 营养水平:消化能9.99兆焦/千克,粗蛋白质14.4%,粗纤维15.5%,粗脂肪2.2%; 2:饲喂效果:35～77日龄,日增重43.7克,料肉比3.35

## (二十四)意大利生长兔饲料配方3

该饲料配方见表7-56。

**表7-56 意大利生长兔饲料配方3**

| 饲料名称 | 比例(%) | 饲料名称 | 比例(%) |
|---|---|---|---|
| 苜蓿粉 | 22 | 抗球虫药 | 0.10 |
| 大麦麸 | 28 | 石灰石 | 0.25 |
| 小麦麸 | 24 | 磷酸氢钙 | 0.65 |
| 豆　饼 | 6 | 食　盐 | 0.45 |
| 葵花籽饼 | 6.0 | 蛋氨酸 | 0.15 |
| 甜菜渣 | 10.0 | 赖氨酸 | 0.10 |
| 糖　蜜 | 2.0 | 矿物质和维生素预混料 | 0.30 |

注:1. 营养水平:消化能10.45兆焦/千克,粗蛋白质15.4%,粗纤维12.9%,粗脂肪2.%; 2. 饲喂效果:35～77日龄,日增重44.9克,料肉比3.28

## (二十五)意大利生长兔饲料配方 4

该饲料配方见表 7-57。

表 7-57　意大利生长兔饲料配方 4

| 饲料名称 | 比例(%) | 饲料名称 | 比例(%) |
|---|---|---|---|
| 苜蓿粉 | 22 | 石灰石 | 0.25 |
| 大　麦 | 30 | 磷酸氢钙 | 0.65 |
| 小麦麸 | 24 | 食　盐 | 0.45 |
| 豆　饼 | 4 | 蛋氨酸 | 0.15 |
| 葵花籽饼 | 4 | 赖氨酸 | 0.10 |
| 甜菜渣 | 12 | 矿物质和维生素预混料 | 0.3 |
| 糖　蜜 | 2 | | |

注:1. 营养水平:消化能 10.31 兆焦/千克,粗蛋白质 14.3%,粗纤维 13.7%,粗脂肪 1.5%; 2. 饲喂效果:35～77 日龄,日增重 44.6 克,料肉比 3.29

## (二十六)意大利生长兔饲料配方 5

该饲料配方见表 7-58。

表 7-58　意大利生长兔饲料配方 5

| 饲料名称 | 比例(%) | 饲料名称 | 比例(%) |
|---|---|---|---|
| 苜蓿粉 | 22 | 石灰石 | 0.25 |
| 大　麦 | 32 | 磷酸氢钙 | 0.65 |
| 小麦麸 | 24 | 食　盐 | 0.45 |
| 豆　饼 | 2 | 蛋氨酸 | 0.15 |
| 葵花籽饼 | 2 | 赖氨酸 | 0.10 |
| 甜菜渣 | 14 | 矿物质和维生素预混料 | 0.30 |
| 糖　蜜 | 2 | | |

注:1. 营养水平:消化能 10.29 兆焦/千克,粗蛋白质 13.1%,粗纤维 12.7%,粗脂肪 2%; 2. 饲喂效果:35～77 日龄,日增重 44.6 克,料肉比 3.26

## (二十七)意大利仔兔诱食饲料配方

该饲料配方见表 7-59。

**表 7-59　意大利仔兔诱食饲料配方**

| 饲料名称 | 比例(%) | 饲料名称 | 比例(%) |
|---|---|---|---|
| 苜蓿粉 | 30 | 蔗糖蜜 | 2 |
| 大　麦 | 8 | 石灰石 | 0.55 |
| 小麦麸 | 25 | 磷酸氢钙 | 0.42 |
| 豆　饼 | 6 | 食　盐 | 0.45 |
| 葵花籽饼 | 8 | 蛋氨酸 | 0.08 |
| 甜菜渣 | 15 | 赖氨酸 | 0.10 |
| 动物脂肪 | 2 | 矿物质和维生素预混料 | 0.30 |
| 脱脂乳 | 2 | 抗球虫药 | 0.10 |

注:营养水平:消化能 10.53 兆焦/千克,粗蛋白质 15.3%,粗纤维 17%,粗脂肪 3.7%

## (二十八)墨西哥生长兔饲料配方 1

该饲料配方及营养水平见表 7-60、表 7-61。

**表 7-60　墨西哥生长兔饲料配方 1**

| 饲料名称 | 比例(%) | 饲料名称 | 比例(%) |
|---|---|---|---|
| 苜蓿粉 | 59.11 | 砂　粒 | 0.61 |
| 高　粱 | 28.75 | 蛋氨酸 | 0.11 |
| 豆　饼 | 8 | 赖氨酸 | 0.02 |
| 植物油 | 1 | 苏氨酸 | 0.03 |
| 抗氧化剂 | 0.01 | 矿物质预混料 | 0.10 |
| 磷酸氢钙 | 1.5 | | |

表 7-61　墨西哥生长兔饲料配方 1 养分含量

| 养　分 | 含　量 | 养　分 | 含　量 |
|---|---|---|---|
| 消化能(兆焦/千克) | 10.46 | 赖氨酸(%) | 0.84 |
| 粗蛋白质(%) | 16.5 | 蛋氨酸+胱氨酸(%) | 0.63 |
| 粗纤维(%) | 20.01 | 苏氨酸(%) | 0.68 |
| NDF(%) | 17.92 | 钙(%) | 1.23 |
| ADF(%) | 12.94 | | |

注:饲喂效果:断奶至 2200 克体重,所需肥育天数 41 天,日增重 37 克,料肉比 3.1

## (二十九)墨西哥生长兔饲料配方 2

该饲料配方见表 7-62。

表 7-62　墨西哥生长兔饲料配方 2

| 饲料名称 | 比例(%) | 养　分 | 含　量 |
|---|---|---|---|
| 苜蓿粉 | 73 | 消化能(兆焦/千克) | 9.79 |
| 草　粉 | 19.26 | 粗纤维(%) | 29.59 |
| 动物脂肪 | 3.1 | 粗蛋白质(%) | 16 |
| 植物油 | 1.5 | 赖氨酸(%) | 0.84 |
| 磷酸氢钙 | 1.5 | 蛋氨酸+胱氨酸(%) | 0.63 |
| 食　盐 | 0.5 | 苏氨酸(%) | 0.68 |
| 抗氧化剂 | 0.01 | 钙(%) | 1.62 |
| 沙　子 | 0.72 | 磷(%) | 0.57 |
| 蛋氨酸 | 0.06 | | |
| 矿物质预混料 | 0.10 | | |
| 维生素预混料 | 0.25 | | |

注:饲喂效果:断奶至 2200 克体重所需天数为 41 天,日增重 37 克,料肉比 3.3

## (三十)墨西哥生长兔饲料配方 3

该饲料配方见表 7-63。

表 7-63 墨西哥生长兔饲料配方 3

| 饲料名称 | 比例(%) | 饲料名称 | 比例(%) |
| --- | --- | --- | --- |
| 苜蓿粉 | 50.36 | 沙 子 | 0.27 |
| 草 粉 | 40 | 蛋氨酸 | 0.18 |
| 动物脂肪 | 5 | 赖氨酸 | 0.18 |
| 植物油 | 1.5 | 苏氨酸 | 0.15 |
| 抗氧化剂 | 0.01 | 矿物质预混料 | 0.01 |
| 食 盐 | 0.5 | 维生素预混料 | 0.25 |
| 磷酸氢钙 | 1.5 | | |

注:1. 营养水平:消化能 9.7 兆焦/千克,粗蛋白质 13%,粗纤维 31.88%,赖氨酸 0.84%,蛋氨酸 0.63%,苏氨酸 0.68%;2. 饲喂效果:断奶至 2200 克体重所需肥育天数 41 天,日增重 37 克,料肉比 3.1

## (三十一)俄罗斯肉兔饲料配方

该饲料配方见表 7-64

表 7-64 俄罗斯肉兔饲料配方

| 饲料名称 | 比例(%) | 饲料名称 | 比例(%) |
| --- | --- | --- | --- |
| 草 粉 | 30 | 鱼 粉 | 2 |
| 大 麦 | 19 | 酵 母 | 1 |
| 燕 麦 | 19 | 骨 粉 | 0.3 |
| 小麦麸 | 14 | 食 盐 | 0.5 |
| 葵花籽饼 | 13 | 沸 石 | 1 |

注:1. 营养水平:代谢能 8.9 兆焦/千克,粗蛋白质 17.9%,粗纤维 13.6%,钙 0.76%,磷 0.58%;2. 饲喂效果:50~100 日龄,日增重 20.9 克,料肉比 3.48

## (三十二)希腊公兔饲料配方

该饲料配方见表 7-65。

表 7-65　希腊公兔饲料配方

| 饲料名称 | 比例(%) | 饲料名称 | 比例(%) |
|---|---|---|---|
| 苜蓿粉 | 32.5 | 赖氨酸 | 0.2 |
| 麦　秸 | 2 | 蛋氨酸 | 0.1 |
| 玉　米 | 48.5 | 碳酸钙 | 0.5 |
| 豆　饼 | 5 | 食　盐 | 0.5 |
| 葵花籽饼 | 9 | 矿物质和维生素预混料 | 1.6 |

注：营养水平：消化能 12.7 兆焦/千克，粗蛋白质 14.5%，粗纤维 9%，粗脂肪 2.6%

## (三十三)巴西生长兔饲料配方 1

该饲料配方见表 7-66。

表 7-66　巴西生长兔饲料配方 1

| 饲料名称 | 比例(%) | 营养成分 | 含　量 |
|---|---|---|---|
| 草　粉 | 32 | 消化能(兆焦/千克) | 18.5 |
| 玉　米 | 30.71 | 粗蛋白质(%) | 21.88 |
| 小麦麸 | 15.4 | 粗纤维(%) | 11.7 |
| 豆　饼 | 30.71 | 粗灰分(%) | 7.37 |
| 肉骨粉 | 6 | 钙(%) | 1.3 |
| 食　盐 | 0.4 | 磷(%) | 0.954 |
| 矿物质和维生素预混料 | 0.2 | | |

注：饲喂效果：32～72 日龄日增重 33.35 克，料肉比 3.4

## (三十四)巴西生长兔饲料配方 2

该饲料配方见表 7-67。

表 7-67 巴西生长兔饲料配方 2

| 饲料名称 | 比例(%) | 饲料名称 | 比例(%) |
|---|---|---|---|
| 苜蓿粉 | 46 | 食 盐 | 0.5 |
| 玉 米 | 27 | 矿物质和维生素预混料 | 0.5 |
| 小麦麸 | 15 | 补充物(包括硫酸铜等) | 1.0 |
| 豆 饼 | 10 | | |

注:营养水平:消化能 10.04 兆焦/千克,粗蛋白质 16.71%,ADF18.57%,钙 0.63%,磷 0.53%

## (三十五)印度生长兔饲料配方

该饲料配方见表 7-68。

表 7-68 印度生长兔饲料配方

| 饲料名称 | 比例(%) | 饲料名称 | 比例(%) |
|---|---|---|---|
| 米 糠 | 15 | 豆 饼 | 5 |
| 玉 米 | 15 | 鱼 粉 | 3 |
| 小麦麸 | 30 | 食 盐 | 0.5 |
| 花生饼 | 20 | 矿物质预混料 | 1.5 |
| 葵花籽饼 | 5 | | |

注:1. 营养水平:粗蛋白质 19.4%,粗纤维 10.7%,粗灰分 9.6%,钙 1.08%,磷 1.33%;2. 饲喂效果:日喂以上饲粮 77 克,青饲料自由采食,35～84 日龄,日增重 21.9 克

(任克良、黄淑芳、梁全忠)

# 第八章　家兔饲喂技术

对不同生理阶段的家兔采取不同的饲喂方式,供给适量的饲料量,这样既可以保证家兔获得最佳的生产性能,同时也能保证家兔健康生长,这也是科学养兔的重要内容。掌握科学的饲喂技术是养兔成功的前提,也是兔场要求饲养人员始终追求的目标。

## 一、家兔饲喂应遵循的一般原则

### (一)不同生理阶段的家兔应采取不同的饲喂方式

不同生理阶段的家兔因消化功能和对营养物质的需要量不同,可以采取自由采食、限制采食等不同饲喂方式。目前建议除泌乳母兔后期、肥育兔采取自由采食外,其他生理阶段的家兔如幼兔等应采取限制饲喂方式或定量方式。

### (二)饲料营养水平不同,饲喂量也不同

同一生理阶段的家兔,饲喂量因饲料营养水平不同而不同。能量、蛋白质高的日粮饲喂量应少点,反之应增加饲喂量。

### (三)饲喂前要清理料盒内的粉料和污物,对食欲欠佳或绝食的兔子进行健康检查

饲喂前应对料盒及每只兔子的状况、粪便等进行巡视,对料盒内粉料及时收集,对料盒内污物进行认真清理。如果料盒内充满饲料,在排除因缺水导致采食下降外,应考虑是否患病。观察内容包括:精神好坏,姿势异常与否,呼吸姿势、快慢以及排泄物(粪、

尿)性质、多少。在患病家兔的兔笼上做标记或及时通知兔场兽医人员进行处理。

### (四)遵循“定时定量饲喂”的原则

定时饲喂有助于家兔条件反射性地刺激消化液的分泌,提高饲料消化率,利于兔群健康。生产中坚决杜绝随意改变饲喂时间的不良行为。饲喂次数每天3～5次,成兔(非泌乳兔)次数一般为3次,仔、幼兔和泌乳兔为4～5次(包括饲喂青饲料、多汁饲料)。

### (五)注意饲料卫生、质量

饲喂前或饲喂过程中,应认真检查饲料的质量、卫生。对饲料结块、霉变等及时弃去,重新更换饲料。颗粒饲料中粉料比例不宜太高,以免呛住气管、引起呼吸道疾病,因此对颗粒饲料中粉料较多的应经常过筛处理或更换。

### (六)注意饲料温度,严禁饲喂冰冻饲料、多汁饲料

家兔对体内温度变化的抵抗力则较差。在寒冷的季节,如给温度低或冰冻的饲料、多汁饲料,兔特别是幼兔不能很快补充这些失去的热能,就会引起肠道的过敏。特别是受凉肠道的运动增强而使内部功能失去平衡,并诱发肠道内细菌异常地增殖而造成肠壁的炎症性病变,发生腹泻。因此,冬季应事先把饲料放在温暖的地方。

### (七)个体不同,饲喂量可能有差异

同一品种、相近的体重,个体不同,采食量也可能不一样,因此应给予不同的饲喂量。这就要求饲养人员要仔细观察每个个体,因兔确定饲喂量。

### （八）禁止饲喂带露水和含水分太高的饲草

饲喂带露水和含水分太高的饲草，易发生胃肠炎和腹泻，切记禁用。

### （九）变化饲料要逐步进行

养兔生产中因突然变更饲料引起兔群疾病的事故可以说是屡见不鲜。人们常说"突然更换饲料等于拿着刀子杀兔"并不过分。因此，不要轻易变化兔群饲料，如果必须改变要逐步进行。变换过程的饲喂技术见以下部分。

## 二、不同生理阶段饲喂技术

不同生理阶段、生产目的的家兔采取不同的饲喂方式，是保证兔群获得最大经济效益的前提，也是保证兔群健康的基本要求。

### （一）空怀母兔的饲喂技术

空怀母兔在哺乳期消耗了大量的养分，体质瘦弱，这个时期的主要饲养任务是恢复膘情，调整体况，防止母兔过肥或过瘦。

空怀母兔的膘情以达到七八成膘情为宜。

过瘦的母兔，适当增加饲喂量，日喂 150～200 克，必要时可以采取近似自由采食方式。有青草季节，加喂青绿饲料；冬季加喂多汁饲料，尽快恢复膘情。

对我国广大农村以粗饲料为主的养兔户，为了提高母兔的繁殖性能，以下几个时期进行适当补饲：交配前 1 周（确保其最大数量的准备受精的卵子）、交配后 1 周（减少早期胚胎死亡的危险）、妊娠末期（胎儿增重的 90％发生在这个时期）和分娩后 3 周（确保母兔泌乳量，保证仔兔最佳的生长发育）。每天补饲 50～100 克精料。

兔群中过胖、过肥的母兔和公兔会严重影响繁殖,必须进行减膘。限食是最有效的方法。

限制采食有以下几种形式:(1)减少饲喂量或每天减少1次饲喂次数;(2)限制家兔饮水,从而达到限食的目的。

### (二)怀孕母兔的饲喂技术

怀孕母兔处于不同妊娠阶段,饲喂量也不同。

**1. 怀孕前期的饲养** 母兔怀孕前期(最初的3周),母体器官及胎儿组织增长很慢,胎儿增重仅占整个胚胎期的10%左右,所需营养物质不多,一般这个时期采取限食方式。一般颗粒饲喂量200克/天左右。如果体况过肥或采食过量,会导致母兔在产仔期死亡率提高,而且抑制泌乳早期的自由采食量。但要注意饲料质量,营养要均衡。

**2. 怀孕后期的饲养** 怀孕后期(21~31天),胎儿和胎盘生长迅速,胎儿增加的重量相当于初生重的90%,母兔需要的营养也多,饲养水平应为空怀母兔的1~1.5倍。此时腹腔因胎儿的占位母兔饲料采食量下降,因此可以添补些精料,这样可以弥补因采食量下降导致营养摄取量所不足。

临近分娩期前2~3天,母兔一般采食量下降,适当增喂易消化的饲料,以避免绝食,防止妊娠毒血症的发生。

### (三)哺乳母兔的饲喂技术

**1. 哺乳母兔的生理特点** 哺乳母兔是家兔一生中代谢能力最强、营养需要量最多的一个生理阶段。从图8-1母兔泌乳曲线可知,母兔产仔后即开始泌乳,前3天泌乳量较少,为90~125毫升/天,随泌乳期的延长,泌乳量增加。18~21天泌乳量达到高峰、为280~290毫升/天,21天后缓慢下降,30天后迅速下降。母兔的泌乳量和胎次有关，一般第一胎较少，2胎以后渐增，3～5胎较多，10胎前相对稳定，12胎后明显下降。各种动物乳的成分及其含量见表8-1。

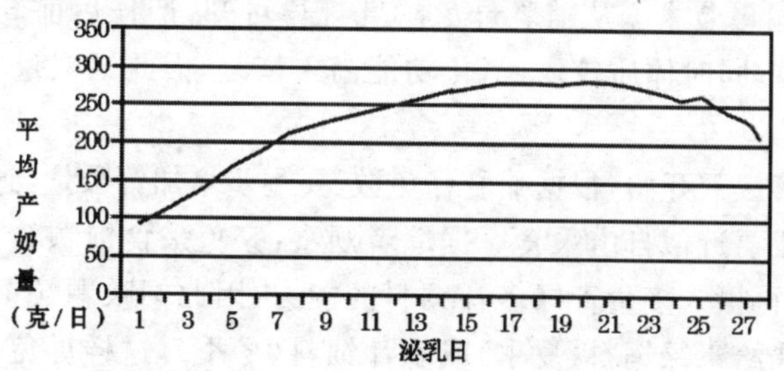


**图8-1　杂种母兔在不同泌乳阶段的产奶量**

**表8-1　各种动物乳的成分及其含量　（%）**

| 种类 | 水分（%） | 脂肪（%） | 蛋白质（%） | 乳糖（%） | 灰分（%） | 能量（兆焦/千克） |
|---|---|---|---|---|---|---|
| 牛乳 | 87.8 | 3.5 | 3.1 | 4.9 | 0.7 | 2.929 |
| 山羊乳 | 88.0 | 3.5 | 3.1 | 4.6 | 0.8 | 2.887 |
| 水牛乳 | 76.8 | 12.6 | 6.0 | 3.7 | 0.9 | 6.945 |
| 绵羊乳 | 78.2 | 10.4 | 6.8 | 3.7 | 0.9 | 6.276 |
| 马乳 | 89.4 | 1.6 | 2.4 | 6.1 | 0.5 | 2.218 |
| 驴乳 | 90.3 | 1.3 | 1.8 | 6.2 | 0.4 | 1.966 |
| 猪乳 | 80.4 | 7.9 | 5.9 | 4.9 | 0.9 | 5.314 |
| 兔乳 | 73.6 | 12.2 | 10.4 | 1.8 | 2.0 | 7.531 |

从表8-1可知，兔乳干物质含量26.4%、脂肪12.2%、蛋白质10.4%、乳糖1.8%、灰分2%、能量7.531兆焦/千克。与其他动物相比，兔乳除乳糖含量不太高外，干物质、脂肪、蛋白质和灰分含量位居其他所有动物乳之首。因此，生产中试图用其他动物乳汁

替代兔乳,往往不能取得预期的效果。营养丰富的兔乳为仔兔快速生长提供丰富营养物质,同时母兔必须要从饲料中获得充足的营养物质。

**2. 饲喂技术** 从哺乳母兔泌乳规律可知,产仔后前3天,泌乳量较少,同时体质较弱,消化功能尚未恢复,因此饲喂量不宜太多。

从第三天开始,根据哺乳仔兔数,要逐步增加饲喂量,到18天之后饲喂要近似自由采食。据笔者观察:家兔采食饱颗粒饲料之后,具有再摄入多量青绿多汁饲料的能力,因此饲喂颗粒饲料后,还可饲喂给青绿饲料(夏季)或多汁饲料(冬季),这样母兔可以分泌大量的乳汁,达到母壮仔肥的效果。

初产母兔的采食能力也是有限的,因而在泌乳期间它们体内的能量贮备很容易出现大幅度降低(－20%)。因此,它们很容易由于失重过多而变得太瘦。如果不给它们休息的时间,那么较差的体况会影响到它们未来的繁殖能力。

哺乳母兔必须保证充足的饮水供应。若乳汁浓稠、阻塞乳管,仔兔吸允困难,可进行通乳。①用热毛巾(45℃)按摩乳房,10～15分钟/次;②将新鲜蚯蚓用开水浸泡,发白后切碎拌红糖喂兔;③减少或停喂混合精料,多喂多汁饲料,保证饮水。

如果产仔太少或全窝仔兔死亡又找不到寄养的仔兔,乳汁分泌量大,可实施收乳。具体方法:①减少或停喂精料或颗粒饲料,少喂青绿多汁饲料,多喂干草;②饮2%～2.5%的冷盐水;③干大麦芽50克,炒黄饲喂或煮水喝。

### (四)仔兔补料技术

出生至断奶的小兔叫仔兔。出生至15天左右仔兔以母乳为主,这时的执行任务是让仔兔早吃奶、吃足奶。

16天开始母乳的营养已不能满足仔兔的需要。仔兔开始爬出巢窝采食饲料，这时应给仔兔提供补饲料。

补料的目的一方面是满足仔兔营养需要，同时通过补饲锻炼仔兔肠胃消化功能，使仔兔安全渡过断奶关。

补饲料的营养成分：消化能 11.3～12.54 兆焦/千克、粗蛋白质 20%、粗纤维 8%～10%，加入适量酵母粉、酶制剂、生长促进剂和抗生素添加剂、抗球虫药等。补饲料的颗粒大小要适当小些。补饲时间一般要从 16 日开始。饲喂量每只从 4～5 克/天逐渐增加到 20～30 克/天。每天饲喂 4～5 次，补饲后及时把饲槽拿走。补料最好设置小隔栏，使仔兔能进去吃食而母兔吃不到。也可以把仔兔与母兔分笼饲养，仔兔单独补饲。

### （五）幼兔饲喂技术

幼兔是指断奶至 3 个月龄的小兔。养兔实践证明，幼兔是家兔一生中最难饲养的一个阶段。幼兔饲养成功与否关系到养兔业成败。做好幼兔饲养管理中的每个具体细节，才能把幼兔养好。

幼兔具有生长发育快、消化能力差、贪食、抗病力差等特点。高能量、高蛋白质的饲粮虽然可以提高幼兔生长速度和饲料利用率，但是健康风险增大了。近年来，法国的 INRA 小组已经证实了饲粮中木质素（ADL）对食糜流通速度的重要作用及其防止腹泻的保护作用，因此日粮中不仅要有一定量的粗纤维（不能低于 14%），其中木质素要有一定的水平，推荐量为 5%。幼兔日粮中可适当添加些药物添加剂、复合酶制剂、益生元、益生素、低聚糖等，既可以防病又能提高日增重。

设计幼兔饲料配方时要兼顾生长速度和健康风险之间的关系。对于养兔新手，应以降低健康风险为主，饲料营养不宜过高；对于有经验的可以适当提高日粮营养水平，达到提高生长速度和饲料利用率目的。

幼兔食欲旺盛易贪食，饲喂要少量多次，而且要严格遵循定时、定量、定质的原则。每天饲喂量可以参考表8-2的推荐量。需要指出的是我国肉兔的生长速度达不到这一水平，因此饲喂量应较表8-2推荐量的要低。幼兔饲粮配方的改变要有一个过渡期，这一点对幼兔尤为重要。

**表8-2 生长兔增重、饲料消耗量和饲料转化效率的平均值**

| 日龄（天） | 体重（克） | 日增重（克） | 饲料采食量（克/天） | 饲料/增重 | |
|---|---|---|---|---|---|
| | | | | 每周 | 累计 |
| 21～30 | 380～680 | 33 | 30 | — | — |
| 30～37 | 680～953 | 38 | 74 | 1.90 | 1.90 |
| 37～44 | 953～1247 | 42 | 102 | 2.43 | 2.17 |
| 44～51 | 1247～1583 | 49 | 132 | 2.69 | 2.39 |
| 51～58 | 1583～1905 | 46 | 147 | 3.20 | 2.60 |
| 58～65 | 1905～2199 | 42 | 165 | 3.93 | 2.86 |
| 65～72 | 2199～2479 | 40 | 176 | 4.40 | 3.10 |

资料来源：选自MaertensandViiiamide[9]。温度条件适中，杂种兔，饲粮含10.04兆焦/千克

幼兔多采取群养或数只1笼。为了让每只兔都能采食上足够的饲料，必须提供给足够的采食面积。否则，由于个体间的差异，采食量差异较大。过度采食的可能引起消化道疾病。生产中可以在幼兔笼内多放一个料盒或采取较长的料盒。

### （六）种公兔饲喂技术

非配种期公兔需要恢复体力，保持适当的膘情，不宜过肥过瘦。需要中等营养水平的饲料，20%的限制饲喂，添喂青绿多汁饲料。

配种期公兔饲料的能量保持中等能量水平，保持在10.46兆焦/千克，蛋白质水平必须保持在17%。适当增加饲喂量，也可日喂生鸡蛋1/4个。

由于精子的形成需要较长的时间,所以营养物质的添补要及早进行,一般在配种前20天开始。

### (七)肥育兔饲喂技术

对幼兔或淘汰兔进行短期肥育,可以提高养殖经济效益。

对肥育兔可以采取限制饲喂方式与自由采食方式相结合。对于幼兔肥育前期以采用定时定量为宜,肥育后期以自由采食方式为宜。淘汰种兔可采用自由采食方式,供给充足的饮水。

### (八)商品獭兔饲喂技术

合格的商品獭兔不仅要有一定的体重和皮张面积,而且要求皮张质量即被毛的密度和皮板的成熟度。如果仅考虑体重和皮张面积,在良好的饲养条件下,一般3.5～4月龄即可达到一级皮的面积。但皮张厚度、韧性和强度不足,生产的皮张商用价值低。因此商品獭兔饲养期必须达到5～6月龄。

据任克良研究结果表明:商品獭兔前期(断奶至3月龄)采取高能量、高蛋白质营养水平日粮,后期(3月龄至5月龄)采取低能量、中蛋白质水平日粮,全期(断奶至5月龄)均采用定时定量饲喂方式(表8-3、表8-4)。5月龄平均体重达3千克,而且皮张质量好。饲料消耗较低,可以获得较高的经济效益。

对于饲养水平较低的兔群,在屠宰前进行短期肥育饲养,不仅利于迅速增膘,而且有利于提高皮张质量。

**表 8-3　生长獭兔(断奶至 3 月龄)日喂饲料量　(克/天)**

| 断奶后周龄 | 日供饲料量(消化能 11.0 兆焦/千克,可消化粗蛋白质 19%) | 断奶后 | 日均采食量(消化能 11 兆焦/千克,可消化粗蛋白质 16%) |
|---|---|---|---|
| 第 1 周 | 75 | 第 9 周 | 110 |
| 第 2 周 | 100 | 第 10 周 | 120 |
| 第 3 周 | 100 | 第 11 周 | 130 |
| 第 4 周 | 120 | 第 12 周 | 120 |
| 第 5 周 | 120 | 第 13 周 | 125 |
| 第 6 周 | 120 | 第 14 周 | 135 |
| 第 7 周 | 115 | 第 15 周 | 135 |
| 第 8 周 | 110 | 第 16 周 | 130 |

**表 8-4　青年獭兔(3 月龄至出栏)日喂饲料量　(克/天)**

| 3 月龄后周龄 | 日均采食量(消化能 10.3 兆焦/千克,可消化粗蛋白质 16%) | 3 月龄后周龄 | 日均采食量(消化能 10.3 兆焦/千克,可消化粗蛋白质 16%) |
|---|---|---|---|
| 第 1 周 | 125 | 第 5 周 | 140 |
| 第 2 周 | 145 | 第 6 周 | 130 |
| 第 3 周 | 130 | 第 7 周 | 130 |
| 第 4 周 | 130 | | |

### (九)产毛兔饲喂技术

产毛兔根据剪毛后不同时期饲喂量有较大的差异。

**1. 剪毛后不同时期的饲喂技术**　剪毛有利于兔体热量的散发。据测定,剪毛间隔期前 1/3 要比后 1/3 的采食量要高大约 1/3。因此刚剪毛的兔,要增加饲喂量。后期要适当减少饲喂量。

**2. 每周禁食 1 天**　对于饲养毛兔 1 周禁食 1 天是十分必要的。长毛兔有舔毛、吞食毛(兔毛掉入到食具饲料中)的现象,每天食入0.3～0.4克。长毛与饲料滞留在胃内，很快形成毛球，会阻塞幽门，阻止胃的排空，家兔会停止采食并死亡。限食，每周禁食1天。饲喂秸秆和大体积饲料，这样可以促进吞下的毛以硬球的方式排出。一般绝食后的第二天才能观察到一些互相粘连的硬粪球。

## 三、不同饲养环境下的饲喂技术

### (一)炎热季节的饲喂技术

外界温度影响家兔的热调节，因此对采食量也有影响。环境温度升高时，家兔采食量降低，反之采食量则升高。据对毛兔进行测定结果表明：30℃时的采食量是20℃时的60%～70%。5℃时采食量则比20℃时提高15%。饲喂青绿饲草时，高温对采食量的不良影响小于饲喂精料时的影响。因此炎热季节，应调整饲喂制度。早上应饲喂得较早，中午少喂或仅饲喂青草，利用夜间气温较低的特点进行饲喂，可以提高家兔的采食量。

### (二)寒冷季节的饲喂技术

寒冷季节，有的饲养者喜欢提高饲料中的能量水平来增加能量的摄入量，但家兔具有通过调整采食量来控制能量摄入量的能力，同时变化饲料易引起消化功能障碍，因此寒冷季节建议适当增加饲喂量。

严冬季节夜间应把饲料放置在温暖的地方，切忌放在室外，严禁用冰冷或冰冻的饲料进行喂兔。补饲胡萝卜等多汁饲料应在中午温暖时进行。

### (三)家兔换毛期的饲喂技术

家兔有年龄换毛和季节性换毛。在换毛期，家兔消耗的营养物质增多,需要较高的营养,因此必须增加饲喂量,尽快结束换毛期。

### (四)变化饲料过程中的饲喂技术

兔群饲料配方最好保持相对稳定。如果突然改变饲料配方兔群有发病的风险,饲料配方从低营养向高营养水平转变风险较饲料配方从高营养向低营养发现要大得多。为了把风险降到最低,笔者建议:变化饲料要有 10 天的换料期。其方案为:前 3 天 3/4 原来饲料+1/4 新饲料,4～6 天更换为 1/2 原来饲料+1/2 新饲料,7～10 天更换为 1/4 原来饲料+3/4 新饲料,10 天之后更换为新饲料。

转变过程中,要控制饲喂量,同时密切注意兔群情况,一旦出现异常情况,应采取相应措施。

对于购买饲料的养殖户或企业,要与饲料生产厂家签订相应协议,在保证饲料质量的同时,饲料配方改变时必须提前通知用户,或为用户兔群提供过渡期饲料。

### (五)新引进兔的饲喂技术

通过运输刚到达目的地的兔要休息一段时间后才开始喂给少量原场的饲料、喂给温盐水,切不可让其暴食暴饮。

饲养制度、饲料种类应尽量与原供种单位保持一致。饲喂量以达八成饱为宜。需要改变饲料要逐步进行。对于消化不良的兔,可喂给大黄苏打片、酵母片或人工盐等健胃药;对粪球小而硬的兔,可采用直肠灌注药液的方法治疗。大肠杆菌病要用抗生素进行防治。

引种 1 周以后易暴发疾病,要特别注意。

(任克良)

# 附　录

## 附表Ⅰ　家兔饲料成分、营养价值及消化率

| 饲料名称 | 干物质(%) | 粗蛋白质(%) | 粗脂肪(%) | 粗纤维(%) | 总能(兆焦/千克) | 粗灰分(%) | 钙(%) | 磷(%) | 消化率(%) | | | 可消化粗蛋白质(%) | 消化能(兆焦/千克) | 资料来源 |
|---|---|---|---|---|---|---|---|---|---|---|---|---|---|---|
| | | | | | | | | | 粗蛋白质 | 粗纤维 | 总能 | | | |
| 大豆子实 | 91.7 | 35.5 | 16.2 | 4.9 | 21.44 | 4.7 | 0.22 | 0.63 | 69 | — | 82 | 24.7 | 17.68 | 1 |
| 大豆子实 | 93.2 | 40.9 | 17.1 | 5.6 | — | — | — | — | 88 | 35 | — | 32.4 | 18.02 | 5 |
| 黑豆子实 | 91.6 | 31.1 | 12.9 | 5.7 | 20.97 | 4.0 | 0.19 | 0.57 | 65 | — | 81 | 20.2 | 17.00 | 1 |
| 豌豆子实 | 91.4 | 20.5 | 1.0 | 4.9 | 17.02 | 3.3 | 0.09 | 0.28 | 88 | — | 83 | 18.0 | 13.82 | 1 |
| 豌豆子实 | 89.9 | 23.4 | 0.8 | 4.9 | — | — | — | — | 84 | 33 | — | 18.7 | 14.21 | 5 |
| 青豌豆子实 | 91.1 | 24.3 | 0.9 | 5.3 | — | — | — | — | 90 | 53 | — | 20.8 | 15.06 | 5 |
| 蚕豆子实 | 88.9 | 24.0 | 1.2 | 7.8 | 16.5 | 13.4 | 0.11 | 0.44 | 72 | — | 82 | 17.2 | 13.53 | 1 |
| 莱豆子实 | 89.0 | 27.0 | — | 8.2 | — | — | 0.14 | 0.54 | — | — | — | — | 13.81 | 4 |
| 羽扇子实 | 94.0 | 31.7 | — | 13.0 | — | — | 0.24 | 0.43 | — | — | — | — | 14.56 | 4 |
| 羽扇豆子实 | 87.0 | 32.0 | 3.7 | 16.0 | — | — | — | — | 94 | 35 | — | 28.2 | 11.67 | 5 |
| 花生子实 | 92.0 | 49.9 | 2.4 | 10.5 | — | — | — | — | — | — | — | 45.2 | 16.57 | 5 |
| 豆粕,浸提 | 86.1 | 43.5 | 6.9 | 4.5 | 17.77 | 4.8 | 0.28 | 0.57 | 75 | — | 81 | 32.6 | 14.37 | 1.2 |
| 豆饼,热榨 | 85.8 | 42.3 | 6.9 | 3.6 | 17.87 | 6.5 | 0.28 | 0.57 | 74 | — | 76 | 31.5 | 13.54 | 1 |
| 豆饼,热榨 | — | 42.4 | 5.3 | 6.6 | — | 6.5 | 0.27 | 0.42 | — | — | — | — | 14.7 | 3 |
| 豆饼,热榨 | 90.7 | 43.5 | 4.6 | 6.0 | — | — | — | — | 90 | 52 | — | 38.1 | 14.77 | 5 |
| 菜籽饼,热榨 | 91.0 | 36.0 | 10.2 | 11.0 | 17.69 | 8.0 | 0.75 | 0.88 | 86 | — | 75 | 31.8 | 13.33 | 1 |
| 菜籽饼,热榨 | — | 39.0 | 7.4 | 12.9 | — | 7.5 | 0.75 | 0.89 | — | — | — | — | 12.51 | 3 |
| 菜籽饼,热榨 | 90.0 | 30.2 | 8.6 | 12.0 | — | — | — | — | 79 | 40 | — | 20.7 | 12.70 | 5 |

**续附表Ⅰ**

| 饲料名称 | 干物质(%) | 粗蛋白质(%) | 粗脂肪(%) | 粗纤维(%) | 总能(兆焦/千克) | 粗灰分(%) | 钙(%) | 磷(%) | 消化率(%) | | | 可消化粗蛋白质(%) | 消化能(兆焦/千克) | 资料来源 |
|---|---|---|---|---|---|---|---|---|---|---|---|---|---|---|
| | | | | | | | | | 粗蛋白质 | 粗纤维 | 总能 | | | |
| 亚麻饼,热榨 | 89.6 | 33.9 | 6.6 | 9.4 | 18.42 | 9.3 | 0.55 | 0.83 | 55 | — | 59 | 18.6 | 10.92 | 1 |
| 亚麻饼,热榨 | 88.3 | 33.3 | 6.8 | 8.2 | — | — | — | — | 87 | 23 | — | 28.5 | 13.35 | 5 |
| 大麻饼,热榨 | 82.0 | 29.2 | 6.4 | 23.8 | 15.95 | 8.3 | 0.23 | 0.13 | 75 | — | 69 | 22.0 | 11.02 | 1 |
| 大麻饼,热榨 | 87.0 | 29.3 | 9.3 | 27.2 | — | — | — | — | 78 | 9 | — | 21.7 | 6.31 | 5 |
| 荏饼,热榨 | 93.1 | 35.3 | 8.3 | 16.2 | 18.76 | 6.7 | 0.63 | 0.86 | 79 | — | 57 | 27.8 | 12.64 | 1 |
| 花生饼,热榨,浸提 | 86.6 | 39.6 | 3.3 | 11.1 | 16.40 | — | 1.01 | 0.55 | 61 | — | 62 | 24.1 | 10.18 | 2 |
| 花生饼,热榨,浸提 | 90.0 | 42.8 | 7.7 | 5.5 | — | — | — | — | 91 | 49 | — | 37.6 | 15.79 | 5 |
| 棉籽饼,热榨,浸提 | 86.5 | 29.9 | 3.9 | 20.7 | 18.41 | — | 0.32 | 0.66 | 60 | — | 55 | 18.0 | 10.10 | 2 |
| 棉籽饼,热榨,浸提 | — | 34.4 | 5.6 | 14.3 | — | 5.5 | 0.32 | 1.08 | — | — | — | — | 11.56 | 3 |
| 棉籽饼,热榨,浸提 | 93.3 | 39.7 | 6.6 | 13.3 | — | — | — | — | 84 | 31 | — | 32.1 | 12.43 | 5 |
| 葵花籽饼,热榨,浸提 | 89.0 | 30.2 | 2.9 | 23.3 | — | 7.7 | 0.34 | 0.95 | — | — | — | 27.1 | 8.79 | 4 |
| 葵花籽饼,热榨,浸提 | 91.5 | 30.7 | 9.5 | 19.4 | — | — | — | — | 86 | 14 | — | 26.3 | 10.66 | 5 |
| 芝麻饼,热榨,浸提 | — | 41.2 | 3.1 | 8.4 | — | 10.2 | 0.72 | 1.07 | — | — | — | 12.65 | 16.32 | 3 |
| 芝麻饼,热榨,浸提 | 94.5 | 39.4 | 8.7 | 6.7 | — | — | — | — | 91 | 45 | — | 33.0 | 14.93 | 5 |
| 豆腐渣 | 97.2 | 27.5 | 8.7 | 13.5 | 19.48 | 9.9 | 0.22 | 0.26 | 70 | — | 84 | 19.3 | 16.32 | 1 |
| 动物性饲料 | | | | | | | | | | | | | | |

## 续附表Ⅰ

| 饲料名称 | 干物质(%) | 粗蛋白质(%) | 粗脂肪(%) | 粗纤维(%) | 总能(兆焦/千克) | 粗灰分(%) | 钙(%) | 磷(%) | 消化率(%) | | | 可消化粗蛋白质(%) | 消化率(兆焦/千克) | 资料来源 |
|---|---|---|---|---|---|---|---|---|---|---|---|---|---|---|
| | | | | | | | | | 粗蛋白质 | 粗纤维 | 总能 | | | |
| 进口鱼粉 | 91.7 | 58.5 | 9.7 | — | 18.56 | 15.1 | 3.91 | 2.90 | 85 | — | 84 | 49.5 | 15.79 | 1.2 |
| 进口鱼粉 | — | 60.5 | 8.6 | — | — | 14.4 | 3.93 | 2.84 | — | — | — | — | 8.59 | 3 |
| 国产鱼粉 | — | 46.9 | 7.3 | 2.9 | — | 23.1 | 5.53 | 1.45 | — | — | — | — | 10.57 | 3 |
| 鱼　粉 | 92.0 | 65.8 | — | 0.8 | — | — | 3.7 | 2.6 | — | — | — | — | 15.25 | 4 |
| 肉骨粉 | 94.0 | 51.0 | — | 2.3 | — | — | 9.1 | 4.5 | — | — | — | — | 12.97 | 4 |
| 蚕蛹粉 | 95.4 | 45.3 | 3.2 | 5.3 | 25.10 | — | 0.29 | 0.58 | 83 | — | 92 | 37.7 | 23.10 | 2 |
| 蚕蛹粉 | — | 57.7 | 19.2 | — | — | 4.5 | 0.27 | 0.61 | — | — | — | — | 16.81 | 3 |
| 血粉,蒸煮烘干 | 89.7 | 86.4 | 1.1 | 1.8 | 20.59 | — | 0.14 | 0.32 | 71 | — | — | 61.0 | — | 2 |
| 干酵母 | 89.5 | 44.8 | 1.4 | 4.8 | — | — | — | — | 83 | — | — | 32.9 | 11.18 | 5 |
| 全脂奶 | 12.2 | 3.1 | 3.7 | — | — | — | — | — | 100 | — | — | 3.1 | 2.85 | 5 |
| 脱脂奶 | 9.7 | 4.0 | 0.2 | — | — | — | — | — | 98 | — | — | 3.9 | 1.67 | 5 |
| 干脱脂奶 | 94.8 | 33.8 | 0.8 | — | — | — | — | — | 98 | — | — | 33.1 | 15.85 | 5 |
| 全脂奶粉 | 76.0 | 25.2 | 26.7 | 0.2 | — | — | — | — | — | — | — | 25.0 | 21.72 | 5 |
| 玉米子实 | 89.5 | 8.9 | 4.3 | 3.2 | 16.78 | 1.2 | 0.02 | 0.25 | 85 | — | 86 | 7.6 | 14.48 | 1.2 |
| 玉料子实 | — | 8.6 | 4.4 | 2.0 | — | 1.25 | 0.01 | 0.24 | — | — | — | — | 15.44 | 3 |
| 玉米子实 | 86.8 | 10.1 | 3.9 | 2.1 | — | — | — | — | 81 | 45 | — | 7.6 | 14.91 | 5 |
| 大麦子实 | 90.2 | 10.2 | 1.4 | 4.3 | 16.51 | 2.8 | 0.1 | 0.46 | 67 | — | 85 | 6.8 | 14.07 | 1.2 |
| 大麦子实 | — | 11.7 | 2.2 | 5.6 | — | 2.5 | 0.11 | 0.32 | — | — | — | — | 13.99 | 3 |
| 大麦子实 | 86.1 | 9.9 | 2.1 | 5.0 | — | — | — | — | 75 | 28 | — | 7.1 | 13.55 | 5 |
| 燕麦子实 | 92.4 | 8.8 | 4.0 | 10.0 | 17.45 | 4.0 | 0.2 | 0.43 | 45 | — | 72 | 4.0 | 11.89 | 5 |
| 小麦子实 | 90.4 | 14.6 | 1.6 | 2.3 | 15.52 | 8.6 | 0.09 | 0.29 | 87 | — | 83 | 12.8 | 12.91 | 1.2 |

## 续附表Ⅰ

| 饲料名称 | 干物质(%) | 粗蛋白质(%) | 粗脂肪(%) | 粗纤维(%) | 总能(兆焦/千克) | 粗灰分(%) | 钙(%) | 磷(%) | 消化率(%) | | | 可消化粗蛋白质(%) | 消化能(兆焦/千克) | 资料来源 |
|---|---|---|---|---|---|---|---|---|---|---|---|---|---|---|
| | | | | | | | | | 粗蛋白质 | 粗纤维 | 总能 | | | |
| 小麦子实 | — | 13.1 | 1.9 | 2.3 | — | 2.5 | 0.01 | 0.21 | — | — | — | — | 15.00 | 3 |
| 小麦子实 | 85.3 | 12.1 | 1.9 | 2.0 | — | — | — | — | 83 | 28 | — | 9.1 | 14.51 | 5 |
| 四号粉 | — | 14.7 | 3.2 | 3.1 | — | 1.6 | 0.08 | 0.31 | — | — | — | — | 13.26 | 3 |
| 小麦麸 | 89.5 | 15.6 | 3.8 | 9.2 | 16.95 | 4.8 | 0.14 | 0.96 | 64 | — | 70 | 10.0 | 11.92 | 1.2 |
| 小麦麸 | — | 15.4 | 3.9 | 8.5 | — | 4.8 | 0.09 | 0.81 | — | — | — | — | 10.77 | 3 |
| 小麦麸 | 89.6 | 16.7 | 3.9 | 10.5 | — | — | — | — | 83 | 24 | — | 13.9 | 10.49 | 5 |
| 黑麦子实 | 85.9 | 9.7 | 1.4 | 2.1 | — | — | — | — | 79 | 54 | — | 7.7 | 14.25 | 5 |
| 黑麦麸 | 88.0 | 14.1 | 3.7 | 6.3 | — | — | — | — | 80 | 26 | — | 10.2 | 12.17 | 5 |
| 荞麦子实 | 85.2 | 10.4 | 2.3 | 10.8 | — | — | — | — | 72 | 17 | — | 7.5 | 12.50 | 5 |
| 元麦子实 | 88.3 | 14.8 | 1.9 | 2.6 | 16.44 | — | 0.09 | 0.40 | 55 | — | 63 | 8.2 | 10.32 | 2 |
| 高粱子实 | 89.0 | 10.6 | 3.1 | 3.0 | — | 2.1 | 0.05 | 0.30 | — | — | — | 6.3 | 12.92 | 4 |
| 高粱子产 | 93.5 | 12.1 | 2.8 | 1.9 | — | — | — | — | 72 | 26 | — | 8.7 | 15.61 | 5 |
| 青稞子实 | 89.4 | 11.6 | 1.4 | 3.2 | 16.82 | 2.1 | 0.07 | 0.40 | 52 | — | 91 | 6.1 | 15.25 | 1 |
| 谷子子实 | 88.4 | 10.6 | 3.4 | 4.9 | 16.35 | 3.3 | 0.17 | 0.29 | 79 | — | 92 | 8.4 | 14.90 | 1 |
| 糜子子实 | 89.4 | 9.5 | 2.9 | 10.4 | 15.92 | 7.2 | 0.14 | 0.92 | 65 | — | 64 | 6.2 | 11.31 | 1 |
| 稻谷,灿稻 | 88.6 | 7.7 | 2.2 | 11.4 | 15.52 | — | 0.14 | 0.28 | 84 | — | 75 | 6.4 | 11.65 | 2 |
| 稻谷,灿稻 | — | 8.4 | 2.0 | 10.4 | — | 4.4 | 0.08 | 0.31 | — | — | — | — | 12.63 | 3 |
| 糙米 | 87.0 | 6.1 | 2.9 | 0.9 | 15.73 | — | 0.05 | 0.91 | 63 | — | 96 | 3.9 | 15.13 | 2 |
| 碎米 | 89.2 | 7.9 | 3.0 | 1.7 | 16.02 | — | 0.09 | 0.30 | 67 | — | 77 | 5.3 | 12.33 | 2 |
| 米糠 | — | 12.5 | 15.3 | 9.4 | — | 9.7 | 0.13 | 1.02 | — | — | — | — | 12.61 | 3 |
| 米糠 | 90.0 | 11.5 | — | 14.1 | — | — | 0.14 | 1.31 | — | — | — | — | 12.43 | 4 |

## 续附表Ⅰ

| 饲料名称 | 干物质(%) | 粗蛋白质(%) | 粗脂肪(%) | 粗纤维(%) | 总能(兆焦/千克) | 粗灰分(%) | 钙(%) | 磷(%) | 消化率 | | | 可消化粗蛋白质(%) | 消化能(兆焦/千克) | 资料来源 |
|---|---|---|---|---|---|---|---|---|---|---|---|---|---|---|
| | | | | | | | | | 粗蛋白质 | 粗纤维 | 总能 | | | |
| 米糠饼 | 88.5 | 18.7 | 4.6 | 9.3 | 16.28 | — | 0.29 | 1.71 | 55 | — | 60 | 10.4 | 9.82 | 2 |
| 田菁籽粉 | — | 37.4 | 4.0 | 11.1 | — | 4.0 | 0.14 | 0.69 | — | — | — | — | 13.11 | 3 |
| 葵花籽 | 92.0 | 17.1 | — | 22.3 | — | — | 0.20 | 0.63 | — | — | — | — | 13.81 | 4 |
| 饲用甜菜 | 14.6 | 1.0 | 0.1 | 0.9 | — | — | — | — | 66 | 100 | — | 0.4 | 2.88 | 5 |
| 饲用甜菜 | 11.0 | 1.3 | — | 0.8 | — | — | 0.02 | 0.02 | — | — | — | — | 1.56 | 4 |
| 糖蜜(甜菜蜜) | 78.0 | 8.0 | — | — | — | — | 0.12 | 0.02 | — | — | — | — | 10.77 | 4 |
| 糖蜜(蔗糖蜜) | 74.0 | 4.2 | 0.1 | — | — | 9.8 | 0.78 | 0.08 | — | — | — | 2.2 | 10.21 | 4 |
| 甜菜渣,糖甜菜 | 91.9 | 9.7 | 0.5 | 10.3 | 16.43 | 3.7 | 0.68 | 0.09 | 47 | — | 74 | 4.6 | 12.11 | 1 |
| 甜菜渣,糖甜菜 | 88.5 | 8.3 | 0.3 | 21.8 | — | — | — | — | 48 | 7 | — | 4.0 | 13.05 | 5 |
| 萝卜根(干草) | 8.2 | 1.0 | 0.1 | 1.1 | — | — | — | — | 91 | 82 | — | 0.4 | 1.31 | 5 |
| 胡萝卜根 | 8.7 | 0.7 | 0.3 | 0.8 | 1.49 | 0.7 | 0.11 | 0.07 | 56 | — | 99 | 0.4 | 1.47 | 1 |
| 胡萝卜根 | 12.3 | 1.4 | 0.1 | 1.2 | — | — | — | — | 86 | 56 | — | 0.6 | 1.96 | 5 |
| 马铃薯 | 39.0 | 2.3 | 0.1 | 0.5 | 6.67 | 1.3 | 0.06 | 0.24 | 49 | — | 87 | 1.1 | 5.82 | 1 |
| 马铃薯(蒸煮) | 25.0 | 2.3 | 0.1 | 0.8 | — | — | — | — | 68 | 83 | — | 1.1 | 4.10 | 5 |
| 马铃薯(渣) | 89.1 | 4.3 | 0.7 | 6.5 | 14.21 | 10.2 | 0.20 | 0.20 | 53 | — | 88 | 2.3 | 11.51 | 1 |
| 甘 薯 | 29.9 | 1.1 | 0.1 | 1.2 | 5.07 | 0.6 | 0.13 | 0.05 | 13 | — | 92 | 0.1 | 4.65 | 1 |
| 甘 薯 | 41.9 | 1.8 | 0.3 | 1.0 | — | — | — | — | 44 | 94 | — | 0.8 | 7.00 | 5 |
| 木 薯 | 32.0 | 1.2 | - | 1.0 | — | — | — | — | — | — | — | — | 4.55 | 4 |
| 啤酒糟 | 94.3 | 25.5 | 7.0 | 16.2 | 10.86 | — | — | — | — | 85 | 21 | 20.4 | 10.86 | 5 |
| 烧酒糟,(谷物酿制) | 93.0 | 27.4 | - | 12.8 | — | — | 0.16 | 1.06 | — | — | — | — | 15.06 | 4 |

**续附表Ⅰ**

| 饲料名称 | 干物质(%) | 粗蛋白质(%) | 粗脂肪(%) | 粗纤维(%) | 总能(兆焦/千克) | 粗灰分(%) | 钙(%) | 磷(%) | 消化率(%) | | | 可消化粗蛋白质(%) | 消化能(兆焦/千克) | 资料来源 |
|---|---|---|---|---|---|---|---|---|---|---|---|---|---|---|
| | | | | | | | | | 粗蛋白质 | 粗纤维 | 总能 | | | |
| 脂 肪 | 100.0 | — | — | — | — | — | — | — | — | — | — | — | 33.47 | 4 |
| 植物油 | 100.0 | — | — | — | — | — | — | — | — | — | — | — | 35.56 | 4 |
| 牛、羊脂肪 | 100.0 | — | — | — | — | — | — | — | — | — | — | — | 27.20 | 4 |
| 苜蓿(盛花期) | 26.6 | 4.4 | 0.5 | 8.7 | 4.77 | 2.9 | 1.57 | 0.18 | 64 | — | 41 | 2.8 | 1.94 | 1 |
| 苜蓿(花前期) | 21.5 | 4.5 | 0.9 | 5.3 | — | — | — | — | 86 | 54 | — | 2.8 | 2.79 | 5 |
| 苜 蓿 | 17.0 | 3.4 | 1.4 | 4.6 | — | — | — | — | 82 | 28 | — | 2.0 | 1.73 | 4 |
| 红三叶 | 19.7 | 2.8 | 0.8 | 3.3 | — | — | — | — | 77 | 65 | — | 2.1 | 2.46 | 5 |
| 白三叶 | 19.0 | 3.8 | — | 3.2 | — | — | 0.27 | 0.09 | — | — | — | — | 1.83 | 4 |
| 聚合草(叶子) | 11.0 | 2.2 | — | 1.5 | — | — | — | 0.06 | — | — | — | — | 0.98 | 1 |
| 鸭 茅 | 27.0 | 3.8 | — | 6.9 | — | — | 0.07 | 0.11 | — | — | — | — | 2.15 | 1 |
| 红豆草(再生草) | 27.3 | 4.9 | 0.6 | 7.2 | 4.94 | 2.7 | 1.32 | 0.23 | 55 | — | 51 | 2.7 | 2.54 | 1 |
| 黑麦草(营养期) | 22.8 | 4.1 | 0.9 | 4.7 | 3.99 | 3.6 | 0.14 | 0.06 | 42 | — | 33 | 1.8 | 1.69 | 1 |
| 紫云英(再生草) | 24.2 | 5.0 | 1.3 | 12.3 | 4.15 | 4.3 | 0.34 | 0.13 | 77 | — | 65 | 3.9 | 2.72 | 1 |
| 地肤(开花期) | 14.3 | 2.9 | 0.4 | 2.8 | 2.22 | 3.0 | 0.29 | 0.10 | 77 | — | 53 | 2.2 | 1.15 | 1 |
| 甘 蓝 | 5.2 | 1.1 | 0.4 | 0.6 | 0.91 | 0.5 | 0.08 | 0.29 | 93 | — | 96 | 1.0 | 0.87 | 1 |
| 甘 蓝 | 8.5 | 1.7 | 0.1 | 0.9 | — | — | — | — | 99 | 88 | — | 1.7 | 1.46 | 5 |
| 饲用甘蓝 | 13.6 | 2.2 | 0.5 | 2.1 | — | — | — | — | 92 | 72 | — | 1.5 | 2.10 | 5 |
| 芹 菜 | 5.6 | 0.9 | 0.1 | 0.98 | — | — | — | — | 77 | 93 | — | 0.7 | 0.75 | 5 |
| 油 菜 | 16.0 | 2.8 | — | 2.4 | — | — | 0.24 | 0.07 | — | — | — | — | 1.46 | 4 |
| 莴苣叶 | 5.0 | 1.2 | — | 0.6 | — | — | 0.05 | 0.02 | — | — | — | — | 0.50 | 4 |
| 南瓜藤 | 12.9 | 2.1 | 0.4 | 2.3 | — | — | — | — | 86 | 55 | — | 1.3 | 1.80 | 5 |

## 续附表 I

| 饲料名称 | 干物质(%) | 粗蛋白质(%) | 粗脂肪(%) | 粗纤维(%) | 总能(兆焦/千克) | 粗灰分(%) | 钙(%) | 磷(%) | 消化率(%) | | | 可消化粗蛋白质(%) | 消化能(兆焦/千克) | 资料来源 |
|---|---|---|---|---|---|---|---|---|---|---|---|---|---|---|
| | | | | | | | | | 粗蛋白质 | 粗纤维 | 总能 | | | |
| 糖甜菜叶 | 20.4 | 1.8 | 0.5 | 2.5 | — | — | — | — | 83 | 89 | — | 1.5 | 2.41 | 5 |
| 蒲公英叶 | 15.0 | 2.8 | — | 1.7 | — | — | 0.20 | 0.07 | — | — | — | — | 1.19 | 4 |
| 花生叶 | 19.0 | 4.0 | — | 4.5 | — | — | 0.08 | 0.08 | — | — | — | — | 1.99 | 4 |
| 玉米茎叶 | 24.3 | 2.0 | 0.5 | 7.6 | — | — | — | — | 79 | 24 | — | 1.3 | 2.45 | 5 |
| 田间刺儿菜 | 8.8 | 1.2 | 0.3 | 1.2 | — | — | — | — | 75 | 77 | — | 0.9 | 1.20 | 5 |
| 苜蓿(干草粉) | 90.8 | 11.8 | 1.4 | 41.5 | 16.32 | 8.1 | 1.67 | 0.16 | 66 | — | 29 | 7.9 | 4.59 | 1 |
| 苜蓿(干草粉) | 91.4 | 11.5 | 1.4 | 30.5 | 16.16 | 8.9 | 1.65 | 0.17 | 60 | — | 36 | 6.4 | 5.82 | 1 |
| 苜蓿(干草粉) | 91.0 | 20.3 | 1.5 | 25.0 | 16.61 | 9.1 | 1.71 | 0.17 | 66 | — | 45 | 13.4 | 7.47 | 1 |
| 苜蓿(花前期) | 90.2 | 16.1 | 2.3 | 25.2 | — | — | — | — | 70 | 28 | — | 10.5 | 8.49 | 5 |
| 红三叶(结荚期干草粉) | 91.3 | 9.5 | 2.3 | 28.3 | 15.97 | 8.8 | 1.21 | 0.28 | 66 | — | 59 | 6.2 | 9.36 | 1 |
| 红三叶(干草) | 86.7 | 13.5 | 3.0 | 24.3 | — | — | — | — | 64 | 27 | — | 7.0 | 8.37 | 5 |
| 白三叶(干草) | 92.0 | 21.4 | — | 20.9 | — | — | 1.75 | 0.28 | — | — | — | — | 8.47 | 4 |
| 白三叶 | 86.5 | 16.0 | 3.8 | 17.2 | — | — | — | — | 68 | 57 | — | 10.9 | 10.84 | 5 |
| 杂三叶(秸秆) | 93.5 | 10.6 | 1.5 | 26.0 | 15.47 | 12.6 | 1.84 | 0.43 | 58 | — | 23 | 6.2 | 3.59 | 1 |
| 红豆草(结荚期干草) | 90.2 | 11.8 | 2.2 | 26.3 | 16.19 | 7.8 | 1.71 | 0.22 | 39 | — | 48 | 4.7 | 7.74 | 1 |
| 狗牙根干草 | 92.0 | 11.0 | 1.8 | 27.6 | — | 7.0 | 0.38 | 0.56 | — | — | — | 5.9 | 6.93 | 4 |
| 猫尾草干草 | 89.8 | 6.2 | 2.2 | 30.7 | — | — | — | — | 57 | 15 | — | 3.1 | 6.18 | 5 |
| 苏丹草干草 | 89.0 | 15.8 | 3.7 | 20.2 | — | — | — | — | 68 | 27 | — | 10.8 | 8.52 | 5 |
| 燕麦草干草 | 93.2 | 7.1 | 3.1 | 35.4 | — | — | — | — | 61 | 10 | — | 3.7 | 5.89 | 5 |
| 燕麦草秸秆 | 86.0 | 3.8 | 1.8 | 39.7 | — | — | — | — | 30 | 25 | — | 0.9 | 4.62 | 5 |

## 续附表Ⅰ

| 饲料名称 | 干物质(%) | 粗蛋白质(%) | 粗脂肪(%) | 粗纤维(%) | 总能(兆焦/千克) | 粗灰分(%) | 钙(%) | 磷(%) | 消化率(%) | | | 可消化粗蛋白质(%) | 消化能(兆焦/千克) | 资料来源 |
|---|---|---|---|---|---|---|---|---|---|---|---|---|---|---|
| | | | | | | | | | 粗蛋白质 | 粗纤维 | 总能 | | | |
| 燕麦草秸秆 | 92.2 | 10.8 | 1.4 | 34.0 | 16.57 | 4.7 | 0.37 | 0.31 | 48 | — | 47 | 2.6 | 7.82 | 1 |
| 紫云英(成熟期干草) | 92.4 | 5.5 | 1.2 | 22.5 | 15.79 | 11.1 | 0.71 | 0.20 | 60 | — | 13 | 6.5 | 2.05 | 1 |
| 小冠花秸秆 | 88.3 | 5.2 | 3.0 | 44.1 | 16.43 | 5.2 | 2.04 | 0.27 | 49 | — | 26 | 2.5 | 4.32 | 1 |
| 箭筈豌豆(盛花期干草) | 94.1 | 19.0 | 2.5 | 12.1 | 16.57 | 11.6 | 0.06 | 0.27 | 60 | — | 43 | 11.3 | 7.28 | 1 |
| 箭筈豌豆秸秆 | 93.3 | 8.2 | 2.5 | 43.0 | 15.66 | 11.3 | 0.06 | 0.27 | 48 | — | 10 | 4.0 | 1.62 | 1 |
| 野豌豆干草 | 87.2 | 17.4 | 3.0 | 23.9 | — | — | — | — | 75 | 21 | — | 10.1 | 8.51 | 5 |
| 草木犀(盛花期干草) | 92.1 | 18.5 | 1.7 | 30.0 | 16.72 | 8.1 | 1.30 | 0.19 | 61 | — | 62 | 12.2 | 6.64 | 1 |
| 沙打旺(盛花期干草) | 90.9 | 16.1 | 1.7 | 22.7 | 16.38 | 9.6 | 1.98 | 0.21 | 55 | — | 42 | 8.8 | 6.84 | 1 |
| 野麦草(秸秆) | 90.3 | 12.3 | 2.9 | 29.0 | 15.77 | 8.2 | 0.39 | 0.22 | 78 | — | 29 | 9.6 | 4.63 | 1 |
| 草地羊茅(营养期干草) | 90.1 | 11.7 | 4.4 | 18.7 | 14.28 | 18.0 | 1.0 | 0.29 | 63 | — | 58 | 7.4 | 8.26 | 1 |
| 百麦根(营养期干草) | 92.3 | 10.0 | 3.2 | 18.9 | 16.47 | 6.0 | 1.5 | 10.19 | 72 | — | 60 | 7.2 | 9.8 | 21 |
| 鸭茅(秸秆) | 93.3 | 9.3 | 3.8 | 26.7 | 16.43 | 10.6 | 0.51 | 0.24 | 87 | — | 42 | 8.1 | 6.87 | 1 |
| 鸭茅(干草) | 88.2 | 10.2 | 2.8 | 28.1 | — | — | — | — | 76 | 15 | — | 6.9 | 7.44 | 5 |
| 无芒雀麦(籽实期干草) | 91.0 | 5.2 | 3.1 | 13.6 | 16.32 | 7.6 | 0.49 | 0.20 | 62 | — | 47 | 3.2 | 7.59 | 1 |
| 无芒雀麦,秸秆 | 90.6 | 10.5 | 3.1 | 28.5 | 16.03 | 9.7 | 0.49 | 0.20 | 38 | — | 26 | 4.0 | 4.21 | 1 |
| 胡枝子(干草) | 92.0 | 12.7 | — | 28.1 | — | — | 0.92 | 0.23 | — | — | — | — | 5.40 | 4 |
| 青草粉(江苏) | 88.5 | 7.5 | — | 29.4 | 15.23 | — | — | — | 55 | — | 46 | 4.2 | 7.04 | 2 |

## 续附表Ⅰ

| 饲料名称 | 干物质(%) | 粗蛋白质(%) | 粗脂肪(%) | 粗纤维(%) | 总能(兆焦/千克) | 粗灰分(%) | 钙(%) | 磷(%) | 消化率(%) | | | 可消化粗蛋白质(%) | 消化能(兆焦/千克) | 资料来源 |
|---|---|---|---|---|---|---|---|---|---|---|---|---|---|---|
| | | | | | | | | | 粗蛋白质 | 粗纤维 | 总能 | | | |
| 松针粉 | — | 8.5 | 5.7 | 26.7 | — | 3.0 | 0.20 | 0.98 | — | — | — | — | 7.54 | 3 |
| 麦芽根(干草粉) | 84.8 | 17.0 | 1.9 | 13.6 | 14.60 | — | 0.28 | 0.34 | 78 | — | 50 | 13.3 | 6.60 | 2 |
| 苦荬菜(晒干草粉) | 86.0 | 17.7 | 5.8 | 11.6 | 15.56 | — | 1.46 | 0.54 | 49 | — | 65 | 8.7 | 10.08 | 2 |
| 大豆秸秆 | 87.7 | 4.6 | 2.1 | 40.1 | 16.28 | — | 0.74 | 0.12 | 55 | — | 51 | 2.5 | 8.28 | 1 |
| 马铃薯藤(晒干草粉) | 88.7 | 19.7 | 3.2 | 13.6 | 13.19 | 19.8 | 2.12 | 0.28 | 79 | — | 67 | 15.6 | 8.90 | 1 |
| 南瓜粉(晒干) | 96.5 | 7.8 | 2.9 | 32.9 | 16.22 | 12.4 | 0.19 | 0.19 | 57 | — | 79 | 4.4 | 12.83 | 1 |
| 葵花盘(收籽后晒干) | 88.5 | 6.7 | 5.6 | 16.2 | 14.19 | 11.3 | 0.83 | 0.12 | 52 | — | 66 | 3.5 | 9.31 | 1 |
| 小麦秸秆 | 89.0 | 3.0 | — | 42.5 | 17.61 | — | — | — | 43 | — | 18 | 1.3 | 3.18 | — |
| 谷　草 | 90.02 | 3.96 | 1.3 | 36.79 | — | 8.55 | 0.74 | 0.06 | — | — | — | — | — | 6 |
| 花生壳 | 90.53 | 6.06 | 0.65 | 61.82 | — | 7.94 | 0.97 | 0.07 | — | — | — | — | — | 6 |
| 谷　糠 | 91.7 | 4.2 | 2.8 | 39.6 | 16.86 | 7.1 | 0.48 | 0.16 | 30 | — | 24 | 1.3 | 4.05 | 1 |
| 糜　糠 | 90.3 | 6.4 | 4.4 | 46.4 | 16.82 | 9.2 | 0.09 | 0.29 | 60 | — | 22 | 3.9 | 3.74 | 1 |
| 稻草粉 | — | 5.4 | 1.7 | 32.7 | — | 11.1 | 0.28 | 0.08 | — | — | — | — | 5.52 | 3 |
| 清　糠 | — | 3.9 | 0.3 | 47.2 | — | 16.9 | 0.08 | 0.07 | — | — | — | — | 2.77 | 3 |
| 槐树叶(晒干) | 89.5 | 18.9 | 4.0 | 18.0 | 17.95 | — | 1.21 | 0.19 | 34 | — | 40 | 6.5 | 7.10 | 2 |

资料来源:1. 中国农业科学院兰州畜牧研究所(1989) 2. 江苏省农业科学院饲料食品研究所(1989) 3. 浙江省饲料公司(1990) 4. Cheeke,P. R. 等(1987) 5. Klaus. Jl(1985) 6. 任克良等(2009)

附表Ⅱ　家兔饲料主要氨基酸、微量元素含量　(风干饲料)

| 饲料名称 | 赖氨酸(%) | 含硫氨基酸(%) | 铜(毫克/千克) | 锌(毫克/千克) | 锰(毫克/千克) |
|---|---|---|---|---|---|
| 大　豆 | 2.03 | 1.00 | 25.1 | 36.7 | 33.1 |
| 黑　豆 | 1.93 | 0.87 | 24.0 | 52.3 | 38.9 |
| 豌　豆 | 1.23 | 0.67 | 3.7 | 24.7 | 14.9 |
| 蚕　豆 | 1.52 | 0.52 | 11.1 | 17.5 | 16.7 |
| 莱　豆 | 1.70 | 0.40 | — | — | — |
| 豆　饼 | 2.07 | 1.09 | 13.3 | 40.6 | 32.9 |
| 羽扇豆 | 1.90 | 0.75 | — | — | — |
| 菜籽饼 | 1.70 | 1.23 | 7.7 | 41.1 | 61.1 |
| 亚麻饼 | 1.22 | 1.22 | 23.9 | 52.3 | 51.0 |
| 大麻饼 | 1.25 | 1.13 | 18.3 | 90.9 | 98.4 |
| 荏　饼 | 1.69 | 1.45 | 20.2 | 52.2 | 62.8 |
| 棉籽饼 | 1.38 | 0.91 | 10.0 | 46.4 | 12.0 |
| 花生饼 | 1.70 | 0.97 | 12.3 | 32.9 | 36.4 |
| 芝麻饼 | 0.51 | 1.51 | 37.0 | 94.8 | 51.6 |
| 豆腐渣 | 1.45 | 0.70 | 6.62 | 4.9 | 20.5 |
| 鱼　粉 | 5.32 | 2.65 | 6.87 | 9.8 | 13.5 |
| 肉骨粉 | 2.00 | 0.80 | — | — | — |
| 血　粉 | 8.08 | 1.74 | 7.4 | 23.4 | 6.1 |
| 蚕蛹粉 | 3.96 | 1.18 | 21.0 | 212.5 | 14.5 |
| 全脂奶粉 | 2.26 | 0.96 | 0.91 | — | 0.5 |
| 脱脂奶粉 | 2.48 | 1.35 | 11.7 | 41.0 | 2.2 |
| 玉　米 | 0.22 | 0.20 | 4.7 | 16.5 | 4.9 |

**续附表Ⅱ**

| 饲料名称 | 赖氨酸（%） | 含硫氨基酸（%） | 铜（毫克/千克） | 锌（毫克/千克） | 锰（毫克/千克） |
|---|---|---|---|---|---|
| 大　麦 | 0.33 | 0.25 | 8.7 | 22.7 | 30.7 |
| 燕　麦 | 0.32 | 0.29 | 15.9 | 31.7 | 36.4 |
| 小　麦 | 0.32 | 0.36 | 8.7 | 22.7 | 30.7 |
| 麦　麸 | 0.56 | 0.75 | 17.6 | 60.4 | 107.8 |
| 黑　麦 | 0.42 | 0.36 | 6.8 | 31.8 | 55.0 |
| 荞　麦 | 0.69 | 0.33 | 5.8 | 22.9 | 19.8 |
| 元　麦 | 0.58 | 0.56 | 5.8 | 19.6 | 8.6 |
| 高　粱 | 0.20 | 0.21 | 1.3 | 11.9 | 15.7 |
| 青　稞 | 0.26 | 0.16 | 10.4 | 35.8 | 18.3 |
| 谷　子 | 0.22 | 0.42 | 17.6 | 32.7 | 29.1 |
| 糜　子 | 0.15 | 0.28 | 11.2 | 57.7 | 117.4 |
| 稻　谷 | 0.37 | 0.36 | 3.9 | 19.2 | 42.0 |
| 碎　米 | 0.42 | 0.44 | 4.7 | 15.9 | 22.2 |
| 米　糠 | 0.68 | 0.60 | 8.5 | 40.5 | 57.4 |
| 米糠饼 | 0.98 | 0.78 | 10.7 | 60.8 | 115.0 |
| 田菁粉 | 1.36 | 0.55 | 13.0 | 34.0 | 21.4 |
| 苜蓿粉(优质) | 0.90 | 0.51 | 10.3 | 21.1 | 32.1 |
| 苜蓿粉(差) | 0.60 | 0.44 | 18.5 | 17.0 | 29.0 |
| 红三叶草 | 0.35 | 0.24 | 21.0 | 46.0 | 69.0 |
| 红豆草 | 0.45 | 0.23 | 4.0 | 20.0 | 22.5 |
| 狗牙根 | 0.74 | 0.18 | — | — | — |
| 燕麦秸 | 0.18 | 0.26 | 9.8 | — | 29.3 |
| 小冠花 | 0.30 | 0.09 | 4.1 | 4.7 | 162.5 |
| 箭舌豌豆 | 0.54 | 0.15 | 1.2 | 22.7 | 14.9 |

续附表Ⅱ

| 饲料名称 | 赖氨酸（%） | 含硫氨基酸（%） | 铜（毫克/千克） | 锌（毫克/千克） | 锰（毫克/千克） |
|---|---|---|---|---|---|
| 草木犀 | 0.54 | 0.25 | 8.8 | 27.5 | 38.5 |
| 沙打旺 | 0.70 | 0.09 | 6.7 | 14.6 | 66.2 |
| 无芒雀麦 | 0.35 | 0.23 | 4.3 | 12.1 | 131.3 |
| 青草粉 | 0.32 | 0.13 | 13.6 | 60.2 | 52.3 |
| 松针粉 | 0.39 | 0.16 | — | — | — |
| 麦芽根 | 0.71 | 0.43 | 20.0 | 971 | 256 |
| 大豆秸 | 0.33 | 0.13 | 9.6 | 23.4 | 32.5 |
| 玉米秸 | 0.21 | 0.24 | 8.6 | 20.0 | 33.5 |
| 南瓜粉 | 0.26 | 0.12 | — | — | — |
| 葵花盘 | 0.27 | 0.18 | 2.5 | 7.3 | 26.3 |
| 谷　糠 | 0.13 | 0.14 | 7.6 | 7.3 | 26.3 |
| 糜　糠 | 0.26 | 0.27 | 3.1 | 14.6 | 23.1 |
| 蚕　沙 | 0.36 | 0.19 | 8.6 | 29.7 | 79.1 |
| 槐树叶 | 0.69 | 0.18 | 9.2 | 15.9 | 65.5 |

附表Ⅲ　常用矿物质饲料添加剂中的元素含量　（%）

| 饲料名称 | 化学式 | 微量元素含量 |
|---|---|---|
| 钙 | | |
| 碳酸钙 | $CaCO_3$ | Ca：40 |
| 石灰石粉 | $CaCO_3$ | Ca：33～39 |
| 贝壳粉 | | Ca：36 |
| 蛋壳粉 | | Ca：34 |
| 硫酸钙 | $CaSO_3.2H_2O$ | Ca：23.3 |
| 白云石 | | |

续附表Ⅲ

| 饲料名称 | 化学式 | 微量元素含量 |
| --- | --- | --- |
| 葡萄糖酸钙 | $Ca(C_6H_{11}O_7)_2 \cdot H_2O$ | Ca:8.5 |
| 乳酸钙 | $CaC_6H_{10}O_6$ | Ca:13～18 |
| 云解石 | $CaCO_3$ | Ca:33 |
| 白垩石 | $CaCO_3$ | Ca:33 |
| 磷 | | |
| 磷酸二氢钠 | $NaH_2PO_4$ | P:25.8 |
| 磷酸氢二钠 | $Na_2HPO_4$ | P:21.81 |
| 磷酸二氢钾 | $KH_2PO_4$ | P:28.5 |
| 钙、磷 | | |
| 磷酸氢钙 | $CaHPO_4.2H_2O$ | Ca:23.2 P:18 |
| 磷酸一钙 | $Ca(PO_4)_2 \cdot H_2O$ | Ca:15.9 P:24.6 |
| 磷酸三钙 | $Ca_3(PO_4)_2$ | Ca:38.7 P:20 |
| 蒸骨粉 | | Ca:24～30 P:10～15 |
| 铁 | | |
| 硫酸亚铁(7个结晶水) | $FeSO_4 \cdot 7H_2O$ | Fe:20.1 |
| 硫酸亚铁(1个结晶水) | $FeSO_4 \cdot H_2O$ | Fe:32.9 |
| 碳酸亚铁(1个结晶水) | $FeCO_3 \cdot H_2O$ | Fe:41.7 |
| 碳酸亚铁 | $FeCO_3$ | Fe:48.2 |
| 氯化亚铁(4个结晶水) | $FeCl_2 \cdot 4H_2O$ | Fe:28.1 |
| 氯化铁(6个结晶水) | $FeCl_9 \cdot 6H_2O$ | Fe:20.7 |
| 氯化铁 | $FeCl_3$ | Fe:34.4 |
| 柠檬酸铁 | $Fe(NH_3)C_6H_8O_7$ | Fe:21.1 |
| 葡萄糖酸铁 | $C_{12}H_{22}PeO_{14}$ | Fe:12.5 |
| 磷酸铁 | $FePO_4$ | Fe:37.0 |
| 焦磷酸铁 | $Fe_4(P_2O_7)_3$ | Fe:30.0 |

续附表Ⅲ

| 饲料名称 | 化学式 | 微量元素含量 |
| --- | --- | --- |
| 硫酸亚铁 | $FeSO_4$ | Fe:36.7 |
| 醋酸亚铁(4个结晶水) | $Fe(C_2H_3O_2)_2 \cdot 4H_20$ | Fe:22.7 |
| 氧化铁 | $Fe_2O_3$ | Fe:69.9 |
| 氧化亚铁 | FeO | Fe:77.8 |
| 铜 | | |
| 硫酸铜 | $CuSO_4$ | Cu:39.8 |
| 硫酸铜(5个结晶水) | $CuSO_4 \cdot 5H_20$ | Cu:25.5 |
| 碳酸铜(碱式,1个结晶水) | $CuCO_s \cdot Cu(OH)_2 \cdot H_20$ | Cu:53.2 |
| 碳酸铜(碱式) | $CuCO_3 \cdot Cu(OH)_2$ | Cu:57.5 |
| 氢氧化铜 | $Cu(OH)_2$ | Cu:65.2 |
| 氯化铜(绿色) | $CuCl_2.2H_2O$ | Cu:37.3 |
| 氯化铜(白色) | $CuCl_2$ | Cu:64.2 |
| 氯化亚铜 | CuCl | Cu:64.1 |
| 葡萄糖酸铜 | $Cl_2H_{22}CuO_4$ | Cu:1.4 |
| 正磷酸铜 | $Cu_3(PO_4)_2$ | Cu:50.1 |
| 氧化铜 | CuO | Cu:79.9 |
| 碘化亚铜 | CuI | Cu:33.4 |
| 锌 | | |
| 碳酸锌 | $ZnCO_3$ | Zn:52.1 |
| 硫酸锌(7个结晶水) | $ZnSO_4 \cdot 7H_20$ | Zn:22.7 |
| 氧化锌 | ZnO | Zn:80.3 |
| 氯化锌 | $ZnCl_2$ | Zn:48.1 |
| 醋酸锌 | $Zn(C_2H_2O_2)_2$ | Zn:36.1 |
| 硫酸锌(1个结晶水) | $ZnSO_4 \cdot H_20$ | Zn:36.4 |
| 硫酸锌 | $ZnSO_4$ | Zn:40.5 |

**续附表Ⅲ**

| 饲料名称 | 化学式 | 微量元素含量 |
|---|---|---|
| 硒 | | |
| 亚硒酸钠(5个结晶水) | $NaSeO_3 \cdot 5H_2O$ | Se:30.0 |
| 硒酸钠(10个结晶水) | $Na_2SeO_4 \cdot 10H_2O$ | Se:21.4 |
| 硒酸钠 | $Na_2SeO_4$ | Se:41.8 |
| 亚硒酸钠 | $Na_2SeO_3$ | Se:45.7 |
| 碘 | | |
| 碘化钾 | KI | I:76.5 |
| 碘化钠 | NaI | I:84.7 |
| 碘酸钾 | $KIO_3$ | I:59.3 |
| 碘酸钠 | $NaIO_3$ | I:64.1 |
| 碘化亚铜 | CuI | I:66.7 |
| 碘酸钙 | $Ca(10_3)_2$ | I:65.1 |
| 高碘酸钙 | $Ca(10_4)_2$ | I:60.1 |
| 二碘水杨酸 | $C_7H_4I_2O_3$ | I:65.1 |
| 二氢碘化乙醇 | $C_2H_3N_2 \cdot 2HI$ | I:80.3 |
| 百里碘酚 | $C_2OH_{24}I_2O_2$ | I:46.1 |
| 钴 | | |
| 醋酸钴 | $Co(C_2H_3O_2)_2$ | Co:33.3 |
| 碳酸钴 | $CoC_3$ | Co:49.6 |
| 氯化钴 | $CoCl_2$ | Co:45.3 |
| 氯化钴(5个结晶水) | $CoCl_2 \cdot 5H_2O$ | Co:26.8 |
| 硫酸钴 | $CoSO_4$ | Co:38.0 |
| 氧化钴 | CoO | Co:78.7 |
| 硫酸钴(7个结晶水) | $CoSO_4 . 7H_2O$ | Co:21.0 |
| 锰 | | |

**续附表Ⅲ**

| 饲料名称 | 化学式 | 微量元素含量 |
|---|---|---|
| 硫酸锰(5 个结晶水) | $MnSO_4 \cdot 5H_2O$ | Mn:22.8 |
| 硫酸锰 | $MnSO_4$ | Mn:36.4 |
| 碳酸锰 | $MnCO_3$ | Mn:47.8 |
| 氧化锰 | $MnO$ | Mn:77.4 |
| 二氧化锰 | $MnO_2$ | Mn:63.2 |
| 氯化锰(4 个结晶水) | $MnCl_2 \cdot 4H_2()$ | Mn:27.8 |
| 氯化锰 | $MnCl_2$ | Mn:43.6 |
| 醋酸锰 | $Mn(C_2H_3 0_2)_2$ | Mn:31.8 |
| 柠檬酸锰 | $Mn_3(C_6H_5O_7)_2$ | Mn:30.4 |
| 葡萄糖酸锰 | $C1_2H_{22}MnO_{14}$ | Mn:12.3 |
| 正磷酸锰 | $Mn_3(PO_4)_2$ | Mn:46.4 |
| 磷酸锰 | $MnHPO_4$ | Mn:36.4 |
| 硫酸锰(1 个结晶水) | $MnSO_4 \cdot H_2O$ | Mn:32.5 |
| 硫酸锰(4 个结晶水) | $MnSO_4 \cdot 4H_2O$ | Mn:21.6 |

**附表Ⅳ　筛号与筛孔直径对照表**

| 筛　号<br>(目) | 孔　径<br>(毫米) | 网线直径<br>(毫米) | 筛　号<br>(目) | 孔　径<br>(毫米) | 网线直径<br>(毫米) |
|---|---|---|---|---|---|
| 3.5 | 5.66 | 1.448 | 35 | 0.50 | 0.290 |
| 4 | 4.76 | 1.270 | 40 | 0.42 | 0.249 |
| 5 | 4.00 | 1.117 | 45 | 0.35 | 0.221 |
| 6 | 3.36 | 1.016 | 50 | 0.297 | 0.188 |
| 8 | 2.38 | 0.841 | 60 | 0.250 | 0.163 |
| 10 | 2.00 | 0.759 | 70 | 0.210 | 0.140 |
| 12 | 1.68 | 0.691 | 80 | 0.171 | 0.119 |

**续附表Ⅳ**

| 筛 号<br>(目) | 孔 径<br>(毫米) | 网线直径<br>(毫米) | 筛 号<br>(目) | 孔 径<br>(毫米) | 网线直径<br>(毫米) |
|---|---|---|---|---|---|
| 14 | 1.41 | 0.610 | 100 | 0.149 | 0.102 |
| 16 | 1.19 | 0.541 | 120 | 0.125 | 0.086 |
| 18 | 1.10 | 0.480 | 140 | 0.105 | 0.074 |
| 20 | 0.84 | 0.419 | 170 | 0.088 | 0.063 |
| 25 | 0.71 | 0.371 | 200 | 0.074 | 0.053 |
| 30 | 0.59 | 0.330 | 230 | 0.062 | 0.046 |

**附表Ⅴ　常用饲料的体积质量　(克/升)**

| 饲料名称 | 体积质量 | 饲料名称 | 体积质量 | 饲料名称 | 体积质量 |
|---|---|---|---|---|---|
| 大麦(皮麦) | 580 | 麦 麸 | 350 | 豆 饼 | 340 |
| 大麦(碎的) | 460 | 米 糠 | 360 | 棉籽饼 | 480 |
| 玉 米 | 730 | 食 盐 | 830 | 鱼 粉 | 700 |
| 碎 米 | 750 | 黑 麦 | 730 | 碳酸钙 | 850 |
| 糙 米 | 840 | 燕 麦 | 440 | 贝壳粉 | 360 |

# 主要参考文献

[1] 李德发主编．现代饲料生产．中国农业大学出版社，1997.

[2] 杜玉川主编．实用养兔大全．农业出版社,1993

[3] 梁全忠,任克良,侯福安．养兔技术．山西高校联合出版社,1991

[4] 彭大惠主编．养兔手册．中国农业出版社,1993

[5] 姜懋武,孙秉忠主编．配合饲料原料实用手册．辽宁科学技术出版社,2000

[6] 谷子林,黄仁录．家兔饲料及配方 130 例．中国农业出版社,1994

[7] 徐建雄主编．实用饲料添加剂．上海科学技术出版社，1999

[8] 《第七届世界养兔科学大会》论文集．西班牙,2000

[9] 梁全忠,任克良,扇锁成．毛兔生产技术．山西科学技术出版社,1998

[10] 《中国养兔杂志》. 南京,1998～2009

[11] 姜成钢,张辉,等译．畜禽饲料与饲养学．中国农业大学出版社,2006

[12] 王芳主编．常用饲料原料质量简易鉴别．北京,金盾出版社,2008

[13] Lebas. F. REFLECTIONS ON RABBIT NUTRITION WITH A SPECIAL EMPHASIS ON FEED INGREDIENTS UTILIZATION. 第 9 届世界养兔大会论文集,2008.

[14] 李清宏著．獭兔发育与营养参数．北京,中国农业科学技术出版社,2009

# 金盾版图书，科学实用，通俗易懂，物美价廉，欢迎选购

|  |  |
|---|---|
| 羊场畜牧师手册 | 35.00元 |
| 羊病防治手册(第二次修订版) | 14.00元 |
| 羊防疫员培训教材 | 9.00元 |
| 羊病诊断与防治原色图谱 | 24.00元 |
| 羊霉形体病及其防治 | 10.00元 |
| 科学养羊指南 | 28.00元 |
| 南江黄羊养殖与杂交利用 | 6.50元 |
| 绵羊山羊科学引种指南 | 6.50元 |
| 羊胚胎移植实用技术 | 6.00元 |
| 肉羊高效养殖教材 | 4.50元 |
| 肉羊健康高效养殖 | 13.00元 |
| 羊场兽医师手册 | 34.00元 |
| 肉羊饲料科学配制与应用 | 13.00元 |
| 农区肉羊场设计与建设 | 11.00元 |
| 图说高效养兔关键技术 | 14.00元 |
| 科学养兔指南 | 35.00元 |
| 简明科学养兔手册 | 7.00元 |
| 专业户养兔指南 | 12.00元 |
| 新法养兔 | 15.00元 |
| 家兔饲养员培训教材 | 9.00元 |
| 长毛兔高效益饲养技术(修订版) | 13.00元 |
| 怎样提高养长毛兔效益 | 10.00元 |
| 长毛兔标准化生产技术 | 13.00元 |
| 图说高效养獭兔关键技术 | 14.00元 |
| 獭兔标准化生产技术 | 13.00元 |
| 獭兔高效益饲养技术(第3版) | 15.00元 |
| 怎样提高养獭兔效益 | 8.00元 |
| 肉兔高效益饲养技术(第3版) | 15.00元 |
| 肉兔标准化生产技术 | 11.00元 |
| 养兔技术指导(第三次修订版) | 12.00元 |
| 肉兔无公害高效养殖 | 12.00元 |
| 肉兔健康高效养殖 | 12.00元 |
| 实用养兔技术(第2版) | 10.00元 |
| 中国家兔产业化 | 32.00元 |
| 实用家兔养殖技术 | 17.00元 |
| 家兔配合饲料生产技术 | 14.00元 |
| 家兔饲料科学配制与应用 | 8.00元 |
| 家兔良种引种指导 | 8.00元 |
| 兔病防治手册(第二次修订版) | 10.00元 |
| 兔病诊断与防治原色图谱 | 19.50元 |
| 兔出血症及其防制 | 4.50元 |
| 兔病鉴别诊断与防治 | 7.00元 |
| 兔场兽医师手册 | 45.00元 |
| 兔产品实用加工技术 | 11.00元 |
| 獭兔高效养殖教材 | 6.00元 |